安全管理实用丛书 ▶

石油与化工安全管理必读

杨 剑　水藏玺　等编著

化学工业出版社

·北京·

本书是介绍石油与化工安全管理的专著,内容包括企业安全管理基础、石油生产安全技术、石油化工生产安全技术、石油与化工设施设备安全管理、石油与化工装置安全检修、石油与化工企业消防管理、石油与化工产品运输安全、主要石油与化工产品安全及应急救援共 8 章,系统地介绍了有关石油与化工安全管理的制度、方法和技巧。

本书主要特色是内容系统、全面、实用,实操性强。书中各章节配备了大量的图片和管理表格,其流程图和管理表格可以直接运用于具体实际工作中。

本书是石油与化工企业进行内部安全培训和石油与化工行业从业人员自我提升能力的常备读物,也可作为大专院校安全相关专业的教材。

图书在版编目(CIP)数据

石油与化工安全管理必读/杨剑等编著 . —北京:
化学工业出版社,2018.10
(安全管理实用丛书)
ISBN 978-7-122-32708-6

Ⅰ.①石⋯　Ⅱ.①杨⋯　Ⅲ.①石油化工-安全管理
Ⅳ.①TE687

中国版本图书馆 CIP 数据核字(2018)第 162381 号

责任编辑:王听讲　　　　　　　　　装帧设计:王晓宇
责任校对:杜杏然

出版发行:化学工业出版社(北京市东城区青年湖南街 13 号　邮政编码 100011)
印　　刷:北京京华铭诚工贸有限公司
装　　订:北京瑞隆泰达装订有限公司
710mm×1000mm　1/16　印张 18½　字数 379 千字　　2018 年 10 月北京第 1 版第 1 次印刷

购书咨询:010-64518888(传真:010-64519686)　　售后服务:010-64518899
网　　址:http://www.cip.com.cn
凡购买本书,如有缺损质量问题,本社销售中心负责调换。

定　　价:59.00 元　　　　　　　　　　　　　　　　版权所有　违者必究

前言
FOREWORD

2009 年 6 月 27 日，上海市闵行区一幢 13 层在建商品楼倒塌；2013 年 11 月 22 日，山东青岛市发生震惊全国的"11·22"中石化东黄输油管道泄漏爆炸特别重大事故；2015 年天津市滨海新区 8·12 爆炸事故；2017 年 6 月 5 日山东临沂液化气罐车爆炸事故……这些事故触目惊心，历历在目！这些事故造成了大量的经济损失和人员伤亡。

由于当前我国安全生产的形势十分严峻，党中央把安全生产摆在与资源、环境同等重要的地位，提出了安全发展、节约发展、清洁发展，实现可持续发展的战略目标，把安全发展作为一个重要理念，纳入到社会主义现代化建设的总体战略中。当前，我国安监工作面临着压力大、难度高、责任重的挑战，已经成为各级政府、安监部门、企业亟待解决的重要问题。

安全生产是一个系统工程，是一项需要长期坚持解决的课题，涉及的范围非常广，涉及的领域也比较多，跨度比较大。为了提升广大员工的安全意识，提高企业安全管理的水平，为了减少安全事故的发生，更为了减少人民生命的伤亡和企业财产的损失，我们结合中国的实际情况，策划编写了"安全管理实用丛书"。

任何行业、任何领域都需要进行安全管理，当前安全问题比较突出的是，建筑业、物业、酒店、商场超市、制造业、采矿业、石油化工业、电力系统、物流运输业等行业、领域。为此，本丛书将首先出版《建筑业安全管理必读》《物业安全管理必读》《酒店安全管理必读》《商场超市经营与安全管理必读》《制造业安全管理必读》《矿山安全管理必读》《石油与化工安全管理必读》《电力系统安全管理必读》《交通运输业安全管理必读》《电气设备安全管理必读》《企业安全管理体系的建立（标准·方法·流程·案例）》11 种图书，以后还将根据情况陆续推出其他图书。

本丛书的主要特色是内容系统、全面、实用，实操性强，不讲大道理，少讲理论，多讲实操性的内容。同时，书中将配备大量的图片和管理表格，许多流程图和管理表格都可以直接运用于实际工作中。

为了提高石油与化工企业及从业人员的安全素质和能力，我们编写了这本《石油与化工安全管理必读》，该书将从实际操作与管理的角度出发，对企业安全管理基础、安全生产管理技术及石油与化工产品事故应急救援等进行详细的论述。该书共分 8 章，主要包括企业安全管理基础、石油生产安全技术、石油化工生产安全技术、石油与化工设施设备安全管理、石油与化工装置安全检修、石油与化工企业消防管理、石油与化工产品运输安全、主要石油与化工产品安全及应急救援等内容。

如果想提升石油和化工企业安全管理水平，就需要在预防上下功夫，强化石油和化工安全管理的教育培训，提高个人和公司整体的安全专业素质。 本书是石油与化工企业进行内部安全培训和石油与化工行业从业人员自我提升能力的常备读物，也可作为大专院校安全相关专业的教材。

本书主要由杨剑、水藏玺编著，在编写过程中，邱昌辉、吴平新、刘志坚、王波、赵晓东、蒋春艳、胡俊睿、黄英、贺小电、张艳旗、金晓岚、戴美亚、杨丽梅、许艳红、布阿吉尔尼沙·艾山等同志也参与了部分编写工作，在此表示衷心的感谢！

衷心希望本书的出版，能真正提升石油与化工企业管理人员的安全意识和服务水平，成为石油与化工从业人员职业培训的必读书籍。 如果您在阅读中有什么问题或心得体会，欢迎与我们联系，以便本书得以进一步修改、完善，联系邮箱是：hhhyyy2004888@163.com。

编著者

2018 年 7 月

目 录
CONTENTS

第一章　企业安全管理基础

第一节　安全管理的方针与原则 …………………………………………… 1
　一、安全管理的基本方针 ………………………………………………… 1
　二、安全管理的原则 ……………………………………………………… 1
第二节　安全管理的基本制度 ……………………………………………… 2
　一、石化企业安全管理制度体系 ………………………………………… 2
　二、石化企业安全管理的基本制度 ……………………………………… 3
　三、重大事故领导责任追究制度 ………………………………………… 4
　四、安全卫生"三同时"制度 …………………………………………… 5
第三节　安全管理的基本内容和方法 ……………………………………… 6
　一、编制安全技术措施计划 ……………………………………………… 6
　二、制定和贯彻安全规章制度 …………………………………………… 6
　三、加强安全教育 ………………………………………………………… 7
　四、严抓事故管理 ………………………………………………………… 8
　五、加强安全检查 ………………………………………………………… 10
　六、安全技术措施及事故隐患管理 ……………………………………… 24
　七、进行安全事故预测 …………………………………………………… 25

第二章　石油生产安全技术

第一节　石油地震勘探安全技术 …………………………………………… 28
　一、地震勘探作业中的危险分析 ………………………………………… 28
　二、各种地表条件下的安全作业 ………………………………………… 28
　三、特殊气候条件下的勘探作业 ………………………………………… 35
第二节　石油钻井测井安全技术 …………………………………………… 39
　一、钻井施工前期准备安全技术 ………………………………………… 39
　二、钻进施工过程中的安全技术 ………………………………………… 47
　三、完井作业安全技术 …………………………………………………… 52
　四、复杂情况处理安全技术 ……………………………………………… 55
　五、检修与保养中的安全技术 …………………………………………… 57
　六、井控安全技术措施 …………………………………………………… 58
　七、钻遇硫化氢的安全防护 ……………………………………………… 66

第三节　石油井下作业安全技术 ··· 69
　一、井下作业机械设备安全技术 ··· 69
　二、井下作业施工安全技术 ··· 75
　三、海上井下作业施工安全规定 ··· 76
第四节　采油生产安全技术 ··· 79
　一、采油生产的安全要求 ··· 79
　二、新井交接及投产要求 ··· 81
　三、油井投产前的安全技术 ··· 82
　四、自喷井的安全技术 ··· 83
　五、深井泵采油安全生产技术 ··· 83
　六、潜油电泵采油安全生产技术 ··· 90

第三章　石油化工生产安全技术

第一节　石油化工单元操作安全技术 ··· 98
　一、加热、冷却和冷凝安全 ··· 98
　二、干燥、蒸发与蒸馏安全 ··· 99
第二节　常减压蒸馏安全管理 ··· 99
　一、开工危险因素及其防范 ··· 99
　二、停工危险因素及其防范 ·· 100
　三、生产中的危险因素及其防范 ·· 101
　四、设施设备防腐安全技术 ·· 102
　五、机泵易发生的事故及其处理 ·· 102
第三节　催化裂化安全管理 ·· 104
　一、开工危险因素及其防范 ·· 104
　二、停工危险因素及其防范 ·· 105
　三、生产中的危险因素及其防范 ·· 105
　四、催化裂化易发事故及其处理 ·· 110
第四节　延迟焦化安全管理 ·· 111
　一、焦化常见事故处理原则 ·· 111
　二、开工危险因素及其防范 ·· 112
　三、停工危险因素及其防范 ·· 112
　四、生产中的危险因素及其防范 ·· 113
　五、焦化装置的腐蚀防护 ·· 114
　六、装置安全自保连锁系统 ·· 115
第五节　加氢裂化安全管理 ·· 115
　一、开工危险因素及其防范 ·· 115
　二、停工危险因素及其防范 ·· 116
　三、生产中的危险因素及其防范 ·· 117

第六节　气体分馏安全管理 ……………………………………………… 118
一、开工危险因素及其防范 ……………………………………… 119
二、停工危险因素及其防范 ……………………………………… 119
三、生产中的危险因素及其防范 ………………………………… 120
四、装置易发生的事故及其处理 ………………………………… 121
第七节　其他化工工艺安全管理 ………………………………………… 122
一、加氢精制安全管理 …………………………………………… 122
二、催化重整安全管理 …………………………………………… 124
三、硫磺回收安全管理 …………………………………………… 125
四、丙烷脱沥青安全管理 ………………………………………… 129

第四章　石油与化工设施设备安全管理

第一节　锅炉压力容器的安全管理 ……………………………………… 133
一、锅炉压力容器的安全技术 …………………………………… 133
二、锅炉压力容器的安全管理 …………………………………… 136
第二节　压力管道的安全管理 …………………………………………… 137
一、压力管道的使用管理 ………………………………………… 137
二、压力管道的事故管理 ………………………………………… 140
三、压力管道的修理和技术改造 ………………………………… 142
第三节　油库安全管理 …………………………………………………… 145
一、油库火灾的危险性 …………………………………………… 145
二、油库的防火措施 ……………………………………………… 146
三、油库设备的安全管理 ………………………………………… 149
第四节　电气设备安全管理 ……………………………………………… 161
一、电气作业安全管理基础知识 ………………………………… 161
二、电气设备操作安全规程 ……………………………………… 167
三、电气事故与火灾的紧急处置 ………………………………… 174

第五章　石油与化工装置安全检修

第一节　检修作业安全技术 ……………………………………………… 178
一、检修作业危险分析 …………………………………………… 178
二、检修作业前的准备要求 ……………………………………… 179
三、检修前的安全检查 …………………………………………… 179
四、检修作业现场的防火防爆要求 ……………………………… 180
五、检修作业防中毒、窒息安全要求 …………………………… 181
六、检修作业防触电安全要求 …………………………………… 181
七、检修作业防高处坠落安全要求 ……………………………… 182
八、检修作业防机械伤害安全要求 ……………………………… 182

九、检修起重作业安全要求 ………………………………………………… 182

十、防中暑安全要求 ……………………………………………………… 183

十一、检修结束后的安全要求 …………………………………………… 183

第二节　检修作业安全管理 ……………………………………………… 183

一、建立检修安全管理制度 ……………………………………………… 183

二、实行"三方确认"制度 ………………………………………………… 184

第六章　石油与化工企业消防管理

第一节　防火安全平面布置 ……………………………………………… 186

一、防火安全平面布置 …………………………………………………… 186

二、消防道路安全规定 …………………………………………………… 188

第二节　防火安全距离 …………………………………………………… 189

一、厂内部设施与厂外部设施的防火距离 ……………………………… 189

二、石油化工厂内部设施的防火间距 …………………………………… 190

三、储罐区内地上可燃液体储罐之间的防火距离 ……………………… 193

第三节　设备设施耐火保护 ……………………………………………… 194

一、耐火等级 ……………………………………………………………… 194

二、耐火保护 ……………………………………………………………… 196

第四节　灭火剂与灭火器 ………………………………………………… 197

一、灭火剂 ………………………………………………………………… 197

二、灭火器 ………………………………………………………………… 201

第五节　消防供配电系统 ………………………………………………… 208

一、消防供配电系统的组成 ……………………………………………… 208

二、消防水泵房设备电源安全要求 ……………………………………… 209

三、厂区消防负荷等级的安全选择 ……………………………………… 210

四、消防主电源供电方式的安全选择 …………………………………… 210

五、消防用电设备应急电源 ……………………………………………… 212

六、消防用电线路安全要求 ……………………………………………… 213

第六节　消防给水与喷淋系统 …………………………………………… 214

一、消防给水系统 ………………………………………………………… 214

二、泡沫喷淋系统 ………………………………………………………… 222

三、水喷淋系统 …………………………………………………………… 224

第七章　石油与化工产品运输安全

第一节　石油与化工产品公路运输安全 ………………………………… 229

一、石油与化工产品道路运输车辆要求 ………………………………… 229

二、石油与化工产品道路运输及装卸要求 ……………………………… 237

三、石油与化工产品集装箱运输及装卸要求 …………………………… 243

第二节　石油与化工产品铁路运输安全 ………………………………… 243

一、铁路危险品运输条件 ………………………………………… 243

二、铁路危险品运输押运管理 …………………………………… 245

三、铁路危险品自备货车运输 …………………………………… 247

四、铁路危险品集装箱运输 ……………………………………… 249

五、剧毒品运输 …………………………………………………… 251

第三节　石油与化工产品水路运输安全 ………………………………… 254

一、水路危险品运输安全规定 …………………………………… 254

二、水路危险品运输安全管理 …………………………………… 255

三、水路危险品集装箱运输安全管理 …………………………… 258

第八章　主要石油与化工产品安全及应急救援

第一节　原油的安全要求与事故应急措施 ……………………………… 262

一、原油的危害性 ………………………………………………… 262

二、安全要求 ……………………………………………………… 262

三、事故应急措施 ………………………………………………… 263

第二节　液化石油气的安全要求与事故应急措施 ……………………… 264

一、液化石油气的危害性 ………………………………………… 264

二、安全要求 ……………………………………………………… 264

三、事故应急措施 ………………………………………………… 265

第三节　汽油的安全要求与事故应急措施 ……………………………… 266

一、汽油的危害性 ………………………………………………… 266

二、安全要求 ……………………………………………………… 267

三、事故应急措施 ………………………………………………… 268

第四节　甲烷、天然气的安全要求与事故应急措施 …………………… 268

一、甲烷、天然气的危害性 ……………………………………… 268

二、安全要求 ……………………………………………………… 269

三、事故应急措施 ………………………………………………… 270

第五节　一氧化碳的安全要求与事故应急措施 ………………………… 271

一、一氧化碳的危害性 …………………………………………… 271

二、安全要求 ……………………………………………………… 271

三、事故应急措施 ………………………………………………… 272

第六节　二氧化硫的安全要求与事故应急措施 ………………………… 273

一、二氧化硫的危害性 …………………………………………… 273

二、安全要求 ……………………………………………………… 273

三、事故应急措施 ………………………………………………… 274

第七节　硫化氢的安全要求与事故应急措施 …………………………… 275

一、硫化氢的危害性 ……………………………………………… 275

　　二、安全要求 ··· 275
　　三、事故应急措施 ·· 276
第八节　氯的安全要求与事故应急措施 ································ 277
　　一、氯的危害性 ·· 277
　　二、安全要求 ··· 278
　　三、事故应急措施 ·· 279
第九节　氨的安全要求与事故应急措施 ································ 280
　　一、氨的危害性 ·· 280
　　二、安全要求 ··· 280
　　三、事故应急措施 ·· 281
第十节　氢的安全要求与事故应急措施 ································ 282
　　一、氢的危害性 ·· 282
　　二、安全要求 ··· 282
　　三、事故应急措施 ·· 284

参考文献

第一章
企业安全管理基础
Chapter 01

第一节 安全管理的方针与原则

一、安全管理的基本方针

石油与化工企业（简称为"石化企业"）安全管理工作的基本方针如下。

安全第一，预防为主，全员动手，综合治理。

二、安全管理的原则

（一）安全第一，预防为主

"安全第一，预防为主"，才能有效降低企业的安全事故。安全生产最重要的就是要预防。像治疗疾病一样，预防是前沿阵地，是防止疾病产生的最佳选择。

安全意识必须渗透到灵魂深处，朝朝夕夕，相伴你我。要树立居安思危的忧患意识，把安全提到前所未有的高度来认识。

随着科技的发展与进步，安全生产也不断遇到新变化、新问题，因此必须善于从新的实践中发现新情况，提出新问题，找到新办法，走出新路子。要树立"只有起点没有终点"的安全观，真正做到"未雨绸缪"。

（二）全员动手，综合治理

企业安全生产状况的好坏，是一个企业各项管理的综合反映。因此，抓好安全工作不单是行政领导的事，也不单是安全管理员的事，而是全体员工的事，必须实行全员管理的原则，才能把企业的安全工作做好。

所谓"全员"，指的是参加生产全过程的全体员工。每个人必须在所从事的生产和工作中，都要做好相应的安全工作。石油与化工生产具有连续性，要求每一个操作人员必须接受制度的严格制约。人人是安全员，安全是每个人的义务。连续性的生产，一个岗位、一个人出了问题，不但给本岗位、个人造成痛苦，而且要波及上下工序，有的甚至影响全厂。所以，每个员工都有维护安全的义务和职责，不仅要为自己负责，还要为他人的安全负责，要做到"四不伤害"，即"不伤害自己，不伤害他人，不被他人伤害，保护他人不被伤害"。用个人遵章守纪的模范行动来创造一个良好的安全生产环境。

（三）全过程、全方位、全天候管理

企业安全生产管理，除了全员参与，还需要坚持"全过程、全方位、全天候"的管理原则。

1. 全过程

所谓"全过程"，指的是从时间概念上去理解安全管理：一个是在形成生产能力的全过程需要抓安全；另一个是在形成商品的全过程需要抓安全。

2. 全方位

所谓"全方位"，指的是生产过程中安全的空间概念：涉及生产活动的各个专业、各个方面，必须按照分工抓好自己的安全工作。

3. 全天候

所谓"全天候"，首先是指石化生产具有连续性。就每一个人，每一道工序，可能是间断的，有间歇的，一个人不可能 24 小时不停地运转下去，一个工序也不是永远连续的，有的是断续操作，但是作为石化企业这样一个总体或对一个工厂、一个装置，它却是连续生产。因此，工人倒班，就要班班见领导，班班有安全管理。其次是指安全工作要适应外部条件的变化，适应外界生产经营条件的变化，适应内部生产状态的变化。

以上是安全管理基本原则的全部内容，只有不断加深对这一原则全部内容的理解，才能积极、自觉、主动地去贯彻。

第二节　安全管理的基本制度

安全管理规章制度既是石油与化工行业的法规，又是组织安全生产的行动指南，是实现安全生产的基本保证。

一、石化企业安全管理制度体系

石油与化工企业安全生产监督管理制度有 10 大类别。

1. 综合安全监督管理

包括安全生产责任制、事故管理规定、安全教育管理规定、安全检查规定、干部值班安全管理规定、安全台账管理规定、安全生产先进评比 7 项制度。

2. 专项安全监督管理

包括建设项目安全管理规定、关键装置要害部位安全管理规定、事故隐患治理项目管理规定、承包商安全管理规定、海上石油作业安全管理规定、油气管道输送安全管理规定、危险品码头安全管理规定、油库安全管理规定、加油站安全管理规定、液化气和压缩天然气站安全管理规定、火工器材安全管理规定、安全装备和安

全附加管理规定、生产厂区封闭化管理规定以及多种经营企业安全生产管理规定14项制度。

3. 直接作业环节安全监督管理

包括用火作业安全管理规定、进入受限空间作业安全管理规定、临时用电安全管理规定、施工作业安全管理规定、高处作业安全管理规定、起重作业安全管理规定、破土作业安全管理规定以及高温作业安全管理规定8项制度。

4. 安全技术管理

包括安全技术科研项目管理规定，化学纤维生产防静电安全规定，防止聚烯烃料仓静电爆燃安全规定，易燃、可燃液体防静电安全规定，安全阀设置规定，空分装置安全运行规定以及加工高含硫原油安全规定7项制度。

5. 职业卫生管理

包括职业卫生管理规定、员工听力保护管理规定、高毒物品防护管理规定、放射线同位素与射线装置放射防护管理规定、硫化氢防护管理规定以及职业卫生管理工作考核规定6项制度。

6. 消防管理

包括消防安全管理规定、大型公共场所消防安全管理规定以及消防达标规定3项制度。

7. 企业交通运输安全管理

包括机动车辆交通安全管理规定、海（水）上船舶交通运输安全管理规定以及专用铁道调车装卸安全管理规定3项制度。

8. 防灾应急管理

包括安全应急管理规定、抗震减灾管理规定、防汛抗灾管理规定以及防台风抗灾管理规定4项制度。

9. 安全生产保证基金监督管理

包括安全生产保证基金管理办法、安全生产保证基金自然灾害及事故损失赔偿细则以及安全生产保证基金监督管理规定3项制度。

10. 安全生产禁令和规定

包括人身安全10大禁令，防火、防爆10大禁令，车辆安全10大禁令，防止储罐跑油（料）10条规定，防止中毒窒息10条规定，防止静电危害10条规定，防止硫化氢中毒10条规定，生产、使用氢气10条规定，使用液化石油气及瓦斯安全规定9项制度。

二、石化企业安全管理的基本制度

（一）安全生产责任制

安全生产责任制，是根据"管生产必须管安全"和"谁主管谁负责"的原则，以制度的形式明确规定企业各级领导和各级人员在生产活动中应负的安全责任，是企业岗位责任制的重要组成部分，是企业管理中一项最基本的管理制度。

实行安全生产责任制的目的：

形成企业整体的全员管理体系，做到层层有人抓，事事有人管；安全管理"横向到边、纵向到底"。

（二）安全生产教育制度

企业应当经常对员工进行安全生产教育和宣传，将安全生产教育做到制度化、经常化。对新员工要进行入厂教育、车间教育、班组教育和现场教育，使"安全第一、预防为主"的思想，在员工的头脑中牢牢扎根。对新工人、改变工种的工人或从事特殊工种的员工，还必须进行专门的安全操作技术培训，考核合格后才能进入操作岗位。

（三）安全生产检查制度

企业对生产过程中的安全工作，要定期组织检查。检查包括全面检查、专业性检查、季节性检查、节假日检查等。安全生产检查要贯彻领导和群众相结合的原则，总结推广安全生产经验，及时发现和消除不安全因素，力求做到防患于未然。

（四）事故报告制度

企业对所发生的事故，一定要坚持"四不放过"的原则，即：事故原因未查清不放过，责任人员未处理不放过，整改措施未落实不放过，有关人员未受到教育不放过。并要做好事故调查、登记、统计和报告。对造成重大事故的责任者，依情节轻重分别给予行政处分，直至追究刑事责任。

（五）安全监察制度

认真执行国家监察、行政管理和群众监督相结合的制度，牢固树立"安全第一、预防为主"的思想，执行"三结合"的安全工作制度，认真抓好安全生产工作。

三、重大事故领导责任追究制度

生产安全事故是指生产经营单位在生产经营活动中突然发生的，伤害人身安全和健康或者损坏设备设施或者造成经济损失的，导致原生产经营活动暂时终止或永远终止的意外事件。重大事故领导责任追究制度的主要内容如下。

（1）根据生产安全事故造成的人员伤亡或者直接经济损失，将事故划分为 4 个等级。其划分标准如下。

① 造成 30 人以上死亡，或 100 人以上重伤，或 1 亿元以上直接经济损失的事故为特别重大事故；

② 造成 10 人以上 30 人以下死亡，或 50 人以上 100 人以下重伤，或 5000 万元以上 1 亿元以下直接经济损失的事故为重大事故；

③ 造成 3 人以上 10 人以下死亡，或 10 人以上 50 人以下重伤，或 1000 万元以上 5000 万元以下直接经济损失的事故为较大事故；

④ 造成 3 人以下死亡，或 10 人以下重伤，或 1000 万元以下直接经济损失的事故为一般事故。

（2）凡发生以上 4 类事故，对负有事故责任的相关人员，根据事故调查情况，依据制度规定，追究责任，实施经济处罚。对负有事故责任的人员，构成违反治安管理行为的，由公安机关依法给予治安管理处罚；构成犯罪的，依法追究刑事责任。

四、安全卫生"三同时"制度

生产建设项目"三同时"监督管理，是指建设项目职业安全卫生技术措施和设施应与主体工程同时设计、同时施工、同时投产使用。

1. "三同时"监督管理程序

建设项目的职业安全卫生监督管理分为 5 个阶段，即：项目可行性研究报告、初步设计、总体开工方案审查、开工前安全条件确认、竣工验收。

（1）建设单位在编制可行性研究报告时，应对拟建设项目的职业安全卫生内容同时作出论证和预评价。

（2）设计单位在初步设计阶段应编制"职业安全卫生专篇"（包括消防和防火内容）。

（3）建设单位按照有关制度，在编制的"总体开工方案"中必须包括职业安全卫生的内容，并报上级有关部门审查。

（4）建设项目投料试车前，在有关上级部门统一组织或授权下，建设单位应进行"开工前安全条件确认"。

（5）竣工验收阶段，建设单位应向职业安全卫生监督部门送交"竣工验收报告"，经审查后，报送地方安全监管部门审批。

2. "三同时"责任制的建立

（1）职业安全卫生监督管理责任制，应包括工程规划部门、设计部门、安全部门、消防部门、生产单位、机动部门、计量部门、施工单位等部门和单位的责任制。

（2）根据各部门的管理职责分别建立工作责任制，同时依据国家有关标准、规范，制定《生产建设项目职业安全卫生监督管理规定》。

3. 内容要求

（1）企业实行的《职业卫生管理规定》，是依据国家和石化行业有关职业安全卫生的规范、标准制定的具有法规性质的技术文件，是"三同时"监督管理的制度依据。

（2）在生产建设项目的设计说明书中，要求编制安全技术、劳动卫生、消防设施和"三废"治理措施的可行性报告，并经有关单位讨论认可。在施工中，要求对上述措施必须与主体工程同时施工，经检查验收合格后，与主体工程同时试车投产，并应达到预期效果。决不能让不符合安全技术、劳动卫生、消防和"三废"治理措施要求的装置投入运行，遗留"先天不足"。

（3）企业的相关制度应遵守国家的相关规定，符合设计立法、建设立法的规定，工厂、设计单位必须共同在项目设计上、建设上把安全技术、劳动卫生、消防设施以及"三废"处理问题全面地考虑进去，为以后安全生产的可靠性打下基础。

第三节　安全管理的基本内容和方法

一、编制安全技术措施计划

企业在编制生产、技术、财务计划的同时，必须编制安全技术措施计划。安全技术措施计划是企业生产、技术、财务计划的一个组成部分，是企业有计划地改善劳动条件的重要工具，是防止工伤事故和职业病的重要措施之一。

1. 项目的范围

以防止事故或工伤为目的的安全技术措施；以改善生产环境，预防职业病为目的的工业卫生技术措施；建立安全教育室，配置安全教育设施等。

2. 编制的方法和步骤

安全技术措施的编制应该与企业生产、技术、财务计划的编制同时进行，一般在每年的第三季度编制下一年度的计划。先由车间提出要求和项目，送厂部安全部门汇总编制，然后由生产计划部门负责综合，交厂部审定。重大的安全技术措施项目，还要提请职工代表大会通过，并报上级主管部门核定、批准。

编制计划必须包括措施名称及所在位置（车间）、现有状况和采取措施技术方案需要的资金、设备、材料及来源、项目完成后的预期效果以及施工和完成日期。

计划编制后要严格组织实施。计划完成后要根据有关规定，组织有关部门进行鉴定验收。

3. 编制原则

编制和执行安全技术的措施计划，应当纳入企业的重要议事日程，并由负责生产的各级领导具体负责这项工作。同时还必须充分发动群众、依靠群众，贯彻领导和群众相结合的原则。编制计划应抓住安全生产上的关键问题，着重解决对员工安全、健康威胁最大，而且群众又迫切需要解决的问题，防止不分轻重缓急。

4. 经费来源

企业每年应在固定资产更新和技术改造资金中提取 10%～20%（石油与化工企业应大于 20%），用于改善劳动条件，不得挪用。

二、制定和贯彻安全规章制度

（一）企业制定规章制度的依据

（1）安全工作有赖于运用各类安全标准（即规范、规程和制度）进行管理。国家颁发的标准、规范和规程是安全管理工作的依据，具有法律性质，是每个企业都必须贯彻和严格遵守的。

（2）企业的安全规章制度，是企业自身安全生产的法规，也是安全管理的依据，因此企业的安全规章制度，要能够反映企业的安全生产实际，也就是说要有科学性、可控性和可操作性。

（二）企业规章制度的大体内容

（1）根据"管生产必须管安全"的原则，企业要制定安全生产责任制，以制度的形式明确规定各级领导和各类人员的安全责任，把安全工作纳入日常生产管理的议事日程，以避免安全工作无人负责的现象。

（2）企业根据自身的生产特点，要制定相应的安全生产制度、安全操作规程、工艺规程和设备维护、检修规程、巡回检查制度和交接班制度等，统一由厂部审查、批准和颁发，以使每项工作做到有章可循。

（3）企业的安全规章制度对企业的安全生产和员工的行为起着规范的作用，因此，对各种规范、规程、制度，一定要认真贯彻执行，并要加大监督的力度。对违反者要制止，对违章而造成事故者要严肃处理。在贯彻过程中，要组织有关人员（包括领导）进行学习，同时印发给有关领导、管理人员、技术人员和员工，使安全规章制度人人皆知。

三、加强安全教育

（一）安全教育的内容

安全教育的内容主要包括职业道德教育、安全思想教育、安全生产方针政策教育、法制观念和纪律教育、安全技术知识和安全技能教育。

（1）职业道德教育、安全思想教育和安全生产方针政策教育，虽然从内容上各有侧重，但都是安全生产的基础教育，是必须具备的条件。职业道德教育、安全思想和安全方针政策教育，有三个含义：第一是教育员工热爱自己的厂，热爱自己的企业，热爱自己的岗位和工作，为企业负责，为自己负责，为他人负责，尽职尽责，一丝不苟；第二是讲职业道德，讲社会主义的道德观，企业在生产产品的同时也要关心、保护员工的安全和健康；第三是要使企业的领导、管理人员、操作人员从思想上认识到做好安全工作对生产建设的作用，增强保护人、保护生产力的责任感，正确处理好安全与生产的辩证统一关系，自觉地组织和进行安全生产。

（2）法制教育和纪律教育是要使每个员工树立法制观念，严格遵守劳动纪律、工艺纪律、工作纪律、施工纪律、组织纪律，做到不违章操作，不违章指挥，不违反劳动纪律。

（3）安全技术知识和安全技能教育，要使员工掌握生产技术和专业性的安全技术知识，要讲解安全生产制度、规范和规定以及安全技术操作规程和工艺规程等。

（二）安全教育的形式

安全教育的形式主要有"三级"教育、特种工种教育和经常性安全教育3种。

（1）"三级"安全教育是指对新入厂员工的入厂教育，即厂部教育、车间教育和岗位教育。厂部教育由人力资源部门组织，安全技术部门负责教育；车间教育由车间主管安全的主任负责，车间安全员进行教育；岗位教育由工段长或班组长组织。

（2）特种工种教育，是对电焊工、起重工、电工、吊车司机、铲车司机、行车司机、电梯操作工、锅炉操作工和危险品保管工等工种专业的安全技术知识的教育，以训练班的形式进行。

（3）经常性安全教育是针对全体员工进行的，要贯穿于生产活动之中。以安全日活动、安全会议、讲安全课、编印安全通信、放映安全电影、播放安全录像、张贴宣传画、广播宣传、事故分析会和参观安全陈列室等形式进行。

（三）安全教育的管理

（1）组织方面：要有计划、统计和记录。

（2）考核方面：

① 对新入厂员工，经过入厂教育后要进行考试，成绩要造册存档，并记入个人安全教育卡片。不及格者要补考，补考仍不及格者，不予分配工作。

② 对特种工种人员，经培训后要进行取证考试，不及格不发证。并根据规定对持证人员进行审证考试，成绩记入操作证，并盖审证专用章。

③ 对其他员工（包括各级领导），以安全技术规程、岗位安全设施使用方法等内容，每年组织一次安全技术考试，考试成绩记入安全教育卡片。

④ 对企业厂长（经理）、中层干部和安全管理干部，要按国家劳动部的有关规定，举办安全培训班进行取证考试，考试合格，经当地安全监管部门审查认可，发给职业安全卫生管理《资格证书》，并建立培训档案，定期进行审证考核。

四、严抓事故管理

事故管理是安全管理工作的一项重要内容。事故管理的任务是对事故进行调查、登记、统计和报告，以调查、统计和分析的方法查清事故原因，认识事故发生的规律，然后采取防范措施，防止同类事故再次发生。

（一）保护事故现场

事故发生后要保护好事故现场，未经上级主管部门或安全部门同意，任何人不得变动、破坏或撤除。发生死亡事故或火灾爆炸事故的现场，必须经当地安全监察部门同意后方可撤除。

（二）事故现场的测量

发生事故后，要正确测量事故现场的有关数据。如平面、主面位置，有时还要测定温度、风向、风力以及有害物质在空气中的浓度。

（三）事故现场照相

如图1-1所示，对事故现场拍照，要求有全貌和局部照。在印制时要标上有关标记和数据，并进行照片编号。

图 1-1　事故现场

（四）绘制事故现场示意图

根据事故现场位置的测量结果，正确地绘制事故现场示意图，要标出方位、间距、标记，写上事故名称、事故单位名称和事故发生时间。

（五）事故调查

（1）成立调查组，坚持"四不放过"原则进行调查，即坚持"事故原因不查清不放过，事故责任者得不到处理不放过，事故整改措施不落实不放过，教训不汲取不放过"的原则进行调查。

（2）向当事人和现场目击者调查事故经过情况。

（3）对事故进行技术性调查：调查原始记录，搜集事故物件，进行技术鉴定（如做理化检验、金相分析、强度试验等）。

（4）根据测量结果和化验情况，进行必要的计算（如爆炸时最高压力和温度的计算等）。

（5）提出结论意见。

（六）事故处理

（1）根据调查结论，提出处理意见报请上级主管部门批准。

（2）对事故责任者提出处理意见，报上级主管部门批准。

（3）抚恤伤亡者家属。

（七）事故报告

根据事故管理制度，按等级上报。如果是人身伤亡事故，按《生产安全事故报告和调查处理条例》（2007 年中华人民共和国国务院令第 493 号）上报。

（八）事故统计

事故统计以文字表格形式进行，要正确地计算事故率，并要求用图表形式绘制事故动态表。事故动态要与上年度同期进行比较，要与历史事故最低水平的数据比较，并注明上升或下降幅度。

五、加强安全检查

企业的安全检查，是指对生产作业现场的不安全因素或事故隐患的检查。其目的是查出事故隐患和不安全因素，然后组织整改，消除隐患，做到防患于未然。

（一）安全检查的对象和范围

安全检查的对象，主要是人、物、环境、管理 4 个因素，也可以从"五查"的范围进行，即查思想、查领导、查制度、查纪律、查隐患。

（二）安全检查的形式和内容

安全检查主要采取季节性检查、节日前检查、专业性检查和普遍性检查 4 种形式。

1. 季节性检查

（1）春季安全检查：以防雷、防静电、防解冻跑漏、防建筑物倒塌为重点。

（2）夏季安全检查：以防暑降温、防台风、防汛为重点。

（3）秋季安全检查：以防火、安全防护设施、防冻保温为重点。

（4）冬季安全检查：以防火防爆、防煤气中毒、防冻防凝、防滑为重点。

季节性安全检查以安全部门为主，由有关科室和车间安全员组织进行，也可以和全厂性的岗位责任制大检查结合起来进行。

2. 节日前检查

每年有春节、劳动节、国庆节等节日，企业要在每个节日前组织一次安全、保卫检查，对节日安排、安全保卫、消防措施以及生产准备等工作进行检查落实。节日前检查一般由安全、生产、机动、保卫、消防等部门联合组织检查。

3. 专业性检查

专业性检查的形式一般分为专业安全检查和专题安全调查两种。它是对危险性大的安全专业和安全生产薄弱环节进行专门检查或专题单项调查。调查比检查工作进行得要深入，内容要细，时间要长，并要有分析报告。其目的都是为了及时查清隐患和问题现状、原因及危险性，提出预防和整改建议，督促消除和解决，保证安全生产。

检查或调查的内容有：蒸汽锅炉的运行情况，压力容器使用状况，电气设备、机械设备、运输车辆的安全状况，危险物品的保管储存，消防设施，防尘、防毒措施等；还可以对一部分设备、管线环境或者是部分员工素质、某项安全制度的执行情况以及一个时期安全生产中带倾向性的问题，进行调查分析，找出主要问题，提出对策建议，写出总结报告。

专业性的安全检查，以安全人员为主，吸收与调查内容有关的技术人员和管理人员参加。

4. 普遍性检查

普遍性检查是厂级统一组织的全面性的安全检查，或者是综合性的岗位责任制大检查。检查的范围是全方位的，检查的内容是综合性的，参加的人员是全员性的，检查的形式按自下而上的层次，分阶段进行，发动群众自查自改，领导亲自组织，分片分组带领机关干部深入现场边查边改，最后总结评比，落实整改。

普遍性检查的特点是：声势大，发动广，检查全，内容多，领导重视，解决问题快。检查时要坚持领导与群众相结合、普遍检查与专业检查相结合、检查与整改相结合的原则。普遍性检查一般每季度一次。

（三）安全检查的方法

应该先把所要检查的具体项目及检查标准定好，印成安全检查表，然后发给检查者，由检查者按项目内容和标准进行检查核对，最后做出结论或评价，并签字。每个专业、每项检查都应分别制定相应的安全检查表，否则会使检查者心中无数或漏检。

（四）安全检查的组织方式

（1）全厂性检查每季度进行一次，由工厂领导组织，有关科室和专业人员参加。

（2）车间检查每月进行一次，由车间主任组织，车间专业人员参加。

（3）班组检查每周进行一次，由班长组织，班组安全员和岗位组长参加。

（4）岗位检查每天班前进行，班中至少还要检查一次，由操作人员进行。

（五）整改

安全检查发现了隐患，就要组织整改，及时进行消除。对厂级和车间安全检查时查出的隐患，要逐项进行分析研究，落实整改措施、整改负责人和整改完成的限定日期。企业对重大隐患项目的整改，应实行《隐患整改通知书》的办法。《隐患整改通知书》应由安全部门填写，经主管安全的厂长（经理）签署后发出，并存入档案备查。同时应当加强隐患管理的立法、监察，完善制度和资金投入的工作。

（六）安全检查表

1. 安全检查表的概念

安全检查表实际上就是一份实施安全检查和诊断的项目明细表。通常是将整个系统分成若干分系统，对各个分系统中需要查明的问题，根据生产和工作经验、有关规范标准以及事故情况等进行周密的考虑，把需要检查的项目和要求列在表上，以备在设计或检查时，按预定项目进行检查和诊断。

检查表的内容一般包括分类的项目、检查内容及要求和检查后的处理意见等。

2. 安全检查表的功能

（1）使设计或检查人员能够根据预定目的、要求和检查要点实施检查，避免遗漏、疏忽，以便于发现和查明各种危险和隐患。

（2）针对不同的对象和要求编制相应的安全检查表，可以实现安全检查工作的标准化和规范化。

（3）依据安全检查表检查，是监督各项安全规章制度的实施、制止违章指挥和违章作业的有效方式，也是使安全教育经常化的一种手段。

（4）可以作为安全检查人员履行职责的凭据，并有利于落实安全生产责任制及同其他责任的结合。

3. 安全检查表格范例

安全检查各种表格见表1-1～表1-9。

表1-1　综合安全检查表

检查日期：　年　月　日

分类	检查内容	检查方式	检查结果 √/×
机构 及制度	1. 是否建立安全管理机构或专兼职管理人员	查资料	
	2. 是否按规定建立安全管理制度和岗位安全责任制度	查资料	
	3. 是否建立事故应急措施、救援预案并有演练记录	查资料	
安全管理	1. 有无按照规定配备专(兼)职安全管理人员，履行职责情况如何	查资料	
	2. 各种安全管理制度、安全技术规程是否齐全、实施情况如何	查现场	
	3. 是否进行安全检查，对检查结果如何处理	查资料、查现场	
	4. 是否开展安全教育培训，效果如何	查资料、查现场	
	5. 作业现场有无违章作业及违章指挥行为	查现场	
PPE佩戴	1. 各岗位员工严格按照PPE佩戴标准佩戴	查现场	
	2. 各岗位员工PPE佩戴率100%	查现场	
	3. PPE佩戴正确，佩戴率100%	查现场	
	4. 重点检查安全帽、防护鞋、防护眼镜的佩戴	查现场	

注：PPE是指劳动安全防护用品。

表 1-2　设备安全检查表

检查日期：　年　月　日

项目	分类	检查内容	检查方式	检查结果 √/×
设备管理	设备档案	1. 是否建立设备档案,是否齐全,保管是否良好	查现场	
		2. 所抽查设备的定期检验报告是否在有效期内,检验报告中所提出的问题是否整改	查现场	
		3. 所抽查的设备是否按规定进行日常维护保养并有记录	查现场	
	人员档案	1. 抽查安全管理人员和作业人员证件是否在有效期内	查现场	
		2. 是否有特种设备作业人员培训记录	查现场	
压力容器	作业人员	在岗作业人员是否按规定具有有效证件	查现场	
	登记及检验标志	是否使用登记证,或检验合格标志是否在检验有效期内	查现场	
	安全附件和保护装置	1. 液位计是否有最高、最低安全液位标志,液位是否显示清楚并能被作业人员正确监视	查现场	
		2. 安全阀是否具有有效的校检报告和铅封标志	查现场	
		3. 压力表是否有有效的检定证书或标志	查现场	
		4. 温度计是否有有效的检定证书或标志	查现场	
		5. 汽车罐车是否装设紧急切断装置	查现场	
		6. 快开门式压力容器是否有快开门连锁保护装置	查现场	
		7. 仪器仪表显示参数是否与液位计、压力表、温度计一致	查现场	
	运行参数	1. 液位、压力、温度是否在允许范围内	查现场	
		2. 是否及时填写运行记录,记录是否与实际符合	查现场	
	本体、阀门状况	1. 是否存在介质泄漏现象	查现场	
		2. 设备的本体是否有肉眼可见的变形	查现场	
起重机械	作业人员	现场司机和指挥人员是否具有有效证件	查现场	
	合格标志	是否有安全检验合格标志,并按规定固定在显著位置,是否在检验有效期内,是否有必要的使用注意事项提示牌	查现场	
	安全装置	1. 是否有制动、缓冲、防风等安全保护装置以及载荷、力矩、位置、幅度等相关限制器,制动器、限制器是否有效工作	查现场	
		2. 运行警示铃、紧急制动、电源总开关是否有效	查现场	
	维保状况	1. 是否有日常维护保养记录	查现场	
		2. 维护记录中是否记载吊钩、钢丝绳、主要受力部件的检查内容	查现场	

项目	分类	检查内容	检查方式	检查结果 √/×
气瓶	周期性检验	1. 在检验周期内使用	查现场	
		2. 一般气瓶(氧气、乙炔)每 3 年检验一次	查现场	
		3. 惰性气体(氮气)每 5 年检验一次	查现场	
	瓶体外观检查	1. 无机械性损伤及严重腐蚀,最大腐蚀深度不超过 0.5mm	查现场	
		2. 表面漆色、字样和色环标志正确、明显	查现场	
		3. 瓶阀、瓶帽及防震圈等安全附件齐全	查现场	
	气瓶的存放	1. 应有可靠的防倾倒装置或措施	查现场	
		2. 空、实瓶应分开放置,保持 1.5m 以上距离且有明显标志	查现场	
		3. 储存充气气瓶的单位应当有专用仓库存放气瓶。气瓶仓库应当符合《建筑设计防火规范》的要求,气瓶存放数量符合有关安全规定	查现场	
		4. 立放时妥善固定,放卧时头朝一个方向	查现场	
	气瓶的使用	1. 同一作业地点气瓶放置不超过 5 瓶;若超过 5 瓶,但不超过 20 瓶应有防火防爆措施	查现场	
		2. 瓶内气体不得用尽,应留有 0.1~0.2MPa 余压	查现场	
	使用环境	不得靠近热源,可燃、助燃气瓶与明火距离应大于 10m	查现场	
	气瓶运输	1. 使用专车,夏季应有遮阳措施	查现场	
		2. 应轻装轻卸	查现场	

表 1-3 消防安全检查表

检查日期: 年 月 日

分类	检查内容	检查方式	检查结果 √/×
厂区及建筑物	1. 消防通道、紧急疏散通道是否通畅	查现场	
	2. 是否由足够的便于灭火的机动场地	查现场	
	3. 厂区交通道路的信号标志是否完好	查现场	
	4. 厂区交通道路是否有足够的照明	查现场	
	5. 各种照明设施是否完好	查现场	
	6. 阶梯、地面等是否完好	查现场	
	7. 厂区内物料堆放是否符合要求	查现场	

分类	检查内容	检查方式	检查结果 √/×
生产工艺过程	1. 所用原料、成品、半成品是否属于危险化学品,有无防范措施	查现场	
	2. 有无安全操作规程,生产作业是否严格遵守安全操作规程;对可能发生的异常情况有无应急处理措施	查现场	
消防设施	1. 各种灭火器材的配置种类、数量及完好程度是否符合要求	查现场	
	2. 消防供水系统是否可靠	查现场	
作业现场	1. 作业现场符合防火要求	查现场	
	2. 各种动力设备的防护装置与设施是否完好	查现场	
	3. 有无明显标志的安全出口与紧急疏散通道并通向安全地点	查现场	
	4. 对各种热源及高温表面是否有效防护	查现场	
	5. 高大建筑、变配电设备、易燃气体、液体储罐区、突出屋顶的排放可燃物放空管等有无避雷设施、是否完好	查现场	
	6. 气瓶的放置是否符合安全要求	查现场	
	7. 有无必要的、明显的安全标志,安全标志是否完好	查现场	
生产装置与设备	1. 各种机械、设备上安全设施是否齐全及灵敏好用	查现场	
	2. 有火灾爆炸危险的装置与设备,有无抑制火灾蔓延或者减少损失的预防措施	查现场	
	3. 有无电气系统接地、接零及防静电设施,是否完好	查现场	
	4. 动力源及仪器仪表是否正常、完好	查现场	
	5. 高温表面的耐火保护层是否完好	查现场	
	6. 对可能发生的异常情况有无应急处理措施,如安全泄压设施等	查现场	

表 1-4 化学品管理安全检查表

检查日期: 年 月 日

分类	检查内容	检查方式	检查结果 √/×
消防设施	1. 是否配备相应的消防器材,且处于有效状态	查现场	
	2. 消防器材设置是否合理,且方便取用,周围无堆放物品	查现场	
	3. 是否有自动报警装置, 如烟、温感应器,火焰和气体浓度探测器	查现场	
	4. 是否配备合理的紧急救护设施,如防护服、防护面具等	查现场	

分类	检查内容	检查方式	检查结果 √/×
火源管理	1. 危化品场所是否设置有明显的防火标志和禁用天那水标志	查现场	
	2. 危化品场所(或周围30m内)是否无明火施工作业	查现场	
	3. 危化品场所是否无抽烟现象	查现场	
	4. 危化品场所是否无使用明火设备(打火机、手机、电烙铁等)	查现场	
电气管理	1. 危化品场所的电气设施(照明灯、抽风等)是否做完全防爆	查现场	
	2. 危化品场所是否无临时搭建线路	查现场	
	3. 是否有通风、降温设施,且运行正常并有防爆措施	查现场	
	4. 危化品场所是否做防雷、防静电措施	查现场	
养护管理	1. 危化品包装是否无破损渗漏或严重变形	查现场	
	2. 库房内是否有温、湿度计,且通风、降温良好	查现场	
	3. 危化品场所是否有中文的MSDS(化学品安全信息卡)和安全标签	查现场	
	4. 库区内是否无吃零食、打闹或设置办公室办公等违纪现象	查现场	
	5. 相关人员是否持证上岗,且熟悉应急处理流程	查现场	
	6. 仓库内是否有安全检查记录	查现场	
储存管理	1. 周围及库区的消防通道是否畅通	查现场	
	2. 危化品储存场所设置是否合理	查现场	
	3. 危化品储存场所是否做好管制	查现场	
	4. 库房内危化品是否无超量储存,且无混存、混放现象	查现场	
	5. 危化品堆放是否不超过4层,特别危险的是否不超过2层	查现场	
	6. 危化品仓库周围是否无危化品废弃物存放	查现场	
	7. 危化品仓库是否有安全管理制度	查现场	
使用管理	1. 危化品使用现场与其他生产区域是否做有效防火分隔且现场不得有火种或火源	查现场	
	2. 使用新危化品是否有对新溶剂导入安全评估	查现场	
	3. 生产现场的危化品存放是否合理,无超量储存	查现场	
	4. 作业现场操作人员是否佩戴合格的劳保用品	查现场	
	5. 是否无滥用易燃易爆危险化学品和强腐蚀化学品清洗地面	查现场	
	6. 是否有危险化学品安全操作规程	查现场	

分类	检查内容	检查方式	检查结果 √/×
运输管理	1. 是否使用专用的运输工具运输危化品，且无混装混运现象	查现场	
	2. 运输时容器是否无严重变形或泄漏现象	查现场	
	3. 运输过程中是否无急转弯、突然加速等不安全行为	查现场	
	4. 是否配备相应的应急处理器材及个人防护用品	查现场	
废弃物回收	1. 危化品废弃物或空容器存放位置是否合理，并做好密封	查现场	
	2. 危化品废弃物或空容器是否及时清理，且无混装混放现象	查现场	
	3. 危化品废弃物是否无任意丢弃、倒掉现象	查现场	
	4. 危化品空容器是否未做彻底清理就做它用	查现场	

表1-5　厂房建筑物安全检查表

检查日期：　年　月　日

分类	检查内容	检查方式	检查结果 √/×
耐火等级检查	1. 厂房建筑物是否符合耐火等级要求	查现场	
	2. 建筑物的安全疏散门是否向外开启	查现场	
	3. 甲、乙、丙类厂房的安全疏散门是否不少于2个（面积小于60m²的乙B类、丙类液体设备的房间可设1个）	查现场	
防雷电	1. 厂房、建筑物避雷设施是否符合防雷要求	查现场	
	2. 防雷装置是否进行定期检验	查现场	
	3. 各厂房内设备放空管是否引出厂房外高出2m以上	查现场	
	4. 放空管是否在避雷针保护范围内	查现场	
现场检查	1. 各厂房通风是否符合职业卫生防护和防火防爆要求	查现场	
	2. 建筑物、构筑物是否经常进行维护，有无变形、开裂、露筋、下沉和超负荷情况	查现场	
防护设施	1. 高层厂房、建筑物爬梯、围栏、平台是否牢固可靠并符合安全要求	查现场	
	2. 防护设施无明显缺陷、无腐蚀等	查现场	

分类	检查内容	检查方式	检查结果 √/×
厂区布置	1. 厂房的照明,应符合《建筑采光设计标准》(GB 50033—2013)和《建筑照明设计标准》(GB 50034—2013)的规定	查现场	
	2. 照明电气的选型与作业场所相适应:一般作业场所可选用开启式照明电气,潮湿场所应选用密闭式防水照明电气,腐蚀性场所应选用耐酸碱型照明电气,易燃物品存放场所不得使用聚光灯、碘钨灯等灯具;有限空间、高温、有导电灰尘、离地不足2.5m的固定式照明电源不得大于36V,潮湿场所和易触及的照明电源不得大于24V,室外220V灯具距离地面不低于3m,室内不低于2.5m,普通灯具与易燃物品距离不得小于300mm,灯头绝缘外壳无破损、无漏电现象	查现场	
	3. 厂内休息室、浴室、更衣室应设在安全区域,各种操作室、值班室不应设在可能泄漏有毒有害气体的危险区域	查现场	
	4. 安全出入口(疏散门)不应采用侧拉门(库房除外),严禁采用转门。厂房、梯子的出入口和人行道,不宜正对车辆、设备运行频繁的地点,否则应设防护装置或悬挂醒目的警告标志	查现场	

表 1-6 机械设备安全检查表

检查日期: 年 月 日

分类	检查内容	检查方式	检查结果 √/×
设备选用	1. 是否使用国家明令淘汰、禁止使用的设备	查现场	
	2. 生产设备、管道的设计是否根据生产过程的特点和物料的性质合适的材料	查现场	
警示标志	1. 在有较大危险因素的有关设备设施上,是否设置明显的安全警示标志	查现场	
	2. 应使用安全色,生产设备容易发生危险的部位,必须有安全标志	查现场	
	3. 每台生产设备都必须有标牌。注明制造厂、制造日期、产品型号、出厂号和安全使用的主要参数等内容	查现场	
设备操作	1. 生产设备上供人员作业的工作位置,应安全可靠。其工作空间应保证操作人员的头、臂、手、腿、足有充分的活动余地。危险作业点,应留有足够的退避空间	查现场	
	2. 生产设备必须保证操作点和操作区有充足的照明	查现场	
	3. 人员可触及的可动零件、部件,应尽可能封闭,以避免在运转时与其接触	查现场	

分类	检查内容	检查方式	检查结果 √/×
设备维护	1. 各种设备润滑情况是否良好,油位是否在正常范围内,对设备进行经常性维护、保养,并定期检测,保证正常运转。维护、保养、检测应当做好记录,并由有关人员签字	查现场	
	2. 对于在调整、检查、维修时,需要察看危险区域或人体局部需要伸入危险区域的生产设备,必须防止误启动	查现场	
设备布置	1. 明火设备应集中布置在装置的边缘,应远离可燃气体和易燃、易爆物质的生产设备及储槽,并应布置在这类设备的上风向	查现场	
	2. 对尘毒危害严重的生产装置内的设备和管道,在满足生产工艺要求的条件下,集中布置在半封闭或全封闭的建筑物内,并设计合理的通风系统	查现场	
防爆设备	1. 化工生产装置区应准确划定爆炸和火灾危险环境区域范围,并设计和选用相应的仪表、电气设备	查现场	
	2. 爆炸性气体环境的电力设计宜将正常运行时发生火花的电气设备,布置在爆炸危险性较小或没有爆炸危险的环境内	查现场	
	3. 爆炸性气体环境设置的防爆电气设备,必须是符合现行国家标准的产品	查现场	
	4. 不宜采用便携式电气设备	查现场	
	5. 根据爆炸区域的分区、电气设备的种类和防爆结构的要求,应选择相应的电气设备	查现场	
	6. 选用的防爆电气设备的级别和组别,不应低于该爆炸性气体环境内爆炸性气体混合物的级别和组别	查现场	
	7. 爆炸性区域内的电气设备,应符合周围环境内化学的、机械的、热的、霉菌及风沙等不同条件对电气设备的要求	查现场	
	8. 旋转电动机、低压变压器、低压开关盒控制器、灯具的防爆结构的选型应符合规范规定	查现场	
设备接地	1. 在爆炸危险环境内,电气设备的金属外壳应可靠接地	查现场	
	2. 爆炸性气体环境区域内的所有设备(除照明灯具以外),应采用专门的接地线	查现场	
	3. 接地干线应在爆炸危险区域不同方向不少于两处与接地体连接	查现场	
	4. 电气设备的接地装置与防止直接雷击的独立避雷针的接地装置应分开	查现场	

表 1-7 用电情况安全检查表

检查日期： 年 月 日

分类	检查内容	检查方式	检查结果 √/×
电气作业	1. 认真执行《电力安全作业规程》等电业法规；做好系统模拟图、二次线路图、电缆走向图。认真执行工作票、操作票、临时用电票。定期检修、定期试验、定期清理	查现场	
	2. 落实好检修规程、运行规程、试验规程、安全作业规程、事故处理规程。做好检修记录、运行记录、试验记录、事故记录设备缺陷记录。各项作业都要严格落实安全措施	查现场	
变配电间管理	1. 变电所、控制室、配电室等电气专用建筑物，密闭、防火、防爆、防雨是否符合规程要求	查现场	
	2. 各类保护装置的完整性、可靠性检查，包括继电保护装置的校验、整定记录、避雷针、避雷器的保护范围、技术参数，接地装置是否符合规程要求，各种保护接地、接零是否正确可靠，是否合格	查现场	
	3. 电气安全用具和灭火器材是否配备齐全	查现场	
	4. 配电柜防护是否符合安全要求	查现场	
	5. 配电柜安装是按标准进行设置和安装	查现场	
电气设备	1. 电气设备运行中的电压、电流、油压、温度等指标是否正常，有无违反标准的现象	查现场	
	2. 电气设备完好情况，包括年度绝缘预防性试验情况；主要设备的绝缘试验报告，缺陷和处理意见档案	查现场	
	3. 各种电气设备是否完好	查现场	
	4. 充油设备、检查油位正常与否，漏油情况	查现场	
	5. 瓷绝缘部件是否有裂痕，掉渣情况	查现场	
	6. 临时设备、临时线是否有明确的安装要求，使用时间和安全注意事项	查现场	
	7. 高、低压架空线有无断股，低压架空线是否有裸露现象，塔杆、拉线是否完好，是否过负荷运行	查现场	
防护用品	1. 值班电工是否按规定穿绝缘鞋值班操作	查现场	
	2. 各值班配电室内是否配备绝缘靴、绝缘手套及其他安全防护用品	查现场	
	3. 绝缘靴、绝缘手套等是否按规定进行定期打压实验合格	查现场	

表 1-8   6S 管理安全检查表

检查日期：   年   月   日

分类	检查内容	检查方式	检查结果 √/×
地面、通道、墙壁	1. 通道顺畅无物品	查现场	
	2. 通道标识规范，划分清楚	查现场	
	3. 地面无纸屑、产品、油污、积尘	查现场	
	4. 物品摆放不超出定位线	查现场	
	5. 墙壁无手、脚印，无乱涂乱画及蜘蛛网	查现场	
作业现场	1. 现场标识规范，区域划分清楚	查现场	
	2. 机器清扫干净，配备工具摆放整齐	查现场	
	3. 物料置放于指定标志区域	查现场	
	4. 及时收集整理现场剩余物料并放于指定位置	查现场	
	5. 生产过程中物品有明确状态标志	查现场	
料区	1. 各料区有标识牌	查现场	
	2. 摆放的物料与标识牌一致	查现场	
	3. 物料摆放整齐	查现场	
	4. 合格品与不合格品区分，且有标志	查现场	
机器、设备配备、工具	1. 常用的配备工具集放于工具箱内	查现场	
	2. 机器设备零件擦拭干净并按时点检与保养	查现场	
	3. 现场不常用的配备工具应固定存放并标识	查现场	
	4. 机器设备标明保养责任人	查现场	
	5. 机台上无杂物、无锈蚀等	查现场	
安全与消防设施	1. 消防器材随时保持使用状态，并标识明显	查现场	
	2. 定期检验维护，专人负责管理	查现场	
	3. 灭火器材前方无障碍物	查现场	
	4. 危险场所有警告标志	查现场	
标识	1. 标签、标识牌与被示物品、区域一致	查现场	
	2. 标识清楚完整、无破损	查现场	
人员	1. 穿着规定厂服，保持仪容清爽	查现场	
	2. 按规定作业程序、标准作业	查现场	
	3. 谈吐礼貌	查现场	
	4. 不闲谈、不急慢、不打瞌睡，工作认真、专心	查现场	
	5. 生产时有戴手套或防护安全工具操作	查现场	

分类	检查内容	检查方式	检查结果 √/×
仓库	1. 仓库有平面标识图及物品存放区域位置标志	查现场	
	2. 存放的物品与区域及标识牌一致	查现场	
	3. 物品摆放整齐、安全	查现场	
	4. 仓库按原料、半成品、成品、待检品等进行规划	查现场	
其它	1. 茶杯放置整齐	查现场	
	2. 易燃、有毒物品放置在特定场所,专人负责管理	查现场	
	3. 清洁工具放于规定位置	查现场	
	4. 屋角、楼梯间、厕所等无杂物	查现场	
	5. 生产车间有"6S"责任区域划分	查现场	
	6. 垃圾摆放整齐、定期清理	查现场	
	7. 磅秤、叉车放于规定位置	查现场	
	8. 雨具放置在规定的位置	查现场	
	9. 有协助陪同 6S 检查员工作	查现场	

表 1-9　生产作业安全检查表

检查日期：　　年　　月　　日

分类	检查内容	检查方式	检查结果 √/×
起重作业	1. 吊具应有专人管理,其安全系数允许范围内使用。钢丝绳和链条的安全系数和钢丝绳的报废标准,应符合《起重机械安全规程》(GB 6067—2010)的有关规定	查现场	
	2. 吊运物行走的安全路线,不应跨越有人操作的固定岗位或经常有人停留的场所,且不应随意越过主体设备	查现场	
电气作业	1. 低压电气线路(固定线路)应满足:线路的安全距离符合要求;线路导电性能和机械强度符合要求;线路保护装置齐全可靠;线路绝缘、屏护良好,无发热和渗漏油现象;电杆直立、拉线、横担瓷瓶及金属构架等符合安全要求;线路相序、相色正确,标志齐全、清晰;线路排列整齐、无影响线路安全的障碍物	查现场	
	2. 移动电气设备应满足:绝缘电阻应小于 $1M\Omega$,电源线应采用三芯或四芯多股橡胶电缆,无接头,不得跨越通道,绝缘层无破损,长度不得超过 5m,PE 线连接可靠,防护罩等完好,无松动,开关可靠、灵敏,与负载匹配	查现场	
	3. 电气设备(特别是手持式电动工具)的金属外壳和电线的金属保护管,应有良好的保护接零(或接地)装置		

分类	检查内容	检查方式	检查结果 √/×
车床作业	1. 金属切削机床应满足:防护罩、盖、栏应完备可靠;防止夹具、卡具松动或脱落的装置完好;各种限位、连锁、操作手柄要求灵敏可靠;机床 PE 连接规范可靠;机床照明符合要求;机床电器箱、柜与线路符合要求;未加罩旋转部位的楔、销、键,原则上不许突出;备有清除切屑的专用工具	查现场	
	2. 冲、剪、压机械应满足:离合器动作灵敏、可靠,无连冲;制动器工作可靠;紧急制动按钮灵敏、醒目,在规定位置安装有效;传动外露部分的防护装置齐全可靠;脚踏开关应有完备的防护罩且防滑;机床 PE 可靠,电气控制有效;安全防护装置可靠有效,使用专用工具符合安全要求;剪板机等压料脚应平整,危险部位有可靠的防护	查现场	
砂轮机作业	砂轮机应满足:安装地点应保证人员和设备的安全;砂轮机的防护罩应符合国家标准;挡屑板应有足够的强度且可调;砂轮无裂纹无破损;托架安装牢固可调;法兰盘与软垫应符合安全要求;砂轮机运行必须平稳可靠;砂轮磨损量不超标,且在有效期内使用;PE 连接可靠,控制电器符合规定	查现场	
安全防护设施	1. 传动部位应按照如下情况设置防护罩、盖或栏 (1)以操作人员站立平面为基准,高度在 2m 以下的外露传动部位 (2)旋转的键、销、楔等突出大于 3mm 的部位 (3)产生切屑、磨屑、冷却液等飞溅,可能触及人体或造成设备与环境污染的部位 (4)产生射线或弧光的部位 (5)伸入通道的超长工件 (6)超长设备后端 300mm 以上的工件 (7)容易伤人的设备往复运动部位 (8)悬挂输送装置跨越通道的下部 (9)高于地面 0.7m 的操作平台	查现场	
	2. 专用设备应符合有关法律法规、标准规范要求;防护罩、盖、栏应完整可靠;各连锁、紧停、控制装置灵敏可靠;局部照明应为安全电压;电器接地完好可靠;设备梯台符合要求	查现场	
	3. 安全设备设施不得随意拆除、挪用或弃置不用;确因检维修拆除的,应采取临时安全措施,检维修完毕后立即复原	查现场	

分类	检查内容	检查方式	检查结果 √/×
区域安全	1. 严禁架空电线跨越爆炸和火灾危险场所	查现场	
	2. 非经允许,禁止与生产无关人员进入生产操作现场。应划出非岗位操作人员行走的安全路线	查现场	
	3. 行灯电压不应大于36V,在金属容器内或潮湿场所,则电压不应大于12V	查现场	
	4. 设应急照明,正常照明中断时,应急照明应能自动启动	查现场	
	5. 易燃、可燃或有毒介质导管不应直接进入仪表操作室或有人值守、休息的房间,应通过变送器把信号引进仪表操作室	查现场	
	6. 在易燃易爆区不宜动火,设备需要动火检修时,应尽量移到动火区进行	查现场	
	7. 在设备设施检维修、施工、吊装等作业现场设置警戒区域和警示标志,在检维修现场的坑、井、洼、沟、陡坡等场所设置围栏和警示标志	查现场	
	8. 设备裸露的运转部分,应设有防护罩、防护栏杆或防护挡板	查现场	
	9. 吊装孔应设置防护盖板或栏杆,并应设警示标志	查现场	

六、安全技术措施及事故隐患管理

(一)安全技术措施

安全技术措施管理,是安全管理的一项重要内容。编制、实施安全技术措施的目的,在于有计划地改善劳动条件,切实保护员工在生产中的安全与健康,促进劳动生产率的提高。

1. 安全技术措施项目范围和内容

安全技术措施项目范围,包括以改善劳动条件、防止工伤、预防职业病和职业中毒为主要目的的一切技术组织措施。具体内容如下。

(1)安全技术:以防止工伤为目的的一切措施,如防护装置、保险装置、信号装置等。

(2)工业卫生:以改善生产环境,防止职业病和员工中毒为目的的一切措施,如通风、降温、排尘等。

(3)辅助房屋及设施:有关保证工业卫生方面所必需的房屋及一切措施,如淋浴室、更衣室、消毒室等。

(4)安全生产宣传教育:安全技术教材、图书、仪器、安全技术训练班、安全展览会、劳动保护教育室等所需设施。

2. 安全技术措施项目施工的监督检查

（1）企业安全部门负责对安全技术措施计划的实施进行监督检查，并按季、月将安全技术措施计划的执行情况向主管领导汇报，督促计划的贯彻执行。

（2）每项安全技术措施项目完成、竣工后，都要由主管领导组织有关科室、车间进行验收，并在投用一段时间后写出效果鉴定总结，报项目审批机关，必要时有关部门可组织鉴定验收。

（二）事故隐患管理

1. 事故隐患评估办法

事故隐患评估，分企业自评和上级主管部门复查评估两个阶段进行。

（1）企业自评。企业自评应实事求是地按 LEC 评估法进行打分评级，评级后的项目应建立完整、齐全的档案资料，内容包括评估报告、评审意见、技术结论、隐患治理方案和概算等。

（2）企业安全部门根据自评结果，在征求计划、财务、生产、机动部门的意见后，编制出本企业下年度的事故隐患治理计划表，经企业主管经理（厂长）或总工程师批准，报上级主管部门。

2. 事故隐患治理项目的管理、实施及验收

（1）管理。事故隐患治理项目由企业安全部门管理，并建立隐患评估、治理完成情况和效果考核验收等管理档案。对一时不能整改的事故隐患，企业要采取可靠的安全措施，加强监护。企业主要领导对本单位事故隐患的整改负首要责任，企业技术负责人应对事故隐患整改方案的可行性、合理性负责。

（2）实施。企业对本单位的事故隐患治理项目进行全面的组织实施，按进度完成年计划，上级主管部门对事故隐患治理项目实施情况进行督促检查与协调。

（3）验收。

① 事故隐患项目的验收应分级进行。属上级主管部门控制的，由上级主管部门组织验收；属企业自己控制的，由企业自己组织验收。

② 已竣工的隐患治理项目经试运转基本正常后的两个月内，由工程主管部门或单位报请安全部门，按事故隐患管理权限组织考核验收。

③ 项目验收合格后，应由车间（部门）制定相应的规章制度，组织操作人员学习，转入正常维护管理。

七、进行安全事故预测

进行事故预测，就是要判明生产装置中所存在的各种危险，研究这种危险将会通过什么样的途径酿成事故，以便事先采取措施，做到防患于未然。

（一）预测的时间

（1）工程计划的准备阶段。

（2）工程设计阶段。

（3）工程建设、竣工、投运阶段。

（4）检修复工阶段。

（5）装置报废阶段。

（二）预测的方法

事故预测的方法很多，这里推荐六阶段安全评价法。

1. 事故预测的六个阶段

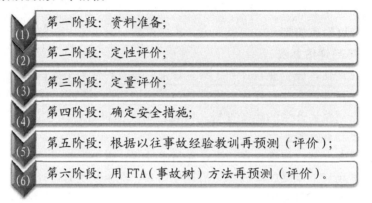

2. 六阶段的具体内容

（1）资料准备。搜集所有资料，包括建厂条件，装置配置图，结构平面、断面、立面图，仪表室和配电室平面、断面、立面图，原材料、中间体、产品、辅助剂等的物化性质及对人的影响，反应过程，制造工程概要，流程图流程机器表，配管、仪表系统图，安全设备种类及设置位置图，运转要点，人员配置图及人员素质材料，技术、安全教育训练计划，三废处理资料及流程图，其他有关资料。并组织研究讨论。

（2）定性评价。用安全检查表检查，根据查出的设计、基建、操作，平面布置、建筑、工艺、设备、物料等方面存在的问题，进行定性评价。

（3）定量评价。将装置划分为几个单元，对各单元从容量、温度、压力、操作等各项内容进行计算、评定，算出危险总数，定出危险等级。

（4）确定安全措施。

① 人员配备要根据技术、知识和经验，按危险等级进行配备。

② 进行教育训练。为确保装置的安全，提高技能和判断力，确定指挥联络体制，在一定期间重复操作，进行实验技术训练（包括维修和紧急时的操作方法）。

③ 运转管理要有操作规程，发生事故要有事故记录，开车前检查开车程序表，停车时检查停车程序表、紧急处理工程表及其他有关资料。

④ 维修管理。要有健全的维修体制、定期的维修计划和维修记录。

⑤ 根据概率值确定发生事故可能性大小后，对必然要发生事故、非常容易发生事故的要立即停产整改；对较易发生事故、不易发生事故和难发生事故的要安排整改，对很难发生事故和极难发生事故的，可以放在全面停车时整改。

（5）根据以往事故经验教训再预测（评价）。在完成了第四阶段的预测以后，根据装置以往的事故进行再预测，需改进时按第四阶段重复讨论，新建装置应根据设计内容并参照同类设备、装置以往的事故进行再预测。危险度为二级和三级装置，在完成上述五个阶段预测后，预测工作可结束。危险度为二级的新建装置，在完成上述五个阶段后，则可以建设。

（6）对危险度为一级的装置，用 FTA（事故树）方法再预测（评价）。用布尔代数和概率计算事故可能发生的概率。如果通过预测发现需改进的地方，则要上安全措施。对新装置来说则要修改设计，然后建厂。

第二章
石油生产安全技术

Chapter 02

第一节　石油地震勘探安全技术

一、地震勘探作业中的危险分析

地震队每接受一个项目，就要进行营地建设，包括野营车的摆放，发电站、炸药库、加油库、食堂、停车场的建设等。这些设施必须合理布局，且要有一定的安全距离和防范措施，否则易引起爆炸、火灾、触电等事故，所以，营地建设也是地震勘探作业中易发生事故的环节之一。

在钻机现场，人员操作打井时，钻机中的动力连接件如果不牢固，可能脱落，造成机械伤害。起井架时，如果对周围高压线观察不细、操作不慎，易发生触电事故。在钻机搬迁过程中，如果地形复杂，易发生翻车事故。在下药过程中，如果不顺利而用力捣压，易发生爆炸事故。所以，钻机现场也是易发生安全事故的主要环节之一。

在爆炸现场，如果药包和爆炸机连接不当、不按规定操作、药包上浮、不戴安全帽或警戒不好，易发生安全事故。运输爆炸物品的车辆，如果选择停车位置不当，如靠近电视塔、发射台、高压线等，可能引起爆炸物品爆炸。爆炸现场和爆炸物品的运输也是易发生安全事故的环节之一。

所以说，地震队的车队、爆炸现场、钻机现场等是最容易发生安全事故的环节，控制不好，就可能发生安全事故。通过用地震勘探中发生的事故实例对员工进行安全教育，能起到举一反三、引以为戒的作用，便于员工吸取教训，防止重蹈覆辙，能收到较好的教育效果。

二、各种地表条件下的安全作业

随着地震勘探的趋势向边、荒、险地带发展，地表条件也由平原到转向沼泽、沙漠、戈壁、高原、丘陵、森林、海域等环境。加强特殊地表条件的地震勘探现场管理，就显得尤为重要。

（一）平原地区的地震勘探安全作业

平原作业经常遇到的障碍是高、中、低压电线，河流湖泊，村庄，水坝，灌溉水渠等，要顺利地通过这些障碍，就得做好以下工作。

1. 防触电

平原地区的工农业发达，电网星罗棋布，钻井作业常在电网下或井架在感应电区域内施工，当钻机起落井架时，一旦不小心接触电线或在感应区域之内，将使钻机带电，操作工人发生触电事故。

预防触电安全措施如下。

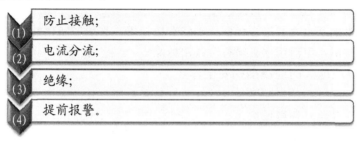

（1）防止接触；

（2）电流分流；

（3）绝缘；

（4）提前报警。

2. 安全涉河过湖

在通过河流湖泊时要慎重选择通过方法，要了解河床地质、水深、流速、温度等情况，必要时采用渡河工具渡过，还可找向导引渡。

（1）水深在 0.6m 以下，流速小于 3m/s 时，或流速虽大但水深在 0.4m 以下，才允许人涉水通过；否则要尽量绕道找桥梁或渡口通过，不准冒险涉渡。

（2）采取渡河工具（船、木筏等）过河时，要找有经验的船工操作，严禁超载，应选择水流不急的河段，在白天过河。

（3）严禁单人通过河流湖泊，严禁在河水暴涨时过河，严禁利用漂浮的冰块、圆木和露出水面的石头过河，绝对禁止在无任何安全保障措施下强行渡河。

（4）冬季施工时要掌握封冻、开化的季节时间，防止人员或车辆掉入水内发生危险。

3. 其他工作

（1）勘探测线绕过村庄、水坝、灌溉水渠等障碍物时，其距离与爆破的安全距离及药量有关，要控制好，不要违章作业。

（2）在公路上行走、穿越铁路或驾驶车辆时，必须遵守交通法规，作业时要加强岗哨监护，勿把设备放在公路或铁路上，尽量缩短在该地段的作业时间。

（3）掌握工作区内地下通信线路、管道的铺设位置及埋藏深度，钻井时应避开，爆破时应符合安全距离。

（二）沙漠地区的地震勘探安全作业

（1）要查清沙漠工作区的方位、范围、气象、水源。

（2）对人工推土机推出的道路要做出标记，以防被风沙埋没后迷路。

（3）在行车道路面上不准打井放炮，以防发生意外爆炸事故。

（4）在沙漠腹地施工的营区附近，必须设置临时的直升机机场，以保证运送人员、物资和生活必需品。

（5）营区上空悬挂队旗和设置信号灯，为外出施工队伍回归营地起引导作用。

（6）营地和外出施工队伍必须备有救援用的电台通信工具或能发出求救信号的物资（如旧轮胎、火种、反光镜等）。

（7）单台车辆外出执行任务时，还需携带辨认方位的罗盘、地图和急救药箱。

（8）外出施工人员必须遵守地震队的规定。如必须穿信号服、携带护目镜和按规定乘车，必须带足水，以防迷路后缺水而导致脱水死亡。必须带足食物和衣服以防气候突变，如气温骤降、沙暴、尘暴等。

（9）沙漠地下水含氟量超标准，不能直接饮用，必须经净化处理达到国家卫生标准后方可饮用，生活用水必须符合饮用标准。

（三）草原地区的地震勘探安全作业

在草原地区进行地震勘探作业，主要危险是草原着火，破坏生态环境等。所以必须注意防火和搞好环境保护。

（1）在枯草期施工时，进入草原的一切车辆排气管必须佩戴防火帽，以防火星飞出；进入草原的施工人员严禁携带火种或吸烟。一旦发生火情和火灾，除组织现场人员立即扑救外，要及时报告当地政府有关部门给予援救，采取措施进行扑救。

（2）草原上生长着各种昆虫、蚊虫及有毒植物，施工人员被昆虫、蚊虫叮咬后易生皮肤溃烂，甚至发生疟疾传染，所以必须给施工人员配备防止被昆虫、蚊虫叮咬的防护用品及治疗药品，如防虫叮咬的防蚊帽，同时要教育员工注意识别和防止接触有毒植物，以防中毒。

（3）草原上常有国家明令保护的稀有动物，在作业时不要追捕它，要自觉积极保护。

（4）遇有能传染鼠疫的老鼠，要及时消灭。

（四）森林地区的地震勘探安全作业

（1）林中潮湿、阴暗，毒蛇、毒虫，蚊子多，要防止被咬。

（2）林中气温一般较高，雨水多、湿度大，要防止中暑。

（3）林中有毒植物不少，要注意防止食物中毒。

（4）施工人员不能单独在林中行走；集体行走时，人员间要经常保持好联系，注意防止树枝弹回打伤人，在道路两旁做好路标，以防迷路。如遇大风，必须绕过枯林地段和干枯、腐朽林区。

（5）在林区作业时，要遵守林业管理部门的安全规定，不要吸烟，不要携带火种，车辆行驶时要带防火帽，以防火星飞出；当发现有烟雾、烟味时，应迅速撤入无林地段或转移到阔叶林地带，并组织力量采取措施，加以扑灭。特殊情况需在林区生火时，要征得有关部门批准，制定相应安全措施，如应有专人看护火堆，人离开时，应将火熄灭，或用潮湿泥土将余火覆盖好。

（6）在勘探作业前必须了解当地传染病流行情况，并做好预防工作，施工时必须配备和穿戴劳保用品，切实保护好劳动者的身体健康。

（7）必须向当地群众了解在林区有无狩猎用具、陷阱、爆炸性弹药，并要求撤销或做好明显标记，以防误伤施工人员。

（8）林区中禁止采用"空中爆破"方式，避免森林毁坏或火灾。

（五）山区的地震勘探安全作业

为保障山区作业的人身安全必须注意以下事项。

（1）应向当地群众了解山区的气候变化和地理情况，掌握哪里有滚石、陡坡、峭壁、雪崩、滑坡等情况，请熟悉山路的群众当向导，选择好进山路线。

（2）在开工前，施工人员必须学会在山区工作时进行自身安全保护和相互安全保护的方法，学会调整人的重心（在支撑面内），掌握在山地行走防摔倒的知识，防止滑倒坠落或滚石伤人。雨后石面和湿草发滑，在陡坡上行走时更应注意，宜两脚横行，缓慢前进；在大石头的砂石坡上行走时，脚要踩在稳固的石头上，并按"之"字形行进，以免因滑倒引起滚石伤及后面的人，下坡行走时不应跳跃行走，防止失足跌伤；在表面覆盖着雪或薄层湿苔的石头上行走时，要防踏落时滑倒，甚至坠入山谷；在悬崖和陡坡（坡度超过30°）进行作业时，必须用安全带和安全绳系牢，并连接在固定点上。

（3）山区气候变化大，要注意个人保护。在雪地作业时，必须戴上暗色眼镜。雾天、雨天、雪天应停止作业，当暴风雨、雷雨、暴风雪来临时应停止作业并停止行进，防止山洪袭击。在工作中遇到雷雨时，为避免雷击伤人不要使用铁器工作，不能在树下或枯树旁避雨。在狩猎地区工作时，请当地群众当向导，防止兽夹和箭伤人，防止跌入陷兽坑。在有森林植被的山地，必须按照林区安全作业要求进行作业。

（六）河流、湖泊的地震勘探安全作业

在江河、湖泊内的地震勘探作业，是利用船只运送作业人员、设备、材料等。为了保护劳动者在水域作业时的人身安全，要做到以下要求。

（1）作业前必须认真做好准备，了解水区的气象情况和水域的情况，如风向、风速、水深、水速、台风、大风、寒潮等。船上应配备航行必需的方向盘、桨、篙、锚、绳索、排水设施、常用的修理材料、个人救生设备、消防设备、急救药箱、求救的无线电通信设备，并有至少工作一周的粮、菜储备。

（2）船不能超载，重量要分置，尽量保持平衡，禁止人坐在船舷上渡过险滩和激流。

（3）水上作业船只的锚绳固定位置处，要配备专用的保险斧，以备在紧急情况下，用来砍断锚绳，避免发生翻船事故。

（4）在浪区工作时，要有防浪措施，即在作业区水域周围的一定距离内设置防浪船或防浪排，将较多的浪头挡消在施工船只的外围。当遇到暴风雨、飓风来临时，应停止工作，作业人员应迅速撤离上岸，并把船只拖上岸。水上雾很大时，应停止航行，以免迷失方向或发生触礁、搁浅、碰撞、翻船等事故。

（5）夏天水上作业因气温高、湿度大，要特别注意防止中暑；冬天水上作业因气温低，要注意防冻、防寒。并注意未经净化处理的河水是不能饮用的。

（6）水上作业必须使用抗水的或经防水处理的爆破器材，起爆药包只准由专职爆破员搬运及操作，在通航水域进行水下爆破时，一般应在施工前 3 天与水上港航监督和公安部门联系，发布爆破施工通知，并在危险边界上设立警告标志，设岗哨担任警卫，发出禁航信号，水下爆破禁止用导火索起爆。

（7）爆破作业必须符合安全距离，确保人身安全和堤坝不受破坏。

（七）沼泽地带的地震勘探安全作业

沼泽地区作业主要有以下几个方面，应注意防范。

（1）在沼泽作业前必须有向导做路探，了解沼泽概况，包括深浅、植物生长、有无蛇虫或传染病及其防治方法等。

（2）探路时用粗壮木棍杜撑试探，行走时不能单独行动，应借助竿、绳等工具集体行进，当陷入沼坑时，应横握手中木棍，切勿惊恐乱动，用棍和绳帮助抢救，以免发生淹溺事故。

（3）沼泽中有蛇虫及虫媒传染病，水极不卫生，凡下水作业人员需穿戴防水防护用品，避免与水直接接触，以及防止被蛇虫咬伤或感染传染病。

（4）地震勘探在沼泽中作业一般用履带式轻型车辆，车辆的载重量不能超过额定重量，履带传动轴易被植物挤塞缠绕而不能转动，易被损坏，需经常检查或更换。

（八）高原地区的地震勘探安全作业

（1）凡患有明显的心、肺、肝、肾等疾病，患有高血压、严重贫血者，均不适合在高原地区进行地震勘探作业。

（2）对初参加工作的人员，首先是在海拔 3000m 以内做适应性锻炼，实行分段登高逐步适应，过程约需 1～3 个月。

（3）海拔 5330m 为人适应的临界高度，需要供应高糖，多种维生素和易消化的饮食，多饮水，禁止饮酒，注意保暖，防止急性上呼吸道感染等疾病。

（4）高原地区的温度低且温差大，稍不注意，便会有冻伤、冻僵及其他各种意外伤害，所以野外作业除注意防寒和保暖外，主要是注意个人防护，应穿够防寒衣服，注意锻炼，增强耐寒性，人体皮肤在反复寒冷的作用下，表皮层能增厚，抗寒能力增强。

（5）在有积雪或冰冻地区作业，应配备防滑、攀登的有关工具。

（九）浅海地区地震勘探安全作业

1. 海上作业人员资质要求

（1）除经过正常教育培训合格后，还应具备以下条件：身体健康并具有县级（含县级）以上医院出具的证明，没有妨碍从事本岗位工作的疾病、生理缺陷和传染病。

（2）经过安全和专业技术培训，具有从事本岗位工作所需的安全和技术专业知识。

（3）凡长期出海（15天以上）的作业人员，均应持有海上求生、海上急救、船舶消防和救生艇筏操纵四项安全培训证书。

（4）凡短期出海（5～15天）的作业人员均应持有短期出海证。

（5）凡到浅海石油设施、船舶上进行检查、视察设备维修、参观、学习、实习等的临时人员（少于5天），均应接受出海安全教育，并持有临时出海证。

（6）地震队队长、安全监督员应持有安全培训合格证。

（7）船员应取得相应合格的适任证书。

（8）水陆两栖设备、挂机操作人员应经过培训考试合格，持证上岗。

（9）气枪震源操作人员应经过气枪震源技术培训，考试合格后上岗。

2. 浅海生产设备基本安全要求

（1）船舶：船舶工作人员数量符合规定，人员持证上岗；船舶证件齐全有效；应备有抛绳器，船舷装有救生圈；通信电台，导航设备，齐全有效；消防设备符合要求，放置合理。船舶操纵灵活有效，船舷设置栏杆；安全标志齐全；锚机，锚，锚链，止链器运转灵活，牢固可靠。

（2）气枪震源：安全阀定期检验合格；高压器件、储气罐、气路等定期检验合格；气枪吊具运转灵活，牢固可靠；应在显著位置上设置高压危险标志；气枪电路无线头外漏，配电合不漏水，位置合适；气枪运行记录齐全；气枪发电机，空压机性能良好，现场符合十四字作业标准。

（3）仪器、定位部分：仪器安装牢固可靠，顶棚不漏水，电源安装正确，操作方便；仪器天线牢固可靠，避雷装置有效；室内安装灭火器；定位抛点的位置应有牢固的方便把柄。

（4）水路两栖设备：灯光齐全有效；制动有效；方向有效，转向灵活；各部位传动连接牢固，无异常响声，无松脱；夏季水箱加软化水，冬季水箱加防冻液；按规定标号加足润滑油，按规定部位注黄油；车厢、车马槽完整牢固；罗利冈设置上下人的梯子，牢固、有把手；罗利冈轮胎外观良好，气压足；赫格隆链轨完好，传动轮齐全；赫格隆车门密封有效，车厢内防水堵齐有效；车辆运行记录齐全；赫格隆水域作业水深超过1m应按规定安装浮桶，厢内排水电动机及泵运转正常；水域作业安装、携带足够的救生圈。

（5）挂机：橡皮船船体外观良好，不漏气；挂机安装正确，牢固；挂机手经过培训合格；挂机燃油符合要求，油桶符合要求，数量足；蓄电池放置专用箱内；应有艇名和额定成员人数。

3. 浅海生产组织

在项目生产作业前，施工单位应向政府有关部门申请办理《中华人民共和国水上水下活动许可证》。施工前必须详细收集并掌握工作区内水文、气象、地表、植被、潮汐等情况资料，结合施工方法制定安全生产针对性防范措施和环境保护措施，上报上级主管部门批准。海上作业施工应设置陆上指挥协调基地。陆上指挥协调基地要保证与上级生产调度系统和海上作业船只通信畅通，水上作业期间要指定专人负责守电台，并做好电话、电讯记录。水上作业期间地震队要指定专人按时收集天气预报，遇有蒲氏5级及5级以上风力天气和能见度低于200m的雾天，要停止作业。正常天气条件下的两栖作业，应在天黑以前组织人员撤离水域作业现场。如果需要夜间作业，必须上报有关部门批准。水上作业前，必须根据工作区情况，选择好避风、浪区域，做好避风浪演习。水上作业前，应做好各种应急部属，组织应急演习。水上作业人员必须经过24小时以上的岗位培训，能正确执行岗位安全技术操作规程和实施各项应急措施，才能上岗。严格禁止在水深可能达到1m的区域无设备徒步作业。

4. 各工序作业安全要点

（1）测量作业：岸台安装必须离开高压线50m以外，下大雨时不积水，应设置合格的避雷装置，电源符合要求。两栖定位作业行进中遇有特殊路段或高压电线、重要设施、危险地形等应放倒定位天线缓慢通过，并在测量草图上标明。船上定位仪器安装牢固可靠，船舱顶棚不漏水，天线、电源等符合要求。定位船工作人员（除船舱内）必须按规定穿好救生衣。抛点人员工作位置应有把手，人员站立位置合理，服从命令听指挥。收浮漂作业时，应两人以上，相互配合。

（2）收、放线作业：作业人员应穿好救生衣；收、放线和采集站时，应站立位置合适，轻拿轻放，防止天线伤人；两栖作业，穿越潮沟、过复杂地形时，人员应下车，两栖设备操作手要检查设备的防水、漂浮状况，按安全操作规程缓慢通过；严禁在行驶的两栖设备上进行作业；作业车、船严禁超载、超速、急转弯；查线工所使用的电台通信设备要离开爆炸物品15m以外。

（3）气枪震源作业：气枪震源作业前，应认真检查发动机、空压机、气枪震源电路、气路以及吊臂、枪等，一切正常才能开始作业；操作气枪震源吊臂时，要注意观察，避免挂碰附件，吊臂下不准站人；调试气枪时，枪必须放入水中，不能离开水面；气枪震源使用过程中，作业船与其他船只安全距离要大于100m，150m半径以内不能有人涉水；收气枪时，枪内气排空，所有人员要退到安全区，将枪体离开水面0.5m后，缓慢操作；严禁在气枪有气时，对气枪、气路进行维修；作业过程中气枪震源船上，不能有非工作人员；操作手每天要记好检查记录和运行记录。

（4）挂机艇：挂机艇出海作业必须携带便携式甚高频对讲机、罗盘、打气筒、锚、救生圈及备用绳索、灭火器、备用浆、哨子及报警器（夜间携带防水手电），挂机艇在行驶过程中，禁止急转弯；不准超载。

（5）两栖设备：装载不超过额定载荷，活动物品应在货台中心线两侧均匀分布并固定，货台四周应设防护栏杆；爬坡不应超过允许坡度，进出水域时应使两侧轮胎或履带同时入水或登岸；过水域时，海（水）流超过1.2m/s或风力超过蒲式6级时，应采取措施牵引，避免急速转弯。

（6）船舶：作业前，应选择好锚地和避风地点；船舶航行应遵守《国际海上避碰规则》《中华人民共和国内河避碰规则》；船舶靠港、抛锚期间应加强值班；及时认真填写《航海日志》《设备维修保养记录》。

（7）加油：加油工必须经过岗前培训；加油前，发动机必须熄火，在油罐与加油船20m范围内，保证无明火；多船加油时，必须一条一条地靠油船加油，严禁多船靠近；加油前，接好各管口，防止出现滴漏油现象。加油时，蓄电池箱一定要盖好盖，以防意外；风力大于6级时，在无安全保障的情况下，严禁靠船加油。雷雨天气禁止加油。

5. 海上应急

（1）应急计划：作业单位在海上项目开工前，按照《海上石油作业者安全应急计划编制要求》的规定，编制切合实际的能预防和处理各类突发性事故及可能引发事故险情的安全应急计划，海上应急计划编制完成后，应根据规定报有关部门审查批准备案。

（2）应急指挥：在抢险救助中，应严格执行上级《应急预案》规定的应急行动方案或局以及公司抢险救灾指挥部决定的方案，以及《应急计划》；若实施这些方案仍会危及设施和人员的安全而又来不及报告时，小队在局、公司海洋抢险救灾小组未到达事故、险情现场前，有权决定新的方案，但事后应向上级海洋抢险救灾小组汇报；在公司、大队海洋抢险救灾小组未到达事故、险情现场前，应急指挥小组应由船长担任现场指挥；当抢险救助投入的力量抵达现场后，一律归其指挥。当应急指挥小组丧失指挥能力时由第一个到事故、险情现场的船长担任现场指挥；在上级海洋抢险救灾小组到达事故、险情现场后，按组长、副组长的顺序担任现场指挥，所有为抢险救助投入的力量都无条件地服从指挥。

三、特殊气候条件下的勘探作业

（一）高温气候条件下应采取的安全措施

1. 各种车辆所受的影响与应采取的安全措施

（1）在高温气候下，野外作业的各种车辆将受到以下影响：各种车辆行驶时容易产生水箱"开锅"，燃料系统气阻、蓄电池"亏水"、液压制动因气阻失灵、轮胎内的气压随着外界气温升高而升高容易爆破等；晚间收工时，沿村庄附近的道路两旁乘凉人多、儿童追逐玩耍的多、公路上乘凉赶路的人多等，使各种车辆在返回基地行驶时受到影响。

（2）应采取的安全措施：根据勘探作业时的地理条件和当天的天气情况携带必要的水桶、防雨帆布、防滑链条等用品；行车中要注意防止发动机过热，应随时注意水温表的指示读数，一般不要超过95℃，如果温度过高，要选择阴凉处停车降温，并可掀起发动机机罩以利通风散热；供油系统发生气阻时，应停车降温，然后打开化油器进油管接头，扳动手油泵使汽油充满油管，排除空气；发现胎温、胎压过高时，应选择阴凉处停息，使胎温自然下降，胎压恢复正常。不可采取放气或泼冷水的方法降温、降压；要注意监视制动器的效能，以防制动分泵皮碗膨胀变形和制动液气化造成制动失灵的故障。下长坡要注意途中停车休息"凉刹"，以保证制动性能的良好；早上出工或晚上收工经过村庄附近的道路时，要特别注意减速、鸣号，观察行人、乘凉人的动态。

2. 工作人员所受的影响及应采取的安全措施

（1）由于白天长夜间短，加上气温偏高，容易使各种工作人员精神疲倦或打瞌睡，而且容易发生中暑现象，不利于安全生产。

（2）各种工作人员应保证充足的睡眠时间，工作期间感到精神疲倦时，可用冷水洗浇头面，以清醒头脑，振奋精神。在高温作业时人体容易出汗，汗出多了，身体里就会失去大量的水分和盐分。水和盐是维持正常生理机能所必需的物质，人体如果丧失了较多的盐分，轻则会感到疲乏、头晕、恶心、呕吐，重则会发生热痉挛。

（3）在高温条件下进行野外勘探时，往往由于出汗过多而产生疲劳和中暑，所以夏天喝含盐清凉饮料有一定的好处，能够补充一定的水分和盐分，消除疲劳，避免中暑；对于中暑的人员，应争取尽快恢复患者正常体温和水盐平衡。凡有感觉轻微头痛、头晕、耳鸣、眼花、心慌等症状时，就应立即离开高温处所，转到通风阴凉的地方安静休息，并用凉水擦洗身体和喝一点含盐饮料，以促进体温恢复热平衡状态。如发生昏倒等重症中暑时，应将患者抬到阴凉通风处，脱衣解带，平卧休息，然后，根据情况请医生对症治疗。

（二）严寒气候条件下应采取的安全措施

1. 寒冷的气候对各种车辆设备的影响

严寒的季节气温很低不仅对车辆制动性能和操纵稳定性影响很大，而且对其他一些使用性能也有一定的影响。在滴水成冰、油脂黏度增大、燃油气化性能很差的条件下，发动机启动困难。尤其是基地上露天停放或在测线上长时间停留的各种车辆很不容易发动。这样使各种车辆的起步与加速都比较费时。为进行防冻、预热和保温工作，必须占用很多时间，影响当天野外工作的进展；低温条件下未使用防冻液，常因忘记放水而冻坏发动机汽缸体和散热器。有时在气温稍低时，白天温度在0℃以上，而夜间又在0℃以下，若是思想麻痹，常常发生冻坏发动机的事故；采用防冻液时，如果使用不当，又有可能发生着火事故；各种勘探设备上的金属、塑料、橡胶制品等材料，在低温下都有变脆的倾向，因而车辆的各种机件和轮胎等容易损坏；由于路面冰冷积雪，特别是在野外无道路的地方行驶时，车轮容易侧滑和打滑空转，而且制动的停车距离较长，给驾驶操作增加了困难；驾驶员的手脚容易冻僵，冬服又较厚，驾驶室坐满定员后也显得拥挤，加上风窗玻璃因积雪或早晨起步后由于驾驶室内外温差而形成的薄冰，妨碍驾驶员的视线，这些都使驾驶操作的灵活程度受到影响。

设备在严寒条件下除采取防冻、防滑、预热启动的措施外，还应注意以下事项。

事先做好车辆的换季保养工作，冷却水可换用防冻液。有关部位的润滑油和制动液应换为符合冬季使用的标号。如果使用水冷却时要特别注意保温工作，防止冻坏发动机或散热器。收工回到基地后一定把水放净，若有怀疑水未放净，可启动发动机，急速运转 1~2 分钟，将发动机水套内的余水排除干净。

出工前应做好冰雪道路上行车的思想准备。在冰雪路上行车时，无论在任何情况下，都不能急剧地转动转向盘，不能用突然增加或减少发动机转速的方法来改变车速，在转弯或弯曲道路上不能使用制动，任何时候都要避免使用紧急制动。对于特种车辆，如地震仪器车、可控震源车等，更应按特种车辆在特殊气候条件下的安全注意事项谨慎驾驶。

要根据各种车辆运行任务的特点和需要，携带必需的防滑链、喷灯、三角木、锹镐等防寒救急用品。各种车辆通过冰河时，应勘测好进出两岸的地形、冰层的厚度和强度，从而决定行车路线。多台车辆过河时，不可聚集在一起。

2. 野外工作人员受寒冷气候的影响与应采取的安全措施

气温在零度以下进行野外工作时，各种工作人员都会受到不同的影响。尤其是钻井工，当司钻受严寒的影响手脚麻木时就无法操作钻机，在利用泥浆钻井时，其他钻工又经常与冰水接触，稍不注意也会冻伤手脚。进行测量工作的记录岗位，进行记录时，手随时受到严重的侵扰，从而影响记录工作。电缆检波器工由于野外工作的特点若是在寒冷的条件下长时间不活动，再加上疲劳等原因都能引起肢体冻伤。所以进行野外作业的各种工作人员都应预防冻伤发生，保证生产的顺利进行和身体健康。

为了预防冻伤的发生要求进行勘探作业的工作人员都应穿戴必要的劳保防寒服装和鞋帽、手套，并保持衣服鞋袜干燥，活动肢体，尽可能减少促使冻疮发生的各种因素。如手脚已有早期冻伤症状，应及时治疗，平时可用辣椒秆煮水洗手洗脚加以预防，还可以加强锻炼，洗冷水脸、冷水澡等。如果发生冻伤应尽早采取措施减少组织坏死和预防感染，发生冻伤部位应尽快使其温暖，具体办法是用温水复温，温度在 37~45℃ 为宜，绝对不能火烤。如果是一度冻伤，皮色苍白、灼痒、痛，冻伤部位在表皮时，可用雪在冻伤部位摩擦，摩至皮肤发红为止。如冻伤很厉害，连衣服都结了冰解不开时，可一起浸泡在温水中，使水温保持在 37~45℃ 让其慢慢解冻。解冻后及时请医生治疗。野地生火取暖，必须遵守安全用火规定，避免火灾和人身伤害事故的发生。

（三）夜间、风沙、雷雨作业时的安全注意事项

夜间、风沙、雷雨等条件下的作业，是野外地震勘探中都可能遇到的情况。因此了解各种气候特点，当遇到不利气候时，根据现实情况，从实际出发采取相应的安全措施是非常必要的。

野外勘探有时遇上夜间作业，尤其在冬季，白天时间短，中午过后转眼就会夜幕降临。由于各种工作人员沿测线分布距离长，比较分散，夜间互相照应比较困难。各种车辆沿测线或道路行进时，驾驶员的视线受到限制，在判断道路地形和障碍物以及行进方向均增加困难，且易发生错觉。此外夜间作业时，由于工作人员视野受到限制，容易产生疲劳，不利安全生产。进行夜间作业时，要求各岗位所有人员应振作精神，小心谨慎、认真操作。应注意沿测线移动的各种物探设备，并做到各岗位人员互相照应，不得擅自离开施工现场或到其他隐蔽的地方休息。各种车辆在沿测线行驶时，应特别注意沿测线工作的人员和勘探设备。在不熟悉的道路上行驶时，可用发动机的声音和汽车的灯光或路面的颜色判别道路，在使用灯光时，应严格按交通规定执行。夜间生火照明，必须做到人走火灭，防止火灾事故的发生。

在每天出工前，各种工作人员应收听天气预报，做好预防天气突变的准备工作。由于风沙天气，沙尘飞扬，气候恶劣，影响了工作人员的视线。若风沙将道路或沿测线的标志破坏，现场工作人员应停止工作，注意在隐蔽的地方或车内和车下保护身体，等情况好转后，经检查确定各种标志无误，再恢复正常工作。

在遇到雷雨时，测线上的工作应暂停，应注意保护好各种物探设备。雷雨到来时注意不要靠在孤立的大树或墙脚下避雨，不要穿着湿衣服在施工现场走动，最好躲在有避雷装置的车辆内。各种车辆应迅速驶入干燥地区或有屏蔽物的地带躲避。应注意不得在河岸、堤边久停，以防路基倾陷，在傍山靠河处应选择安全地点，以免山岩崩裂、路基塌方及河水猛涨。大客车还应选择靠近路边有居民或村庄处，以便在不能返回基地时解决工作人员的休息和食宿问题；在山谷、山麓地区，由于地形、地势关系，每到雨季都要受到山洪暴发造成灾害的威胁，特别是我国的华南地区和云贵高原或深沟内区域施工，由于雨季山洪多，来势猛烈，往往一场暴雨就将整个野外工地及各种物探设备冲毁，造成人员伤亡，财产损失。因此应做好山洪暴发的预防工作。

（四）沙漠中迷路的自救方法

> 沙漠作业条件差，工作人员更应注重安全，一旦发生意外事故，要头脑冷静，争取自救。

在沙漠中作业发生迷路，应立即停车，在能确定道路方向时可按车辙返回有路标的地方，如找不到方向和道路时也不要惊慌失措，不能乱闯、乱跑、无目的地另辟道路，更不能放弃车辆步行，即使觉得离营地路途不远也不能步行回营地或去找其他隐蔽的地方。应注意在沙漠中切不可低估路程的距离而高估了个人的力量。迷路后，首先自己要平静下来，利用车装喇叭和灯光求救，即白天长鸣喇叭，晚上连续快速地闪动灯光。当发现救援员时，应向对方发出你所在位置的信号，可利用火光发出求救信号，即把可燃物品如柴草、车胎、衣物等摆成十字形状或品字形点燃，形成醒目的火光。白天可在火上浇水让火堆形成大量烟雾，也可以利用一个罐子盛满沙子和汽油或是从车辆里取出一些机油点燃，也会冒出浓烟。白天还可以利用镜子来反射阳光，设法让救援人员找到你的位置。

在等待救援时，坏天气时，应留在车上或躺在车底上，保护自己；在赤热的沙漠中，不要脱掉衣服，以防"脱水"；在寒冷的沙漠里必须多穿些衣服。如果车子陷入沙中，也不能紧张，要多花一点时间慢慢地从恶劣形势下解救自己。如果车子没有毛病，可以把它开到不远没有障碍物的高地上去，然后停在那里以使搜索人员较快找到自己。水和食物是人生存必需的物质，一个人在沙漠中生存，基本要点是保持住身体所需的水和食物。在发生断水的情况下，为避免暴晒和高温，可以挖沙坑躲避。应注意绝对不能饮用机械设备的冷却水，因为冷却水中有毒，对生命更有威胁。若在周围可以找到泥土和植物，可通过一种简单蒸馏方法提取水分。用塑料布盖住半球形泥穴（若有植物，可把植物放入其中），把塑料膜铺盖成圆锥形，中央放一块石头，使水分收集在塑料布锥形中央而滴入容器中。

第二节　石油钻井测井安全技术

一、钻井施工前期准备安全技术

（一）塔形井架安装安全技术

塔形井架（图2-1）的安装一般由专业的井架安装队伍在钻井设备搬迁之前完成。塔形井架安装的工序为打摆基础、安装井架底座、安装井架主体及附件。

图2-1　塔形井架

1. 塔形井架安装的主要危险因素

（1）打摆基础时与吊车配合不好而引发的起重伤害；

（2）在高处作业过程中可能出现的人员坠落和高空落物；

（3）因滚筒（卷扬机）操作手与井架工配合不好造成的伤害等。

2. 塔形井架安装的安全措施

井架基础有固定基础和活动基础之分，现在使用较多的是活动基础。基础一般应满足对地面的压强不得大于 $3.8kgf/cm^2$ 的条件。固定基础要严格按照设计要求的水泥标号和水泥、砂、石料的规格和比例来配制。施工中，要正确使用施工机械，防止发生机械伤害和触电事故。打摆活动基础时，要预先对吊、索具进行检查，施工中与吊车司机密切配合并有专人指挥，正确吊装，防止发生起重事故。固定基础在混凝土初凝时，活动基础在摆放后都要用水准仪找平：固定基础水平高差不得超过 $\pm3mm$；活动基础水平高差不超过 $\pm5mm$。

井架底座的安装主要依靠吊车进行。在施工过程中，要严格遵守其中作业安全规程，防止起重事故的发生。在吊装钻台铺台时，还要防止钻台人员坠落和落物伤人。底座安装完毕后，四条大腿的水平误差不超过 $\pm3mm$，两中心线偏差应小于3mm，水平位移应小于10mm。所有零部件要齐全，拉筋、顶杠要直，螺钉、卡子要紧固，所有的销轴都要有保险（止退）销子。

井架主体安装是特高空作业，其施工机具主要是"滚筒车"（卷扬机）和扒杆。安装时，由滚筒车通过扒杆将井架构件吊至预定位置，然后由安装工用螺栓固定。井架主体安装前，应对滚筒车、钢丝绳、扒杆、滑轮等机具进行安全检查。上井架的操作人员必须经"登高架设作业"安全技术培训、考核并取得操作证。施工要严密组织，加强地面人员与井架上人员的协作配合，并有干部或安全员进行监控。安装工应把安全带系在稳固的地方，将手工具拴好尾绳并拴挂于腰间。施工中，还应注意扒杆的正确使用，避免因超负荷或者扒杆吊物失衡造成损坏引发事故。遇浓雾、5级以上风力及其他恶劣天气，不能进行井架安装作业。在井架主体安装结束后，各种附件也应相继安装完工。

（二）A形井架安装安全技术

图 2-2　A 形井架

1. A 形井架（图 2-2）**安装的主要危险因素**

（1）安装过程中使用吊车时，因配合不好，易发生起重伤害事故（特别是高位安装的绞车，需 2 台吊车同时起吊绞车，而且绞车的位置要放至 5m 以上，如配合不好，极易发生人员伤亡和设备损坏）；

（2）穿连接销时，易发生物体打击事故；

（3）在底座以上部位工作时，易发生高处坠落和落物伤人事故；

（4）起升 A 形井架最大的危险因素是容易出现井架倾倒事故。

2. A 形井架安装的安全措施

安装井架底座前，要先确定井眼中心位置，然后确定井架底座各部分的位置，为以后各种设备的准确就位和安装、校正创造条件。同时，还应对吊、索具进行认真细微的检查。在安装过程中，要有专人指挥，注意与吊车司机的协作配合。起吊时工作人员应站立到安全的位置。在底座各部分对接时，操作人员不能将手伸入销孔来引导对接。在穿连接销时，工作人员要互相照顾，防止大锤伤人或销子崩出。在底座上部工作时要有防人员、工具、机件坠落的措施。

井架底座安装完毕进行绞车就位工作，即通常所说的"上钻机"。首先，要确定 2 台吊车的摆放位置，以使 2 台吊车受力均匀。起重力矩要在规定的范围之内。指挥人员要站在两位吊车司机都能观察到的明显位置。起吊时，两位吊车司机要服从指挥人员的指挥，动作协调一致。

安装井架主体、天车、井架附件和电路、灯具等项工作，先将井架构件、天车等在地面组装好，再把组装好的井架主体通过铰链、销孔和大销与井架底座连为一体，摆放于井架支架上。这项工作主要由钻井队工人与吊车司机配合完成。在对接井架构件、安装天车和一些较大的附件时，要注意与吊车司机配合好；不能用手伸入销孔来引导对接；2m 以上的高处作业要系好安全带；使用工具要拴好尾绳。井架主体及附件、井架电路及灯具安装好后，要对作业点进行检查和清理，使得所有挂在井架上的滑车都要固定牢固，吊钩处封口；二层台附件捆绑好；立管卡牢；电路和灯具固定好。要清理干净各作业点处遗留的工具、螺栓、销子及其他物品。

A 形井架的穿大绳作业与塔形井架不同，一是穿大绳工作全部都在地面完成；二是要多穿一根提升（起重）大绳。穿大绳前，应对大绳做全面认真的检查；绳径要符合该井架的技术要求；大绳不得有锈蚀、扭结、挤扁、松散和硬伤等缺陷；断丝不超过标准。穿提升大绳时，因大绳需从地面和井架上的各导向滑轮间通过，所以，在井架上工作的人员应系好安全带。大绳穿好后，要用绳卡固定好，卡固方法是：井架提升大绳两端使用与绳径相符的绳卡固定，绳卡的数量和卡距必须符合规范要求，绳卡的压板应一律压在大绳的受力端。游动系统大绳的固定是死绳端在死绳固定器上缠绕 3 圈，然后用专用压板紧固牢靠，将活绳端用绳卡和压板固定在绞车滚筒上。某钻井队因井架提升大绳未按要求卡固，绳卡数量不够，绳卡的规格与绳径不符，在井架起升过程中，当井架离开支架 2m 后，提升大绳从绳索端滑脱，将井架摔坏。滑出的绳头还打伤了现场的工作人员。

A 形井架的起升是用钻机自身的动力,通过钻机游动系统和井架起重系统两套滑轮组来完成的。起升井架作业要在全部钻井设备安装、校正结束后才能进行。在起升井架前,要召开现场全体工作人员会议,由安全管理部门人员和钻井队干部交代作业措施和安全注意事项;对现场工作人员明确分工;对井场设备进行检查。检查的重点是:井架底座与机房的连接和固定;各滑轮组的润滑和工作状态;气路控制系统;提升大绳和游动系统大绳的卡固;绞车制动系统;井架缓冲气缸;水柜充水情况和井架各处有无遗留物等,确保万无一失。在上述工作结束后,要先试起井架,即将井架起升至支架上方 0.5m 时制动,再对以上检查项目进行一次详细检查,确认无问题后,起升井架作业方可正式开始。起升井架作业应由有经验的队长或副队长操作刹把,一名司钻在刹把旁监护。起升井架时,启动 2 台柴油机,转速保持在 1200r/min,绞车用 I 挡,自动空气压缩机保持正常供气。在井架起升过程中不允许停顿,当井架起升至与地面成 60°时,柴油机转速应随井架升高而降低;当缓冲气缸接近人字架挡块时,摘下绞车低速离合器,利用惯性使井架平稳靠拢人字架。井架起升到位后,用 U 形卡子或定位销固定好并张紧绷绳。起升井架作业禁止在 6 级以上(含 6 级)大风或雨、雾、雪等天气和视线不清的情况下进行。

(三)设备迁装过程中的安全防范

设备迁装是将一整套钻井设备从某地搬迁至待钻井位现场安装、调试,使之达到开钻水平的一道工序。这项工作头绪多,分工细,劳动强度大,使用施工车辆和机械多,并且受到作业现场客观条件的限制,如场地狭小,井场及道路泥泞,井场及道路上方有电力线路、通信线路,地下有油、气、水管线等,危险因素多,较易发生事故。在所发生事故中,尤以钻井队与运输队、拖拉机队因协作配合不好而导致的起重伤害和碰撞事故为最多见。

1. 设备整体搬迁过程中的安全防范

在搬迁距离近、地面平坦、空中无障碍的开阔地带或同台丛式井组,可以采用整体搬迁。即用拖拉机组将井架和钻台上的设备拖至待钻井井位。整体搬迁的危险因素主要有:因拖拉机组配合不好、地面条件差等可造成井架倾倒或井架变形;因地下情况不明,如有油、气、水管线通过,可能造成碰、压坏管线的事故。

整体搬迁前,要做好各种准备工作。

(1)道路准备。察看设备整体搬迁的行驶路线,了解地下情况,清除障碍物,填平沟壕,修整道路。

(2)工具准备。要准备好足够数量、直径 28mm、长度符合整迁要求的钢丝绳套,准备好活动扳手、铁锹、撬杠等辅助工具。

(3)钻台、井架和场地准备。要拔出大、小鼠洞并甩下钻台;拆卸掉钻台与地面相连接的钻井液、油、水、气、电路和传动链条、万向轴等;固定好留在钻台上的所有设备;将方钻杆固定于转盘中心并用大钩拉紧,清理干净大门前影响整体搬迁的障碍物;全面检查井架及底座,整改不符合整迁要求的问题,松开井架绷绳,保护好已钻井井口。

整体搬迁要有专人指挥。指挥人员要佩戴明显标记。无论是用旗语或手势指挥，都要做到信号统一，准确无误。整体搬迁开始时，两组拖拉机要用速度较低和一致的挡位，缓慢前进；拉紧绳套后，再进行一次全面检查。指挥人员发出信号后，两组拖拉机要同时起步，等速前进。当井架底座前部积土过多或遇有其他障碍物时，要立即停止前进，进行清理。在整体搬迁过程中，若发现两组拖拉机的牵引力差距过大且无法自行调整时，应立即停止前进，重新进行编组。整体搬迁到位后，指挥人员要立即发出停止信号，各拖拉机组应立即停车。如果发现井架底座与基础的位置相对不正，可用部分拖拉机校正。整体搬迁时，非作业人员要离井架50m以外。雨天、雾天、能见度小于10m或风力在5级以上时禁止进行整体搬迁。

2. 零散搬迁过程中的安全防范

零散搬迁是钻井设备搬迁的一般形式。其工作内容是：将整套钻机拆卸成便于汽车运输的单体，用拖拉机将拆卸开的设备按钻台、泵房、机房等分组分别拖至几个便于装车的地点集中，然后用吊车将设备装上汽车，运往待钻井位（新井位）。零散搬迁动用人员多，使用车辆多，相互协作的单位多，与整体搬迁相比，作业难度要大。其主要危险是：容易发生挤碰甚至碾轧事故；有时会拖断钢丝绳易发生伤人；吊装设备时易发生起重伤害事故；运输过程中易发生各种交通事故等。

零散搬迁前的准备工作是：首先，对新井井场、完钻井（老井）的道路和周围的环境情况进行调查，根据掌握的情况制定搬迁施工方案。第二，按标准准备好拖设备、吊装设备用的绳套和在汽车上固定设备使用的绳索。第三，搬迁前，召开全体人员会议，对搬迁工作进行严密的组织分工，确定钻台、泵房、机房、场地等区域装、卸人员及负责人员、指挥人员。在新、老井场都应有钻井队干部作为搬迁的总负责人。

在搬迁过程中，钻井队人员要与拖拉机、吊车和汽车司机密切配合。在用拖拉机拖设备时，拖拉机停稳后才能挂、摘绳套；挂、摘绳套人员离开后拖拉机才能行走。工作人员不能站在拖拉机牵引架上随拖拉机行动。吊装设备时，要选好吊车的停放位置：地面应比较宽敞、平坦，上空及附近工作范围内应没有电力线路或通信线路，没有其他影响吊装工作的障碍物。在吊装过程中，所有人员不能在吊臂旋转范围内和起重臂下停留或通过。在装车或在指定位置摆放设备时，工作人员不能用手去直接推、拉设备，而应拴牵引绳去控制设备的运动方向和位置。用2台吊车起吊一个大件（如绞车、钻井泵等）时，指挥人员与吊车司机要密切配合，做到动作一致，起吊平稳。在吊装钻井液循环罐、油罐和其他盛装流体的容器前，应将其内部清理干净。对装上汽车的野营房、值班房、发电房、材料房和易散、易滚、易滑的设备及物品等，要有专人负责，捆绑牢靠。在拉运设备的货车车厢内严禁乘坐人员。设备零散搬迁应尽量避免夜间作业。

3. 设备安装过程中的安全防范

设备安装是指将搬迁到新井位的各种设备单体组装起来，经校正、固定、调试合格，使全套钻井设备达到正常运转水平的一项工作，其工作内容有：穿大绳、绞车就位（俗称上钻机）、转盘就位（俗称上转盘）、安装悬吊设备、安装钻台工具、安装钻井液循环罐、安装井场电器设施、安装高压管线、油、气、水管线和各种安全防护装置等。

（1）穿大绳过程中的安全防范。穿大绳，就是将符合该钻机使用标准和规格的钢丝绳（大绳）按照一定顺序，穿过天车与游动滑车的滑轮，成为滑轮组，构成钻井施工的提升运行系统的工作过程。大绳的穿法有顺穿法和花穿法两种，现场多使用花穿法。塔形井架钻机穿大绳的危险因素有：送引绳上天车平台时工作人员需要进行特高处作业；在天车台倒绳头的工作人员与地面人员配合不好可能会挤压到手臂；如引绳与大绳连接不牢或引绳有问题，易造成断绳致使大绳坠落。

塔形井架穿大绳（花穿法）的步骤是：将游动滑车立在井架底座大门前正中，用钢丝绳拴牢在底座上；准备一根长 120m、直径为 25.4mm 的白棕绳做引绳，把拉引绳用的导向滑轮固定在井架大门前一侧的底座上；将大绳滚筒放在可以转动的支架上，抽出绳索头并编好绳扣；用人工（或气动绞车）将引绳送至天车平台，并穿过天车 1 号滑轮，使引绳两端下垂至钻台，将引绳在大门前的一端与大绳牢固连接，另一端拴在穿好的大绳上，拉引绳带动大绳缓慢上升；当大绳通过天车 1 号滑轮后，天车平台上的工作人员应将上行的引绳头从大绳上取下，穿过天车 6 号滑轮后，与下行的大绳捆绑在一起，拉引绳带动大绳缓慢下行至游动滑车，把引绳与大绳连接处解开，将大绳从井架 2 号大腿向 1 号大腿方向穿过游动滑车 1 号轮再与引绳牢固连接，重复上述步骤直至将大绳穿完。大绳穿好后，要将大绳的死绳端牢牢地固定在死绳固定器上，其做法是：将大绳的死绳端沿死绳的绳槽整齐排满，将绳头放入压板体内，扣上压板并用螺栓上紧，在距死绳固定器压板 10cm 处卡 2 只与大绳径相符的绳卡，用于防止滑脱，上好死绳轮上的 4 只挡绳螺栓，防止大绳跳槽。

在穿大绳过程中应做到：人工背引绳上天车时，工作人员要做到脚踏稳，手抓牢；在天车平台上工作的人员必须系好安全带，携带的工具要拴好尾绳；引绳和大绳的连接要牢靠，相接处的直径不能大于大绳直径；天车平台上的工作人员和地面指挥人员要互相配合好，当天车平台上的工作人员倒引绳和处理其他问题时，地面人员要服从天车平台上的工作人员的指挥；在拉引绳带动大绳上行时，钻台上不能站人，指挥人员要站到安全的位置，天车平台上工作人员也应离开天车滑轮槽方向，并注意引绳不能与井架角铁相摩擦。

（2）绞车、转盘就位（上钻机、转盘）过程中的安全防范。绞车及转盘就位，就是把绞车和转盘从地面提升到钻台特定的位置（低位安装的绞车除外）。使用 A 形井架的钻井队，绞车就位是用吊车来完成的。使用塔形井架的钻井队，绞车及转盘就位一般是用两台大马力拖拉机互相配合来完成的，其中一台拖拉机牵引大绳，控制游动滑车作垂直运动，起吊绞车、转盘；另一台拖拉机牵引绞车转盘，控制它们的水平方向的运动。由于绞车的重量一般都在 20t 以上，牵引大绳的拖拉机行驶距离远、工作难度较大，稍有不慎，极易造成设备损坏及其他事故。绞车、转盘就位（上钻机、转盘）过程中主要的危险因素有：因指挥不当或拖拉机司机操作失误可导致碰坏或摔坏绞车、转盘；挤伤工作人员或拉坏井架等。某钻井队在一次绞车就位施工中，当控制绞车水平方向运动的拖拉机移动到泵房位置，牵引绞车向井架后大门方向运动、准备就位时，牵引钢丝绳将在钻井泵上的一名工作人员弹起，造成伤亡事故。

绞车就位前的准备工作如下。

第一，将绞车摆放在井架大门前合适的位置（一般距井架底座1m左右）。

第二，检查井架天车卡子是否齐全、卡紧；井架各附件固定是否牢靠；天车台、二层台、立管台有无遗留螺栓、角铁、手工具及其他物品；井架绷绳是否齐全拉紧；大门钻杆两端是否绑牢；转盘大梁、绞车大梁销子是否齐全；钻台面（铺板）是否完整、固定牢靠；死绳固定器及死绳的固定是否符合标准。

第三，准备2根直径28mm、长8.7～9m的钢丝绳套用于起吊绞车；准备一根直径22mm、长60m的钢丝绳用于控制绞车水平方向的运动。

第四，用直径为19mm的钢丝绳在井架4号大腿底座下部的立柱上缠绕5圈固定好，将一只安全负荷不小于100kN的大滑轮挂在其上，滑轮钩口用绳索封牢，大绳的活绳从井架4号大腿外侧穿过，经大滑轮导向挂于拖拉机的牵引钩上。

第五，严格检查两台拖拉机的制动装置是否灵敏可靠。

绞车就位工作开始，用直径22mm、长60m的钢丝绳套两头并在一起，前端接一短钢丝绳套拴在游动滑车提环上，绳套中间挂在大门正前方拖拉机牵引钩上。牵引大绳的拖拉机向前行驶，大门前拖拉机配合，将游动滑车起升到绞车上方0.5m处停住，把2根等长的直径28mm钢丝绳套穿过游动滑车提环，挂牢于绞车底座四角，大门前拖拉机松开牵引游动滑车的绳套，解下此绳套，将绳套的两端分别穿过绞车底座前两根绳套，侧挂于绞车两后角上。牵引大绳的拖拉机前行，使绞车慢慢升起。大门前拖拉机拉紧绞车，控制绞车后缘保持距井架底座0.5m左右的距离，待绞车底座升至高于钻台0.5m时停止起升。大门前拖拉机送绞车至钻台中部，下放绞车，使其底座接触钻台面并稳住。将大门前拖拉机绳套取下，拖拉机绕至井架后方2号泵位附近，再将绳套两端分别挂在绞车的两前角上，绳套中间挂在拖拉机牵引钩上。将绞车提起0.2～0.3m，井架后面的拖拉机牵引绞车，慢慢下放，将绞车坐于井架底座大梁上。

转盘就位的程序与绞车就位基本相同。

绞车、转盘就位后，取下游动滑车上的绳套，派人上井架二层操作台，用绳卡将不同滑轮上相对方向相邻的两根上行、下行大绳卡住，将游动滑车悬吊在井口上方。注意：在以后的工作中卸开此绳卡前，大绳的死、活绳端至少有一处不得松开，否则，将导致游动滑车失去力的支撑而下落。1986年，某钻井公司曾因此在一个月内发生两起事故，并造成人员伤亡。

在绞车、转盘就位作业前要严格检查死绳固定器和死绳的固定情况，检查起吊绞车所用导向滑轮的安全负荷及固定情况。起吊用的钢丝绳和牵引用钢丝绳要符合标准要求。在作业过程中，一定要有专人指挥。因牵引大绳的拖拉机行驶距离远，还应有专人带车并传递指挥信号。在摘、挂绳套时，工作人员要站稳、抓牢，完成摘、挂绳套的操作后，立即站到安全地方。其他工作不得与绞车就位工作同时进行。遇大风、大雨、大雪、浓雾等恶劣天气，不能进行绞车、转盘就位作业。

（3）钻台、机房、泵房设备安装过程中安全防范。钻台、机房、泵房设备的安装质量，不仅关系着一口井的施工顺利与否，而且还影响着生产安全和效率。这些设备的安装，需要进行电、气焊割作业和高处作业，有时还需要拖拉机配合作业，其危险因素较多。转盘是钻井主要设备校正的基准点（电动钻机除外），校正设备时，要首先精确测量出转盘的准确位置并校准转盘，然后校正井架天车，使天车、游动滑车中轴线与转盘中孔的中心线垂直，而后通过转盘校正绞车位置，通过绞车校正联动机、钻井泵的位置，通过联动机校正柴油机的位置。最后确定钻台、机房、泵房的钻井液高压管线、油、气、水管线的位置。校正好的设备必须按照不同设备的固定标准和方法固定牢靠。在校正设备时，应尽量使用千斤顶、手动葫芦等工具或移动设备。必须使用拖拉机时，要注意协作配合，指定专人指挥，防止拉翻、拉坏设备，防止崩断钢丝绳等情况的发生。安装钻台工具需要在井架上挂滑车时，井架上的工作人员必须系好安全带，在其下方工作人员应躲到安全的地方，避免立体交叉作业。所有的滑车钩口都必须封牢。需要用电、气焊（割）时，其操作人员必须经专业安全技术培训并持有有效操作证。"动火"时要有响应的防火措施。设备校正、固定好后，钻台、机房、泵房及设备本身的梯子、栏杆、护罩、保险绳、安全阀等安全设施和装置应按标准安装齐全。

（4）钻井液循环罐及固控设备安装过程中的安全防范。钻井液循环罐及固定设备现场装备有循环罐、振动筛、除砂泵、除砂器、除泥器、离心机和钻井液储备罐等。由于循环罐体积较大，其他设备也较笨重，安装时需使用吊车和拖拉机，容易引发拖拉机挤碰或起重事故。

安装循环罐及固定设备时，根据井口钻井液出口位置和机房、泵房设备的位置，确定循环罐位置。将吊车摆放到1号循环罐位置附近，用拖拉机挂上直径一般为28mm的钢丝绳绳套，将1号循环罐拖至吊车跟前。用两根等长、直径19mm的钢丝绳套分别挂于循环罐四角，用吊车吊起循环罐就位并放平、摆正。用吊车吊起2组振动筛安装在循环罐上，并固定牢靠。用同样的方法摆放好2号、3号、4号、5号循环罐，并分别将除砂器、除泥器、离心机等设备安装就位，并固定牢靠。用吊车将储备罐支架吊放到5号循环罐后面的合适位置，然后将储备罐吊放就位。安装除砂泵、除泥泵、离心机的各种管线，安装各循环罐间的连接槽（管）。最后，将循环罐上的过道、梯子、栏杆和电线杆安装齐全并固定牢固。

（5）安装电气设备、设施、装置过程中的安全防范。钻井施工现场的电气设施是指发电设备、用电设备、照明灯具及电路等。在安装电气设备、设施、装置的过程中，作业人员要注意登高架设作业和电气安装作业的安全，并使其安装质量起码应达到下述要求：发电机安装在专用的发电房内；发电房应使用耐火等级不低于四级的材料建造；移动式发电房应符合 GB/T 2819—1995 中的有关要求；各种电气仪表要齐全、灵敏、准确；各处油路连接密封良好；发电机外壳要接地线，其接地电阻不得大于 4Ω；井场主电路可采用 YCW 型防油橡套电缆、照明电路可采用 YZ 型电缆；钻台、机房、净化系统、井控装置的电气设备、照明灯具应分设开关控制；电气开关距探井、高压油气井井口不少于 30m，距低压开发井井口不小于 15m；井控装置远程控制台、探照灯等应架设专线控制；井场至水源处的电路应架设在专用电杆上，高度不低于 3m；机房、泵房、钻井液循环罐上的照明灯具应高于底座面（罐面）2.5m，其开关箱内应设漏电断路控制器；电缆线应有防止与金属摩擦的措施；配电房输出的主电路电缆应架空安装，其高度不得低于 3.5m，在地面铺设时应放在可靠的电缆槽内；钻井液循环罐上应有电缆桥架或电缆穿线钢管（槽），如电缆架空安装，其高度距罐面不得低于 2.5m；井场电路应分路架设于专用电杆上，高度不低于 3.5m，距柴油机、井架绷绳不少于 2.5m。在登高架设电路、安装照明灯具时，作业人员必须戴好脚扣和安全带。电缆应绝缘良好，其敷设位置不应使电缆受到腐蚀和机械损伤。供电线路不得以油罐上空通过。电缆与电气设备的连接应使用防爆插件。电气设备都要有保护接地措施，其接地电阻应不大于 4Ω。钻台、井架、机房、钻井液循环罐上的电气设备及照明灯具应符合防爆要求，不准用一个开关控制两个或两个以上的电气设备。防爆灯必须固定牢靠，灯罩及护网必须齐全，电源线进出口应朝下并密封好。

全部设备安装好后，钻井队干部应召集有关人员对安装质量进行全面的检查，上级部门派专人验收，合格后方可开钻。

二、钻进施工过程中的安全技术

（一）首次开钻施工过程中的安全防范

首次开钻时设备运行状态是否正常，各气、电路控制系统存在漏气、漏电或接错的现象等，都会对人身、设备安全构成影响。另外，首次钻进使用的钻头、钻具、鼠洞、套管、工具等的体积和重量都比较大，工人在操作过程中劳动强度大，如配合不好，容易发生人身伤害事故。首次开钻时，钻台下的井口无保护措施，而转盘方瓦则需要经常提出，使转盘中孔的开口尺寸加大，容易造成井口工具从转盘中孔掉入井内。下表层套管时，在钻台大门前扣好吊卡后，人员如不及时躲避，容易造成碰、撞、砸伤事故。下表层套管用旋绳和猫头上扣也是比较危险的作业。

1. 准备

开钻前要召开全体工作人员参加的班前会，由值班干部、班长等人交代工作任务和施工的安全措施。在设备未运转前，要对气路控制系统进行一次全面检查，确认气路没有错接现象；对泵压表，指重表，钻井泵安全阀，防碰天车，大绳死、活绳头的卡固，绞车制动系统等关键部位，要进行重点检查，确保其灵敏、可靠；要认真检查井口工具如大钳、卡瓦、吊卡等，确保其零部件齐全完好，灵活好用，其规格应与使用的钻具、套管的规格相协调；检查小绞车的制动、固定、钢丝绳、吊钩等是否符合安全要求；准备好大锤、扳手、管钳、钻杆手钩等工具；准备好一根直径 12.7mm、长度合适的钢丝绳套用于吊鼠洞和表层套管上钻台；准备好吊钻铤和钻杆用的提升护丝。在地表土质比较松软的地区，大小鼠洞可用水力冲蚀的方法完成。在地表坚硬的地区，则应用动力钻具钻完。鼠洞管上钻台前，如其不在井架大门前较为居中的位置，应用小绞车配合大门绷绳将鼠洞管抬到该位置。吊鼠洞管应使用直径至少为 12.7mm 的钢丝绳套，不能使用白棕绳或其他绳套代替。吊鼠洞管上钻台时，操作人员应注意防止其钻入井架底座内或顶、挂井架，钻台上、下的工作人员要站到安全位置。

2. 钻进

钻进的程序是：在方钻杆上接上符合井眼直径的钻头，提出转盘大方瓦，下入钻头接触地面；开泵；启动转盘钻进；在钻进过程中，从场地吊一根钻铤放入小鼠洞并卡好安全卡瓦；钻完方钻杆后，将方钻杆起出至钻头接近转盘时，将转盘大方瓦提出，起出并卸掉钻头；将方钻杆推向小鼠洞接上钻铤，卸掉安全卡瓦，在钻铤下部接上钻头，将钻头放入井内钻进；重复接钻具作业直到钻至预定井深，调整好钻井液性能，循环 2 周；卸下方钻杆放入大鼠洞，投测起钻。

在钻进施工中应该注意的是：当钻头需要通过转盘而提出转盘大方瓦时，井口工作人员要及时清理转盘面上的物品，防止掉入井内；司钻要缓慢下放或起升钻具，特别是起升时，一定要等大方瓦提出后，才能起出钻头；从场地吊钻铤上钻台时，要用提升护丝和专用钢丝绳套，绞车操作人员和其他人员要互相配合好，防止钻铤上钻台后向小鼠洞方向快速移动，撞伤工作人员；接钻铤单根时，司钻要和井口操作人员密切配合，停泵后才能卸开方钻杆；上、卸扣应大力提倡使用液气大钳和液压猫头，避免使用猫头；拉方钻杆入大鼠洞时，操作人员不应挡住司钻视线；开大钩销应使用专用的开钩工具，而不应爬上水龙头去；上井架操作的工作人员要系好安全带，井架上的所用工具如钻杆钩等应拴牢尾绳；井架工应和司钻配合好，随时注意游车高度和是否出现大绳进指梁的情况，发现问题及时发出停车信号；井口工作人员在推、拉立柱入排位时，不能用肩推立柱，并注意自己双脚的站立位置，防止挤伤头部或者压伤脚部；起、下钻铤时，在井口座好卡瓦后，还应在钻铤上卡好相应的安全卡瓦，防止钻具落井；起出最下部的一根钻铤立柱时，应将安全卡瓦卸下，不能随钻铤提升至井架高处，防止因意外原因使安全卡瓦掉落；在起钻过程中应连续向井内灌钻井液，防止井眼垮塌；起钻完应及时盖好井口。

3. 下表层套管和固井

下表层套管、固井的作业过程是：完钻后，立即清理钻台，将钻进所用的井口工具放到一个不影响下套管作业的地方；按标准换装上套管钳（如果没有动力套管钳，还应该准备几根直径不小于 25.4mm、长度合适的白棕绳作旋绳用于套管上扣）；对下套管用的吊卡要进行仔细的检查；下套管作业开始时，先用小绞车从场地上吊起一根套管，前端放置于钻台大门坡道上；由司钻与钻工配合，将挂在吊环上的吊卡放在套管上；扣好吊卡，司钻将套管提上钻台；在套管下端接上套管鞋等下部结构；提出转盘方瓦将套管下入井内；重复起吊第一根套管上钻台的动作，将第二根套管吊上钻台；用动力钳或旋绳、大钳将第二根套管和第一根套管连接好；将套管下入井内；用上述方法将套管下入设计井深；接好联顶节、水泥头、注水泥浆管线、固井车管汇；找正并用钢丝绳固定好套管；用固井车向套管内注入钻井液，使套管内外连通；向井内注入按设计密度配制的水泥浆；替入钻井液。

下表层套管、固井要做到：从场地吊套管上钻台前，应尽量使套管处于钻台大门前居中位置，小绞车操作人员应和场地上的工作人员配合好，防止套管钻入井架底座下、碰坏设备或人员；吊套管必须用直径 12.7mm 以上的钢丝绳套，不能用棕绳代替；钻台上的工作人员拉吊卡到套管上时，套管接箍前端不能站人，防止吊卡摆回砸伤人员；吊卡扣好后，要认真检查，确认无误才能指挥司钻上提，并确认大门前的人员站在安全位置；司钻要注意观察套管上提的情况，防止套管接箍挂、碰井架，顶弯大门钻杆；在套管公扣接近钻台面时，司钻要控制上提速度，使套管被设在大门前的拦绳挡住，将套管慢慢送向井口；套管上扣时，有条件的地方应尽量使用动力钳；必须用液压猫头拉旋绳、液气大钳上扣的，拉液压猫头应由副司钻以上岗位的熟练操作人员进行操作，并严格执行操作猫头的安全规程，做到"六不拉"（游车摆动大不拉、绳未缠好不拉、对井口人员不安全不拉、液气大钳未咬紧不拉、旋绳未放好不拉、扣未对好不拉）；在下套管过程中，井口操作人员应注意避免将工具等物体掉入套管内或套管与井眼之间的环形空间（掉入套管内有可能造成无法固井而起出套管；掉入环形空间则有卡套管的危险）；下完套管后，接好联顶节、水泥头，将套管座于转盘，要用钢丝绳将套管固定住，防止固井时因压差造成套管上浮。

（二）再次开钻施工过程中的安全防范

第二次开钻的工作内容主要包括：高压试运转、下钻、钻进和起钻等。和第一次开钻相比，其工作内容基本相似，但工作过程较复杂，危险因素多。有的井需要三次或更多次数的开钻，其工作内容大体相同。

1. 高压试运转

高压试运转是第二次开钻前的最重要的准备工作，其目的是检查设备的安装质量，并在高压试运转中发现和整改问题，保证设备和高压管汇在钻进过程中能够正常工作，以实现安全、快速、高效钻井。

高压试运转的工作程序是：选择好试压钻头，通过计算并采取措施（缩小钻头水眼或堵死某一个水眼），使之在确定的钻井泵排量下，达到钻进过程中的合适压力；接上试压钻头、钻杆和方钻杆并下入井内；开钻井泵低压循环，上水正常后停泵；倒好闸门后，再次开泵，排量由小到大，逐步达到确定排量；启动转盘，使转速由Ⅰ挡到Ⅲ挡交替试运行，运转 30 分钟，以各种设备特别是钻井泵、高低压管线、立管、水龙带、泵压表等工作正常，不刺不漏为合格。试运转过程中发现问题应及时整改，并重新试压，直至合格。

在一口井的施工中，高压试运转是设备第一次在较大负荷和高泵压下工作，一且弊泵，轻则会造成钻井泵、高压管线等设备的损坏，重则会造成人员伤亡，因此防止憋泵至关重要。为此，一定要事先对钻井泵的安全阀进行重点检查，调试好其开启压力或穿入标准规格的保险销。高压试运转时，钻台、机房、泵房的所有操作要有人统一指挥，密切配合。开泵时，所有人员应远离高压区，待钻井泵运转平稳、泵压稳定后，再组织人员对运转设备进行检查。在高压试运转期间，人员无特殊情况不得进入泵房区。冬季天气寒冷时，在高压试运转前，还应对钻井泵安全阀、泄压阀等进行预热。第二次开钻前，还应安装好井控装置，并按规定试压合格。

2. 下钻

下钻是钻井施工中一项经常性的工作，随着井深的不断增加，每次下钻的时间会越来越长，可能会遇到的井下复杂情况也会越来越多，如井眼垮塌、缩径、沉砂、油气上窜等等，如果司钻在操作中注意不够或判断失误，有可能将钻具贸然下入复杂井眼，造成卡钻、顿钻等事故；如果下钻速度快，会产生很大的激动压力，容易憋漏地层。另外，在下钻过程中，大绳进指梁会挂坏井架或井架工操作台；如高、低速离合器不放气，处置不当就有顶天车的危险；用液气大钳紧扣操作液压猫头失误时，有可能造成人员伤害；在二层平台工作时，可能会有高处坠落或高处落物等情况。

下钻的操作程序大体是：井口操作人员将吊卡挂入吊环；司钻上提钻具，将吊卡起到井架工操作台以上高度的合适位置；由井架工从指梁内拉出钻铤（或钻杆）立柱并扣上吊卡；司钻操作刹把提起钻铤（或钻杆）立柱，钻工用手钩钩住钻铤（或钻杆）立柱送至井口；接上钻头（或钻具）并紧扣；司钻提起钻具下入井内，进入下一工作循环。

在下钻作业中需注意的是：司钻在空车起高速时（寒冷地区冬季禁用高速），要观察大绳的排列和缠绕情况，并注意大绳、游车的工作情况，防止大绳进指梁和游车挂、碰指梁；井架工要协助司钻观察，如发现问题，应及时发出停车信号；待游车过指梁后，司钻应摘开高速气开关，注意离合器的放气情况（如不放气，应立即摘开绞车总离合器，采取合上制动汽缸等紧急措施）；没有液气大钳的钻井队用旋绳、大钳上扣时，操作液压猫头人员必须是副司钻以上的熟练工人，并严格执行安全操作规程"六不拉"的规定；在钻具下入井内的过程中，司钻要时刻观察指重表，控制下钻遇阻不能超过 10kN，在已经遇阻的情况下，不得采取猛砸、硬压的方式强行通过；为防止顿钻，司钻要控制下放速度，当悬重达到 30kN 时，及时挂上辅助制动。下钻前，应检查好井口工具（禁止使用损坏、缺少零配件或与钻具规范不符的井口工具），在转盘中孔内放入小补心；要检查大绳是否完好和制动系统是否灵敏、可靠。下钻过程中，井口操作人员和泥浆工要观察井口泥浆返出情况，其返出量应与下入钻具的体积相一致。遇复杂情况需接方钻杆开泵循环时，开泵一定要慢，排量要由小到大。要特别注意钻井液漏失量不得超过 5m³，以防止憋垮地层造成卡钻。上井架的操作人员要系好安全带，所用工具必须拴好保险绳。

3. 钻进

获取工业油、气流和准确的地质资料，主要是通过钻进来实现的。由于钻井是一项隐蔽的地下工程，在钻进过程中，往往会遇到许多复杂的井下情况。在井浅时，因进展快，钻井液性能尚不完善，造壁性和悬浮性能差，可能会造成井眼垮塌或沉砂埋住钻具。井深时，可能会遇到地层压力异常、地层蠕变、盐岩层对钻井液的破坏等。遇到这些情况时，处理稍有不慎，就可能酿成严重事故。1986年，某钻井队在一口井的"快速钻进"施工时，因接单根动作慢（此时井尚浅，钻井液悬浮性能差，因进展快，井内有大量的钻屑未返出地面，加之接单根时间长，使钻屑下沉至井眼某处形成"砂桥"），接完单根后，司钻未注意观察指重表，只顾提起钻具快速下放，钻头碰上"砂桥"时司钻未发现，也未采取措施，致使大钩钩口锁销被顿开，水龙头脱钩，倒向井架2号角立管平台处（此时钻井泵已开，循环正常），在没有采取防止方钻杆下溜等安全措施的情况下，该队副队长和一名工人爬上立管平台，在拉大钩挂水龙头过程中，因钻井液循环的水力作用，井下的砂桥被冲开，钻具带着方钻杆、水龙头快速下落，将立管平台拉掉，造成该队副队长和这名工人坠落至钻台，因受伤过重，经抢救无效死亡。

钻进施工的基本过程是：下钻至钻头距井底2～3m处开泵循环，排量由小到大，待循环正常、调整好钻井液性能后，校准指重表并记下悬重和泵压；启动转盘，下放钻具到钻头接触井底，加压20～25kN，修好井底后按工程设计的钻进参数进行钻进；在钻进过程中，用小绞车从场地吊一根钻杆放入小鼠洞；打完方钻杆方入，将方钻杆提出井口后停泵，在井口座上吊卡或卡瓦，卸开方钻杆与钻杆的连接丝扣，将方钻杆推向小鼠洞内钻杆上扣；提出小鼠洞内钻杆与井口钻杆对接（此为"接单根"）；开泵，将方钻杆放入井口，启动转盘，开始下一轮钻进。

钻进过程中要做到：司钻操作刹把要精力集中，送钻均匀，随时注意指重表和泵压表的变化，及时准确地判断并处理井下情况，防止溜钻、顿钻和其他复杂情况的发生；钻进中若发现泵压下降1MPa时，应先检查地面设备和钻井液性能，如查不出问题，应立即起钻检查钻具；遇设备发生故障需抢修的情况时，应尽量保持钻井液的循环，并活动钻具（有的油田规定：钻具在井内静止时间不得超过3分钟），以防止卡钻（实在不能循环和活动钻具时，可下放钻具将悬重的2/3压至井底，故障排除后，提起钻具，起钻检查）；钻至油、气层以上50m时应停止钻进，经请示上级有关部门同意后方可继续钻进；在油、气层或穿过油、气层钻进过程中，要坚持执行坐岗制度，以及时发现溢流并采取措施；用小绞车吊钻杆上钻台应使用提升护丝，每次只能吊一根；上卸扣应使用液气大钳（使用液压猫头的，要坚持执行操作液压猫头的安全操作规程）；在进行设备检修时，被检修设备的控制开关处在应挂上"检修牌"并有人监护，必要时可切断被检修设备的气源或电路。

4. 起钻

与下钻一样，起钻也是钻井施工中一项经常性的工作，会遇到诸多井下复杂情况，其中最严重的当属各种原因引起的上提遇卡、转盘弊劲大、打倒车、灌不进钻井液等。起钻速度过快或钻头泥包"拔活塞",会产生很大的抽吸力,容易抽喷油、气层或抽塌结构松软的地层。在具体的操作中,当司钻操作失误或与井口操作人员配合不好时,则会造成"单吊环"起钻、砸飞井口工具、顶天车等事故。另外,使用液压猫头卸扣容易伤人。井架工在二层台操作时,应防止高处坠落和高空落物。

起钻作业的操作程序是:起钻前,调整好钻井液性能并循环一周以上;停泵,将方钻杆提出井口并用卡瓦或吊卡将钻具座于转盘上;卸开方钻杆与钻杆连接丝扣,将方钻杆连同水龙头放入大鼠洞;打开大钩钩子口锁销和制动销,使大钩脱离水龙头;由井口操作人员配合司钻将吊环挂上井口吊卡并插好保险销;司钻上提钻具至立柱下接头出转盘面时摘开低速,高出转盘面 0.5m 时制动;由井口操作人员配合司钻用卡瓦或吊卡将钻具座于转盘,卸开钻具丝扣;司钻上提立柱 0.2～0.3m,慢抬刹把,与拉钻杆人员配合,送立柱进钻杆盒并排列整齐(井架工摘开吊卡,拉立柱进指梁);司钻下放游车,同时微合转盘气开关,调整转盘上的吊卡活门朝向井架工方向;空吊卡下行距转盘 3m 左右时,司钻减速慢放,与井口操作人员配合,将空吊卡拉放于转盘并摘下吊环(双吊卡起钻);将吊环挂入井口负荷吊卡,插好吊卡销,司钻上提钻具,进入下一个工作循环。

起钻时应注意:起钻开始 1～3 个立柱用Ⅰ挡速度,然后根据井下情况,合理选择绞车排挡;司钻应集中精力,注意观察指重表读数变化,防止突然遇卡(上提遇卡不能超过原悬重的 100kN),绝不能采取大拉力硬拔的方式上提钻具,以免越拔越死,给以后的处理造成困难;司钻与井口操作人员要密切配合,做到操作平稳,等井口人员挂好吊卡、插好吊卡销并闪开后方可上提,防止单吊环起钻;若已经造成单吊环起钻,千万不能立即将吊卡坐于转盘,应首先采用放入卡瓦等其他保护措施;为防止顶天车,起钻前要仔细检查气路及防碰天车装置,司钻在操作过程中要随时注意钻具起出高度(井架工也要配合观察,游车到停车位置不停车时,要及时发出信号);冬季施工时,要对气路和气控开关、防碰天车装置做防冻处理,并经常活动各气控开关,防止冻结失灵;用使用液气大钳卸扣(若无液气大钳用 B 型大钳、液压猫头卸扣时,一定要严格执行液压猫头安全操作规程,禁止使用钢丝绳做猫头绳卸扣,严禁转盘绷扣);用 B 型大钳配合液压猫头卸扣时,待大钳咬紧、猫头绳子受力后,井口操作人员应及时躲避到安全的地方;在上提钻具时,井口操作人员应注意检查钻具是否有损坏现象;井架工开吊卡时,司钻要抬头观察,待井架工拉钻具进入指梁后,才能下放游车,以避免大钩压钻具接头造成事故;在起钻过程中,要连续向井内灌满钻井液,并随时注意灌入量是否起出的钻具体积相一致,时刻保持井内钻井液柱的压力,以平衡地层压力和防止井塌。

三、完井作业安全技术

完井作业是指钻井队钻完设计井深或目的层,调整好钻井液性能,将钻具从井内全部起出以后的工作,包括测井、下套管、固井、套管柱试压和电测固井质量等项工作。在这些工作中,除下套管是由钻井队独自完成的以外,测井和固井都有各自的施工单位，由钻井队协助其完成各项工作。各项作业的危险因素分析和防范措施在下面分别叙述。

（一）测井过程中的安全防范

测井也称电测，是在钻达设计井深或目的层之后进行物理测井的简称。通过测井，可以获得地层岩性、物性、井身质量以及固井质量等地质与工程方面的资料。此项工作由钻井队配合测井队完成。钻井队的主要工作是：准备好井眼；调整好钻井液性能使之能够满足测井需要；协助测井队吊仪器出、入井口；定时向井内灌满钻井液；随时观察井口有无溢流等情况。在测井过程中，最大的危险因素就是发生溢流。

在测井过程中要做到：事先关闭转盘两个水平轴制动销；有专人观察井口，若发现溢流要立即通知停止测井，并按井控作业规定处理；提示测井操作员，限制测井仪器在油、气层及其附近井段的上提速度；吊装测井滑轮和仪器时，应由钻井队人员操作小绞车，与测井人员配合好，防止碰坏仪器，碰伤人员。

（二）下套管过程中的安全防范

下技术套管或油层套管是一项紧张而又需要多工种相互协作配合的复杂作业，持续时间长，工作人员多，劳动强度大。在下套管过程中，有可能在下钻过程中遇到各种井下复杂情况，危险因素较多。某钻井队在一次下套管作业中，当操作人员用小绞车从场地把一根套管单根上钻台，正在放入鼠洞口时，司钻在没有观察清楚大钩和小绞车吊钩位置的情况下，提起井内套管盲目下放，将负荷吊卡碰、压在还未进入鼠洞的套管单根的接箍上，套管被压弯并当即弹出，打在正在附近工作的一名钻工身上，造成该名钻工死亡。

下套管前要做好各项准备工作。一是套管准备，如对照送井套管清单清点井场套管根数、短节数；查对套管钢级；逐根丈量套管长度；用通径规逐根通径；清洗套管公母螺纹；计算套管总长并确定下入深度；编写下井序号；按设计准备好套管下部结构等。二是准备好下套管工具及附件，检查验收送井的吊卡、联顶节、循环接头、钻井液管线、单流阀、引鞋、环形钢板、套管头、扶正器等是否齐全、完好、符合安全技术要求。准备好套管密封脂。准备用于吊套管钢丝绳套（直径不小于9.5mm）。准备好套管钳或上扣旋绳。接好向井内灌钻井液的管线。深井下套管时，可提前接好部分套管立柱或双根，以提高下套管速度。三是做好井眼准备：下套管前要进行通井，对起、下钻遇阻、遇卡井段或电测井径小于钻头直径的井眼要进行划眼；通井到底后要充分调整循环好钻井液，保证井眼畅通、无沉砂；通井时如遇井漏、溢流等情况时，处理好后才能组织下套管；深井下套管时，如果井架负荷太大，可在通井起钻时，甩掉部分钻具。四是做好设备准备：下套管前，要对井场所有设备进行全面检查，保证设备运转正常、指重表灵敏、制动系统良好，各种安全防护设施齐全、完好，井架安全可靠，大绳符合标准；下套管前应更换与套管尺寸不相符合的防喷器闸板。

下套管程序是：用小绞车吊套管上钻台并放入小鼠洞；用大钩吊环上的套管吊

卡扣上小鼠洞内的套管，由司钻操作刹把将套管提出小鼠洞与井口套管对扣；用套管动力钳或旋绳上扣（旋绳上扣应用大钳紧扣。用动力钳上扣时，上扣扭矩应符合标准）；上紧扣后，司钻上提套管0.2～0.3m刹住车，待井口操作人员打开吊卡活门并将吊卡搬离井口后，司钻抬刹把下放套管并坐于井口。用这样的方法将套管下完后，接好联顶节，调整好联入，坐稳吊卡并向套管内灌满钻井液，接上循环接头和水龙带，开钻井泵循环，等待固井。

在下套管过程中要做到：吊套管上钻台必须使用直径不小于9.5mm的钢丝绳；禁止用棕绳吊套管，更不能将棕绳破开后使用其中的一股做绳套吊套管上钻台；吊套管上钻台时，小绞车操作手与大门前的工作人员要互相配合好，防止套管快速移向井口，撞伤人员；套管入鼠洞时，司钻要注意观察，避免大钩或吊卡压、碰正在进入鼠洞的套管；套管上扣时，应尽量使用套管动力钳（用旋绳上扣、大钳紧扣的，液压猫头操作人员必须是副司钻以上的熟练操作人员并严格执行操作液压猫头的安全操作规程）；司钻下放套管时要密切观察指重表读数变化，防止遇阻（遇阻时不能硬压，更不能硬转，应立即向套管内灌满钻井液，接水龙头带循环。无效时，应起出套管，下入钻具修整井眼）；司钻操作要按规定控制下放速度（一般不超过0.46m/s），操作要平稳，严禁猛提、猛放、猛刹；在通过低渗透性井段且套管串带有浮箍和扶正器时，下放速度应控制在0.25～0.3m/s，避免压漏地层；当悬重达300kN时，要及时挂上辅助制动；每下入40根套管应向套管内灌满钻井液一次；在灌钻井液时，要及时活动套管，活动幅度要大于2m，防止粘卡；在下套管或灌钻井液时，要严防手套和其他杂物掉入套管内（因为一旦有杂物掉入套管，将会在浮箍处堵死水眼，造成无法循环，无法固井的事故）；在场地接套管双根时，一定要用链钳将扣上紧，以防拔脱或在井口上扣时倒扣；套管在上扣时，一旦错扣，应卸开重上，不得上提拔脱，更不能焊接后强行下入；下套管过程中，禁止钻台上人员向钻台下乱扔套管护丝。

（三）固井过程中的安全防范

和下表层固井一样，技术套管和油层套管固井由专业固井施工单位施工，钻井队应积极配合，保证固井施工顺利和固井质量。在固技术套管或油层套管施工过程中，泵压会越来越高，井口、泵房、高压管汇、安全阀附近有一定的流体伤人的危险性。例如，某井在固井施工中将要碰压时，固井施工人员见司钻在钻台立管附近走动，当即让其离开，但该司钻没有听从。在碰压时，水泥头上的一只闸门被碰飞，砸在司钻身上，将其打下钻台造成重伤。

固井施工程序一般为：钻井队下完套管后，把场地清理干净，以备固井施工单位摆放固井车；开泵洗井，使钻井液各项性能和指标达到固井施工要求；固井施工单位到井后，按施工标准摆放车辆，接好各种管线；由固井施工指挥召集钻井队和固井施工单位的有关人员参加固井现场施工会，明确本井固井工艺和双方的协作工作。准备工作完成后停泵，由固井施工单位和钻井队共同卸下循环接头、接上水泥头、水龙带，开始固井作业。在注水泥浆的过程中，钻井队要安排专人测量水泥浆的性能，负责倒好高压闸门。注水泥浆结束、压入胶塞后，按固井施工指挥的指令，由钻井队启动钻井泵用钻井液顶水泥浆，直到胶塞到达浮箍位置碰压。至此，固井施工结束。此后，敞压候凝一般需要24～36小时。在候凝期间，可清理圆井，卸掉防喷器或四通下的法兰螺钉，用钢丝绳套上提防喷器0.5m左右，再卸开套管上的双公接头，配合电焊工焊好环形铁板（装套管头的井除外）。特殊情况采用憋压候凝时，要按照固井施工指挥的要求，认真放压并做好放压记录。候凝结束，电测固井质量、套管试压均合格后，按要求固定好井口帽子。

固井施工要注意：摆放车辆时，要有专人指挥，防止车辆伤害现场工作人员；下完套管后，当套管内钻井液未灌满时，不能接水龙带开泵洗井；开泵顶水泥浆时，特别是当泵压逐渐升高，临近碰压时，所有人员都不得靠近井口、泵房、高压管汇、安全阀附近，在管线放压方向上也不得有人靠近。

（四）完井后拆卸设备过程中的安全防范

完井后拆卸设备需要多工种配合作业，危险因素多，特别是拆卸钻具没有液气大钳而使用B型吊钳配合液压猫头松扣、使用旋绳卸扣时，曾多次发生吊钳伤人和猫头绳缠乱、伤人的事故。另外，在钻具下钻台时，也容易发生砸伤人员的事故。在进行以上作业时要注意：卸扣要使用液气大钳；用液压猫头卸扣时，要严格遵守操作液压猫头的安全操作规程；方钻杆在井口松扣时，不能退扣太多，防止脱扣；钻具下钻台时，人员要避至安全位置。在进行拆卸水龙头、大钩、拔鼠洞、下绞车、转盘、抽大绳等作业时，因为这些工作基本上是安装设备的反程序作业，其危险因素及其防范措施可参照安装部分的内容。

四、复杂情况处理安全技术

这里所说的复杂情况是指在钻井施工过程中可能遇到的地面设备和操作失误造成的复杂情况。

1. 顿钻

> 顿钻是钻头没有接触井底，由于制动系统失灵或者操作失误，导致钻具快速下放，钻头冲击井底。

（1）危害。顿钻可能造成砸坏设备、工具、钻具落井甚至伤及人员等严重后果。

（2）处理。顿钻后，要立即对悬吊系统及钻台设备、井口工具进行认真检查，凡是损坏的要及时更换，并尽快查明顿钻原因。未查明原因之前，严禁起放游动滑车。若钻头顿至井底，则要起钻检查钻具，更换钻头。

（3）预防措施

① 钻具在井下时，严禁操作人员离开刹把；

② 在起、下钻过程中，要检查好井口工具，禁止使用损坏、有缺陷或与钻具

规范不相符的井口工具；

③ 下钻悬重超过 300kN 时，必须挂辅助制动；

④ 司钻与井口操作人员要互相配合好，防止发生单吊环起钻；

⑤ 司钻操作时精力要集中，防止发生顶天车事故；

⑥ 要定期检查大绳和制动系统，及时更换损坏部件，并注意在刹带及曲拐下不得存有异物，在刹带与制动毂之间不得有油污；

⑦ 刹带调节螺钉的保险帽齐全，与绞车底座的间隙符合规定。

2. 顶天车

（1）原因。顶天车事故大多是由于刹把的操作失误或机械故障（如绞车气路冻结、堵塞不放气、防碰天车失灵等）而引起的。

（2）危害。顶天车可造成拉断大绳、砸坏设备、钻具落井、砸伤人员等后果。

（3）处理。顶天车事故发生后，要设法开通钻井泵，保持井内钻井液循环，同时对大绳、天车、游动滑车、绞车固定、死绳固定等进行全面检查、整改。造成设备损坏的，要对损坏设备进行更换。若事故后果严重，有人员伤亡时，应立即送伤者去医院抢救。

（4）预防措施

① 操作前，要详细检查气路和制动系统，保证工作正常，防碰天车装置灵敏、可靠；

② 司钻在操作时精力要集中，随时注意游车起升高度；

③ 若遇高、低速放气失灵，应立即摘开总离合器，合上制动气缸开关或踏下防碰天车，紧急制动；

④ 冬季施工时，禁止使用高速，并经常检查各个气控开关，防止冻结，造成放气失灵；

⑤ 要经常检查防碰天车完好和灵敏情况，冬季要注意保温。

3. 单吊环起钻

（1）含义。单吊环起钻是指在起钻过程中由于操作失误而造成的单吊环提起井下钻具的现象。

（2）危害。单吊环起钻的发生，轻则拉弯钻杆，重则折断钻具，导致落井，甚至造成人员伤亡。

（3）处理。一旦发生单吊环起钻，要立即制动，在井口坐入钻杆卡瓦，使钻具重量坐于卡瓦上，卸掉吊卡负荷，间断转动钻具，防止粘卡。如钻具弯曲不严重、钻柱重量较轻时，可低速上提，卸掉单根。上提时卡瓦不能提出转盘。若单根弯曲严重时，可在弯钻杆上再接一单根，慢慢起出弯钻杆，将其卸掉。如果钻具弯曲特别严重、悬重较大时，可割掉弯曲部分，另焊接头或用卡瓦打捞筒提起钻柱，卸掉坏钻杆。发现单吊环起钻时应立即将滚筒制动，坐入钻杆卡瓦，切忌随即将吊卡坐于转盘，防止钻具折断。

（4）预防措施

① 司钻操作要平稳，等井口操作人员挂好吊卡、插好销子并闪开后才可上提；

② 井口人员与司钻配合密切，推、拉动作要利索、准确；井口操作人员操作过程中不得挡住司钻的视线。

4. 水龙头脱钩

(1) 原因。水龙头脱钩往往是由于在上部软地层快速钻进时因加压过大、大钩倒挂或接单根下放钻及活动钻具时下放过猛、井下突然遇阻且大钩锁销失灵而造成。

(2) 处理。如果发生水龙头脱钩，应区别不同情况进行处理。

① 若是发生在接单根过程中，是因为下放钻具过快且井下遇阻而造成的水龙头脱钩，当方钻杆还未入转盘时，应先使用卡瓦卡住钻具并卡好安全卜瓦，防止钻具下溜，同时保持钻井液循环，然后进行处理。

② 如果发生在钻进过程中，是由于加压过大或下放过猛而造成的水龙头脱钩，应禁止转动转盘，同时保持钻井液循环，然后进行处理。

③ 具体的处理方法：下放大钩，在大钩吊环上拴上足够长度的牵引绳，然后将大钩提至适当位置，用人力拉牵引绳将大钩与水龙头挂合；若水龙头位置太高，用人力拉牵引绳无法挂合时，可用小绞车绳子设置导向滑轮的方法将大钩与水龙头挂合。在进行上述操作时要注意：若需有人上井架时，操作人员必须系好安全带；操作人员不得在水龙头上作业。如果水龙头压在井架梯子、平台等处，一定要采取可靠措施，事先保证钻具不下溜的措施，在保证万无一失的情况下，操作人员才能到达梯子、平台上进行作业。

(3) 预防措施。挂水龙头时，一定要检查大钩与水龙头的挂合是否牢靠，锁销是否锁牢。无论是快速钻进、活动钻具还是接完单根下放，操作刹把的人员一定要平稳操作并密切观察指重表读数的变化。

五、检修与保养中的安全技术

在钻井施工过程中，经常遇到设备有问题需要检修和保养的情况，如修钻井泵、接链条、修气路、电路、柴油机等等。在设备保养或检修时，如钻具在井下，应尽量保持钻井液的循环并活动钻具，如既不能循环也不能活动钻具，应将钻具 2/3 的重量压在井内，形成钻柱的多次弯曲，以减少粘附卡钻的机会。

在被检修设备的控制开关处，应挂上"正在检修"的牌子（图 2-3），并派人监护，防止误操作。

凡是气动控制的设备，在检修时，应确保控制气路有效，必要时，应将主气源管线拆下，

图 2-3　正在检修

以保证安全。

六、井控安全技术措施

（一）井控技术

井控技术是实施近平衡钻井乃至欠平衡钻井的关键与保障。

1. 井控基本概念

（1）井控：油气井压力控制的简称。

（2）溢流：当井底压力小于地层压力时，井口返出的钻井液量大于泵的排量、停泵后井口钻井液自动外溢的现象称为溢流或井涌。

（3）井喷：当井底压力远小于地层压力时，井内流体大量喷出，在地面形成较大喷势的现象称为井喷。

（4）井喷失控：井喷发生后，无法用常规方法控制井口而出现井口敞喷的现象称为井喷失控。

2. 井控的三个阶段

（1）一级井控：指以合理的钻井液密度、合理的钻井技术措施，采用近平衡压力钻井技术安全钻开油气层的井控技术（又称主井控）。

（2）二级井控：溢流或井喷后，通过及时关井，利用节流循环排溢流和压井时的井口回压与井内液柱压力之和来平衡地层压力，最终用重浆压井，重建平衡的井控技术。

（3）三级井控：井喷失控后，重新恢复对井口控制的井控技术。

3. 井控工作中"三早"的内容

（1）早发现：溢流被发现的越早越好、越便于关井控制、越安全。国内现场一般将溢流控制在 $1\sim2m^3$ 之前发现。这是安全、顺利关井的前提。

（2）早关井：在发现溢流或预兆不明显怀疑有溢流时，应停止一切其他作业，立即按关井程序关井。

（3）早处理：在准确录取溢流数据和填写压井施工单后，就应进行节流循环排出溢流和压井作业。

（二）井控安全技术

1. 地层破裂压力试验安全注意事项

在直井与定向井中对同一地层做的液压试验所取得到的数据不能互用。当套管鞋以下第一层为脆性岩层时，只对其做极限压力试验，而不做破裂压力试验。因脆性岩层做破裂压力试验时在其开裂前变形量很小，一旦被压裂则承压能力会下降。极限压力试验要根据下部地层钻井将采用的最大钻井液密度，及溢流发生后关井和压井时对该地层承压能力的要求决定。试验方法与破裂压力试验一样，但只试到极限压力为止。

2. 减小波动压力对井眼影响的措施

严格控制起、下钻速度，防止过快，尤其是钻头在井底附近时，更应高度重视；起下钻具时，严禁猛提猛刹，防止产生过大的惯性力和波动压力；应调整好钻井液性能，防止因切力、黏度过大产生较大的波动压力；应保持井眼畅通，防止缩径、泥包等引起严重抽吸。

3. 浅层气的特点及安全处理措施

浅层气自身特点决定了对其钻探的难度，在国内、外不乏由于钻探遇浅层气后，因采取措施不当而酿成巨祸的事例。因此，正确实施浅层气钻探技术是非常必要的。

(1) 浅层气的成因：一般情况下，快速沉积的大多数地区，普遍存在浅层气。由于沉积速度快，地层压力来不及释放，如海湾地区和大陆架地区常有浅层气存在。

(2) 浅层气的特点：位于浅层、体积小、压力大、能量瞬间释放、危险系数大。

(3) 浅层气钻井前的安全准备措施

① 钻前安全技术交底：组织相关人员认真了解浅层气的危险性，掌握钻探浅层气的工艺技术，提高人员的防范意识。明确各岗位的职责，加强监控，尽可能早的发现显示。

② 压井钻井液的准备：开钻前配好压井钻井液，密度比正常钻进时高 $0.12g/cm^3$，体积为井眼容积的 5~6 倍。

③ 井口设备的安全配备：$\phi762$ 导管 ＋ 变径升高短节 ＋ $\phi540$ 分流三通 (14MPa) ＋$\phi540$ 单闸板（14MPa）＋$\phi540$ 环型防喷器（14MPa）。

④ 地面分流设备安全分流三通的水平出口与 $\phi273$ 分流管相连，之间安装气动平板阀，分流管长度不得小于 30m，且朝向下风方向，分流管口外开挖 $100\sim200m^3$ 的土坑，分流管尽可能笔直，每隔 2m 设置一个固定锚。

⑤ 试压：井口装置一律试压至规定压力。

⑥ 安全报警装置的准备：安装钻井参数检测仪，并检测其可靠程度，特别是钻井液流量传感器，必须灵敏可靠。

4. 钻开油气层的安全技术措施

钻开油气层的技术措施是维护井底压力平衡，以尽早发现溢流为重点而制定的，主要内容如下。

(1) 加强地层对比，及时提出地质预报，尤其是异常高压地层上部盖层的预报要力求准确。

(2) 采用 DC 指数、气测资料等对异常地层压力进行随钻监测，综合分析对比资料数据，以提高地层压力监测的精度。

(3) 在进入预计的油气水层前，调整钻井液性能，调整好后再继续钻进，以免因调整钻井液性能而掩盖溢流的某些显示。

(4) 根据井场井控设备的配套情况、井控技术水平、井身结构、地层结构及地层流体特点等，规定最大允许溢流量，一般不超过 $2\sim3m^3$。

（5）钻开油气层后进行起下钻作业时，必须进行短程起下钻。从井底到油气层上 200m 的起钻速度要严加控制。按规定及时灌满钻井液并进行校核灌注量、做好记录起完钻要及时下钻，检修设备时应将钻具下到套管鞋处。

（6）钻开油气层后避免在井场使用电气焊。若必须使用，必须申请批准，并采取相应的安全防火措施。

（7）电测前井内情况必须正常。电测期间必须准备一根装有钻具安全阀或钻具回压阀的钻杆，以备井内异常时强行下入，控制井口。钻开油气层后因发生卡钻必须泡油、混油或因其他原因要调整钻井液密度时，其液柱压力不能小于地层压力。

（8）若发生井喷而井口无法控制时，应立即关闭柴油机及井场、钻台和机房处的全部照明灯，打开探照灯，灭绝火源组织警戒，尽快由注水管线向井口注水防火。

（9）井眼要畅通，防止拔活塞造成抽吸井喷。开泵要平稳，排量由小逐渐增大，防止憋漏地层。

（10）若在打开油气层的过程中发生井漏，应立即停止循环，间歇定时定量反灌钻井液以降低漏速，将钻井液维持一定液面，保持井眼与地层压力之间的平衡，然后实施堵漏作业，再根据井内情况重建平衡或先期完井。

（11）为了井眼安全，防止大段井涌或憋泵、憋漏地层，下钻时应分段下钻。严禁一次下钻到底，尤其是长期未循环的深井。

（三）二级井控技术

当一级井控失效后，井内的液柱压力小于地层压力，井底处于欠平衡状态。这时通过关井，控制节流阀的开度，实现节流循环，在井口造成一定的回压。利用该回压和井内剩余的液柱压力之和来平衡地层压力，抑制地层流体向井内的侵入，同时将井内的地层流体排除并用重浆压井，重建井眼与地层之间的平衡关系，恢复正常钻井作业的井控技术。

1. 溢流的原因

井底压力小于地层压力是导致溢流的根本原因，而引起井底压力小于地层压力的原因则是多方面的。

2. 溢流的安全预防措施

（1）准确掌握地层压力，根据压力预测曲线、监测资料及安全附加值确定新探区或新区块钻井的钻井液密度。

（2）根据邻井及注采动态压力资料确定开发区钻井的钻井液密度。注水井附近钻井安全措施有以下几项。

① 注水井停注泄压。当井距较近时应提前停注，泄压为零。

② 注水井不能停注泄压时，应根据周围注水井压力按压力坡降法折算成钻井液当量密度，加在钻开该油气层的钻井液上。

（3）掌握该区块的浅气层情况，防止浅气层造成井喷。

（4）确定合理的井身结构，避免一口井的裸眼井段有超过 2 个不同压力梯度的地层。

(5) 混油或泡油时，应事前核对井底压力与地层压力之间是否平衡。若不平衡则应先加重再向井内混油或泡油。

(6) 钻开高压油气层后，地面应及时除气净化，防止进口钻井液密度低于设计值，造成恶性循环，诱发溢流。

(7) 起钻前处理好钻井液，保持井眼畅通，防止抽吸。

(8) 起钻时控制起钻速度，尤其是钻头在井底时更要注意起钻速度，防止抽吸。

(9) 起钻时及时灌满井口。

(10) 避免长时间空井，防止井底聚集气柱。

(11) 先用小钻头领眼试钻高压油气层，再扩眼钻开高压油气层，防止泄压面积和泄压量过大。

3. 关井程序及关井压力的测定

发现溢流预兆后，准确无误地迅速关井是防止发生井喷的唯一正确处理措施。迅速关井的优点如下。

(1) 控制住井口，使井控工作处于主动，有利于安全压井；

(2) 尽早制止地层流体继续进入井内；

(3) 保持井内有较高的钻井液液柱，减少关井和压井时的套压；

(4) 可准确地计算地层压力和压井钻井液密度；

(5) 减少加重量，方便施工，缩短非生产时间，提高时效。

4. 天然气溢流

(1) 天然气溢流的危害和防护安全措施。天然气是组分不固定的混合气体，具有可压缩性，其体积与所受压力成近似反比关系，即压力增加，其体积减小；压力减少，其体积增加。当压力减少一半时，其体积就会膨胀到原来的2倍；当压力增加1倍时，其体积就会缩小到原来的一半。掌握天然气这一特性是非常重要的。

天然气的密度远远低于钻井液的密度，混在井内钻井液中的天然气，无论是开井还是关井状态，在由密度差产生的浮力的作用下，总是沿着井眼向井口方向滑脱上升，直至地面。天然气还具有较强的扩散性、易燃易爆的特点，所以，井场应杜绝一切非生产火源，生产用火时必须有防护设备和防护措施。

有时天然气中易出现 H_2S 气体，该气体有较强的毒性，尤其在井口、圆井、振动筛及循环罐处，对井场工作人员的生命安全造成威胁。同时，对井内钻具、井控和地面设备也造成巨大的氢脆腐蚀破坏（尤其在碰砸损伤处），从而使钻具和设备的机械强度大大降低，造成事故。H_2S 对钻井液也具有较大污染作用，甚至形成难以流动的冻胶。为控制 H_2S 的浓度，现场必须将 pH 值控制在9.5以上。

当天然气侵入后，随着天然气在井眼内的不断滑脱运移、上升，其体积和气柱高度就会逐渐膨胀、增大，井内钻井液液柱高度和压力就会不断减少，使井底压力近一步减少，欠平衡量增加，从而造成侵入程度大大增加，致使井眼恶化，难以控制。所以，必须了解和掌握天然气溢流的特点，做到及早、正确地发现和处理天然气溢流，才能避免和减少它对钻井人员和设备的危害，实现安全钻井。

（2）钻井液气侵后应注意的问题

① 钻井液发生气侵后，不能用井口测量的钻井液密度值计算井内气侵液柱压力或地层压力。

② 气侵对不同井深的静液柱压力的影响不同。井越深，影响越小，井越浅，影响越大。

③ 发生气侵，采取的首要措施是地面及时除气。除气后进入井内的钻井液密度应符合设计值。否则，应按欠平衡值加重钻井液，维持井内平衡，使进出口钻井液密度相等。

（3）关井状态下气柱对井底压力的影响。气体溢流后，如果长期关井不放浆泄压或节流防喷管汇堵塞无法泄压，井内液柱体积不变，井内的气体体积就保持不变（因为井眼容积等于井内液柱体积与井内气体体积之和，并固定不变）。假设气体在整个运移过程中温度不变，根据玻-玛定律，可知：井内的气体从井底沿井眼滑脱上升时的压力就会保持不变，始终保持它在井底时的压力。气体上升过程中，将这个不变的压力加到井内液柱上，作用于整个井眼，使井底、井壁和井口的压力都增加，使之承受过高的压力。当达到一定压力时，就会将上部薄弱地层（套管鞋处）压漏，造成整个井场窜气，甚至井场下陷。

综上所述，在排溢流压井期间，既不能开着井口让天然气任意膨胀，使井内液柱压力和井底压力下降过多，也不能长期关井不允许天然气无膨胀，应适当控制节流阀的开度，保持井底压力略大于地层压力不变，做节流循环处理，这是唯一的安全处理措施。

（四）三级井控技术（井喷失控的处理）

1. 井喷失控及其可能造成的危害

井喷失控泛指井喷后井口装置和井控管汇失去了对油气井的有效控制，甚至着火。油井失控和气井失控各有其特点和复杂性，气井或含气油井处理更为困难。由于天然气具有密度小、可压缩、膨胀、易溶性，在钻井液中易滑脱上升，易爆炸燃烧，难以封闭等物理化学特性，因而稍有疏忽，气井和含气油井比油井更易井喷和失控着火。其危害性可概括为以下 8 个方面：

① 打乱全局的正常工作程序，影响全局生产；

② 使钻井事故复杂化、恶性化；

③ 极易引起火灾（如井场、苇地及森林）；

④ 影响井场周围居民的正常生活，甚至生命安全；

⑤ 污染环境，影响农田、水利和渔牧业生产以及交通、通信的正常运行；

⑥ 伤害油气层，毁坏地下油气资源；

⑦ 造成人力及物力上的巨大损失，严重时造成机毁人亡和油气井报废；

⑧ 降低企业形象，造成不良的社会影响。

2. 井喷失控的处理方法

井喷失控的处理方法主要是围绕着怎样使井口装置、井控管汇重新恢复对油气喷流的控制而进行的。井喷失控井虽各有其特点和复杂性，但基本处理方法却是相同的。一般的处理过程都是先将三级井控转化为二级井控，即重装井口，恢复对井口的控制。再将二级井控转化为一级井控，即只利用合理的压井钻井液密度就能平衡地层压力，恢复正常钻井作业。

（1）明确抢险责任，制定抢险方案。一旦发生井喷失控，要迅速成立现场抢险组，明确抢险责任，统一指挥和协调抢险工作。应根据现场所了解的油气流喷势大小、井口装置和钻具的损坏程度，结合对钻井、地质资料的综合分析制定有效的处理方案，调集抢险人员和设备。

（2）井喷失控井应严防着火，无论着火与否皆要保护好井口装置。钻机、井架等设备烧毁，不但会造成直接经济损失，还会使事故的处理更为复杂。因而，井喷失控后首先要防止着火。除现场采取有效的防火措施外，应准备充足的水源和供水设备，至少达到每小时供水 $500\sim1000m^3$ 的能力，并以每分钟 $1\sim2m^3$ 的排水量经防喷器四通向井内注水和向井口装置及周围喷水，达到润湿喷流、清除火星的目的。

对于已着火的井，同样应用防喷器四通向井内注水、向井口装置喷水，这样可以冷却保护井口装置，避免零部件烧坏和在其他毁坏设备（如井架、钻机、钻具及工具等）的重压下变形。

3. 划分安全区

在井场周围设置必要的观察点，定时取样测定油气喷流的组分、硫化氢含量、空气中的天然气浓度、风向等有关数据，并划分安全区，疏散人员，严格警戒。及时将储油罐等隐患设备、物资拖离危险区，避免引起人身中毒和油罐、高压气瓶的爆炸。

4. 清除井口周围的障碍物

无论失控井着火与否，都得清除井口装置周围可能歪斜、倒塌、妨碍处理工作进行的障碍物，如转盘、转盘大梁、防溢管、钻具、倒塌的井架等，暴露和保护井口装置。

对于着火的失控井，清除障碍物可使燃烧的喷流集中向上，给灭火及换装井口创造条件。着火井应在灭火前带火作业（切割、拖拉）清除障碍物。清理工作要根据地理条件、风向，在消防水枪喷射水幕的保护下，本着"先易后难、先外后内、分段切割、逐步推进"的原则进行，切割手段有氧炔焰切割、纯氧切割、水力喷砂切割等。

未着火的失控井在清除设备时还要提防产生火花。其防止方法有3种。

（1）要大量喷水。

（2）要使用铜榔头、铜撬杆等铜制工具。

（3）切割时最好采用水力喷砂切割，禁用明火切割。含有毒气体的未着火井要注意防毒，避免人身伤亡。若有毒气体含量很高，毒性很强，又不能有效地在短时期内控制时，可考虑点火以减小产生的恶果。

5. 灭火

可采用下述方法扑灭不同程度的油气井火灾。

（1）密集水流法。此法是以足够的排量，从防喷器四通向井内注水和向井口喷水的同时，用消防水枪集中喷射在向上燃烧的火焰最下部形成完整水层，并逐步向上移动水层，把火焰往上推以切断井内喷流与火焰的"联系"，达到灭火的目的。但此法的灭火能力较小，仅适用于小产量，喷流集中向上的失控井。

（2）突然改变喷流方向灭火法。此法是在注入和喷射水流的同时，突然改变喷流的方向，使喷流与火焰瞬时中断而灭火。改变气流方向可借助特制遮挡工具或被拆吊的设备（如转盘等）来实现。此法的灭火能力也有限，只适于中等以下产量，喷流集中于某一方向的失控井。

（3）空中爆炸灭火法。此法是将炸药放在火焰下面，利用爆炸时产生的冲击波将喷流往下压的同时，把火焰往上推，造成喷流与火焰的瞬时切断。同时，爆炸产生的二氧化碳等废气又起到隔绝空气的作用，使火焰在双重作用下熄灭。

爆炸的规模要严格控制，既能灭火又不会损坏井口装置。对炸药的性能应有特殊要求，如撞击时不易爆炸，遇水时不失效，高温下不易爆炸和引爆容易等。

（4）快速灭火剂综合灭火法。此法将液体灭火剂经防喷器四通注入井口与油气喷流混合，同时向井口装置喷射干粉灭火剂包围火焰，内外灭火剂综合作用达到灭火的目的。

国内油气田常用的、行之有效的液体化学灭火剂主要有"1211"和"红卫912"两种。1211灭火剂主要用于以天然气为主的失控井。1211灭火剂与天然气反应时，变可燃气体为不燃气体，且具有降温隔氧的作用，从而阻止了天然气与氧的燃烧反应，使火焰熄灭。红卫912灭火剂的灭火原理与1211灭火剂的相同，可用于以天然气为主的失控井。以油为主的失控井的灭火剂还有小苏打干粉灭火剂。灭火时，粉末表面与火焰接触使燃烧连锁反应中断，达到灭火的目的。用干粉炮车喷射干粉时，应根据炮车生产厂家提供的干粉炮车与火焰的距离，把握喷射干粉时灭火有利时机。

必须强调的是，密集水流法是上述几种灭火方法必须同时采用的最基本方法，其喷水量应达到使井口装置和其他设备、构件充分冷却，全面降温至滴水程度。为了防止灭火后复燃，火灭后仍需继续向井内注水和向井口装置外部及周围设备、构件喷水。

（5）钻救援井灭火法。此法是在失控着火井附近钻一口或多口定向井与失控着火井连通，然后泵入压井钻井液，压井、灭火同时完成。救援井压井的目的是制止与其连通的失控着火井油气流继续喷出。压井时，还需考虑救援井井口装置、套管和地层的承压能力。

理想的救援井应在井喷层段与喷井相交，当然，这需要精确的定向控制技术。

一般来说，救援井与喷井总是立体相交而隔有一段距离，可借助救险井的水平射孔和压裂，及其他方法使之连通。

6. 设计和换装新的井口装置

根据失控井的特点和下一步作业的要求，设计和换装新的井口装置以重新控制喷流。设计新井口装置的主要原则如下。

（1）在油气敞喷情况下便于安装，其通径不小于原井口装置的通径，密封钢圈要固定。

（2）原井口装置各部件因损坏、变形等原因不能利用的必须拆除，以保证新井口装置安装后的承压能力。

（3）用大通径排放井喷降低回压，避免承压能力降低了的原井口装置保留部分（如底法兰等），因过高的回压发生破坏。

（4）优先考虑安全可靠地控制井喷的同时，应兼顾控制后进行井口倒换、不压井起下管柱、压井、处理井下事故等作业。

（5）空井失控井的新井口装置最上面，一般都应装一个大通径的中压闸门，在敞喷的情况下先用它关井，可避免直接用闸板防喷器关井时闸板橡胶密封件被高速射的油气流冲坏。

拆除旧井口装置，可采用绞车加压扶正、导向、长臂吊车整体吊离。安装新井口装置，可采用整体吊装或分件扣装法进行。无论井口装置的拆除或安装，都应尽可能远距离操作，尽量减少井口周围的作业人数、缩短作业时间，消除着火的可能性。施工前必须预先进行技术交底和模拟演习。新井口装置安装好后，失去控制的喷流就变成了有控制的放喷，给下一步处理创造了条件。

7. 不压井强行起下管柱、压井或不压井完井

井喷失控事故的复杂性，除井口装置、井控管汇损坏外，多数情况下钻具（或油管）被冲出井筒或掉入井内，或钻具在井口严重损坏与变形。新井口装置安装好后，一般都要进行不压井强行起下管柱或打捞作业，然后是压井或不压井完井。

井喷失控井的压井施工，因产层较长时间地敞喷，原始能量损失较大，还需考虑"压堵兼施"的方案对付压井中可能出现的漏失。对于产量大、地层压力梯度高、渗透性好的产层，为使压井钻井液尽快在井内形成液柱，除尽可能控制较高的井口套压外，还需具备"三个优势"。其一是钻井液密度优势，即压井钻井液密度比按估算地层压力计算的压井钻井液密度要高，甚至可用超重钻井液压井；其二是排量优势，即以所用缸套额定泵压下的最大排量压井；其三是钻井液储备量的优势，即压井钻井液储备量至少 3 倍于井筒，并备有一定量的轻钻井液。当井内液柱形成，可通过液柱压力加上控制套压略大于地层压力时，压井施工可转入常规压井作业。

井喷失控的处理工作不应在夜间进行，以免发生抢险人员的伤亡事故，以及因操作失误而使处理工作复杂化。施工的同时，不应在现场进行可能干扰施工的其他作业。

七、钻遇硫化氢的安全防护

在钻井过程中，有时会遇到含有硫化氢（H_2S）气体的地层，如果没有有效的控制，容易造成恶性的事故。了解有关 H_2S 的基本知识，掌握钻遇 H_2S 的安全防护与应急处理技术，是对钻井作业人员的一项突出要求。

（一）过滤型防毒面具

这种防毒面具是使含 H_2S 的空气通过一个化学药品过滤罐，H_2S 被药品吸收（发生化学反应）而过滤掉，从而得到不含 H_2S 的空气供工作人员使用。随着含 H_2S 空气进入，药品不断跟 H_2S 反应，最后过滤罐将失效而必须更换才能再使用。这种防毒面具一般只能短时间使用，使用时间一般为 30min。

下面以 TF-1 型防毒面具（图 2-4）为例说明这类面罩的结构、使用等知识。

图 2-4　TF-1 型防毒面具

TF-1 型防毒面具采用头盔式面罩，能避免眼睛受 H_2S 刺激。它由面罩、导气管和滤毒罐三部分组成，面罩依头型大小分为 4 个编号，各种滤毒罐均装有特别药剂，能分别防御各类有害气体。

面罩规格选配：取由头顶沿两颊到下颚的周长，再量取沿上额通过眉毛边沿至两耳鞍点一线的长度，将两次量取的长度相加，依相加的得数来确定面罩编号。

注意事项。

（1）使用前应检查全套面具密封性。方法是：戴好面具后，用手或橡皮塞堵上滤毒罐进气孔，做深呼吸，如没有空气进入，则此套面具的密封性能好，可以使用。否则应修理或更换。

（2）佩戴时如闻到毒气的微弱气味，应立即离开毒区域。

（3）有毒区的氧气占总体积 18％以下，或有毒气体浓度占总体积 2％以上的地方，各型滤毒罐都不能起防护作用。

（4）两次使用的间隔时间在一天以上，应将滤毒罐的螺帽盖拧上，塞上橡皮塞保持密闭，以免受潮失效。

（5）每次使用后应对面罩进行消毒。

（6）滤毒罐应储存于干燥、清洁、空气流通的库房，严防潮湿、过热。有效期为 5 年，超过 5 年应重新鉴定。

（二）自持型防毒面具

1. 带氧式防毒面具

这种防毒面具由背在背上的空气瓶提供空气，当佩戴这种防毒面具的人员从事体力劳动时，常规使用的气瓶可供气 30 分钟，也可以使用供气时间更长的气瓶。

空气呼吸器属于带氧式防毒面具，使用应注意如下事项（以 HZK-7 型为例）。

（1）擦洗面罩的面窗，并把供气调节器与全面罩连接好。

（2）佩戴装具，根据身材调节肩带、腰带，以合身、牢靠、舒适为宜，同时系好胸带。

（3）开启气瓶阀，检查储气压力。

（4）先放松系带，然后戴上面罩，依次从下部系带开始收紧，使全面罩与面部贴合良好，且无明显压痛。

（5）深呼吸 2～3 次，感觉应该舒畅，有关的阀件性能必须可靠，屏气时，供气调节器阀门应该关闭，停止进气。

（6）关闭气瓶阀，深呼吸数次，随着管路中的余气被吸完后，面罩体应向人体面部移动，这时腔内保持负压，人体感觉呼吸困难，以证明面罩和呼吸阀气密性良好。

（7）重新开启气瓶，可重复使用。当气瓶内储压力降至 3.43～4.41MPa 时，警报器发出鸣笛声，此时气瓶还能供气 8～10 分钟，使用者应撤离作业现场。

2. 非带氧式防毒面具

这种防毒面具是由带氧式防毒面具演变而来的。面具佩戴者不需背空气瓶，而是通过一条长软管与固定的大空气瓶连接供气，开关装在面具使用者身上，它的优点是使用者的负重比带氧式防毒面具轻。但使用者的活动范围受软管长度的限制，而且当进入毒区后软管迫使使用者从原来进入的路线返出，使用这种防毒面具必须要带一个"逃跑瓶"，紧急情况下拔掉供氧软管利用"逃跑瓶"内的应急氧气撤离毒气区。

（三）化学反应生氧式防毒面具

这种防毒面具原理是人体呼出的 CO_2 和 H_2O 蒸气经过一个生氧罐与罐中药品反应生成氧气，再供人体呼吸。它的循环系统与外界隔绝：可防护任何毒气，也可以在缺氧区域使用，供氧时间较长，一般可使用 2 小时。我国目前生产的有 SM-1 型隔绝式生氧器（图 2-5）、YGQ-2 型防护供氧器、AHG 型氧气呼吸器（图 2-6）等。

1. 使用注意事项（以 SM-1 型隔绝式生氧器为例）

（1）使用者应根据头型大小，选择合适的面罩。当佩戴时，其边缘应与头部密合，同时不得引起头痛的感觉，一般选择面罩型号的方法如下。

量取由头顶沿两颊到下腭一线的长度，再量取沿上额通过眉毛上沿至两耳鞍点一线的长度。将两次量取结果相加，根据获得的总数，确定面罩型号。

（2）每次进入有毒区域前，均应检查面具的气密性。

（3）检查各接头是否连接妥当。

（4）戴好后，阻水罩的上部要紧贴鼻梁，下部应贴下颚，如果镜片有雾气出

图 2-5　SM-1 型隔绝式生氧器

图 2-6　AHG 型氧气呼吸器

现，说明阻水罩与面部贴合不够致密，需重戴或更换。

（5）戴好面具后，即猛呼一口气，可使产氧罐能迅速放出人呼吸需要的氧气。

（6）在使用中，如果发现氧气供给量不足，而喘不过气时，用应急措施，即用手指按一下应急补药装置。压碎玻璃瓶让药品流出与生氧剂接触，放出的氧气可供给人员 2～3 分钟急用，这时应立即离开现场，摘下面具，应急装置只能使用一次，用后要重新填装药剂后才能第二次使用。

2. 产氧罐使用说明

（1）产氧罐是产生氧气的关键组件，严禁挤、压、碰、撞或拆卸。

（2）不得任意把产氧罐盖拧松，避免进入湿气及二氧化碳而降低产氧罐使用效果以致失效。

（3）产氧罐怕振动，严禁与油类和易燃物接触。

（4）使用失效后可在装药孔处把药剂倒出。如倒不尽可在水中浸泡倒出，浸水后必须进行严格干燥后才能装药（装药量为 1.1～1.3kg），倒出药剂呈碱性，应注意安全。

（5）装药必须在干燥、清洁的环境中进行（或返回制造）进行重新装药。

3. 维修保养

（1）面罩如脏污后，将面罩从装置上取下，用肥皂水或 0.5％的高锰酸钾清洗消毒，不可使用任何有机溶液洗涤面罩，以免损坏橡胶部件，每套面具可多次使用，直到面罩上产生裂纹或橡胶老化，不能保证气密时为止。

（2）使用完毕后，应把面罩拧下，拧上螺帽，保持系统气密，以免受潮变质或失效。

（3）备用生氧面具应储存于干燥、清洁空气的库房内，严禁与油类等其他易燃品放在一起，防止水分、杂质、二氧化碳等侵入。

（4）库房条件：温度为 0～35℃，湿度为 70％以下。

（5）生氧剂是一种强的氧化剂，在保存中要严加小心。

第三节　石油井下作业安全技术

一、井下作业机械设备安全技术

在井下作业施工中，要严格按操作规程进行操作，努力提高操作者的操作技能，严格上岗制度，才能有效地预防事故发生。

（一）通井机绞车的安全操作

（1）变速箱换向、变速操纵杆与主离合器操纵杆之间设有连锁装置，换向、变速时需切断主离合器方可进行，换向必须在滚筒主轴完全停转后方可进行，否则易损坏传动部件。

（2）变速箱两个变速操纵杆之间设互锁机构。变速时必须在一个变速杆处于空挡位置时，另一个变速杆才能进行挂挡。

（3）操纵离合器应柔和，离合器过快地接合将产生传动件之间的冲击，离合器不允许在半结合状态下工作。

（4）下放重物，如下放井管时，应使用制动器控制速度，下降速度以不超过2m/s为宜。不允许用离合器做制动用。

（5）作业时应根据负荷情况及时换挡，不允许超速、超负荷或以过低速度运转。

（6）在使用和准备使用制动器制动时，不得切断主离合器，不得使发动机熄灭。因为液压油泵失去动力将使助力器失去制动助力作用。

（7）作业时钢丝绳不允许斜拉，通井机不允许倾斜和偏置。作业时撑脚应保持撑紧状态。通井机不允许有剧烈的抖动。

（8）通井机使用中应注意观察和倾听各部位的运转情况。变速箱、终传动、制动器、离合器及液压系统如有异常应及时处理。

（9）若停止作业时，应在助力器有效的时候将制动鼓制动住，并用制动锁锁住制动操纵杆。必要时应推上制动棘爪合件。

（10）通井机工作时，负荷不能经常处在过高或过低状态。负荷过高（超载）或过低都会增加发动机缸套内的积炭引起活塞环胶结等故障，从而降低发动机的使用寿命。

负荷过低（不足）还会使生产率降低，相对地增多燃油耗油量。根据工作负荷的大小选用不同的滚筒转速，既能提高通井机的生产率和降低油耗，又能延长发动机的使用寿命。

（11）正常工作时，操作者必须经常监视仪表盘上油温、水温、油压及电流的指示数据，同时要经常监视操纵台上气压、油压的指示数据，以及机械有无异常变化等，发现问题，及时排除。

（二）液压钳的安全使用

（1）在操作液压钳时，井口人员要离开钳的尾部以防钳尾摆动伤人。

（2）尾绳要拴紧，并用绳卡夹紧，但要灵活好用，易于移动卡扣或松扣。

（3）背钳要安全可靠，防止打滑。

（4）操作时要精力集中，严禁违章，要求操作平稳，用力均匀，换挡及时。

（5）对液压钳要定期保养维修，保证运转正常。

（6）在用低挡冲击，高挡旋扣时，严禁猛挂硬憋。

（7）上卸打滑禁止用手扶，要立即检修更换。

（8）换卸牙板时要关掉液压开关，禁止将手伸入钳口内，以免伤人。

（三）修井机载运车的驾驶

（1）修井机采用阿里森传动器，所以操作过程中就没有了一般汽车的"离合器-挂挡-油门"的这一过程。修井机起步时，先挂上挡位，再轻轻踏下油门踏板，载车就可以起步，并随着油门的加大车速就随之增大。

（2）当路况良好时，可直接挂高挡起步，由油门大小来决定车速高低，不必经常换挡。

（3）若挡位挂在低挡或中间挡位，车速还没有跑起来时，不能急于把挡位向高挡换，只有在车速起来后才允许逐一向高挡换挡。

（4）在高挡高速时，要降低车速，只有在放松油门，等车速降下来之后，才能把挡位挂入低挡。

（5）绝对禁止在高速行驶时突然用降低挡位的办法来降低车速，这会造成传动箱的离合器片变成制动片，使摩擦片严重磨损，甚至损坏传动箱。

（6）绝对禁止在高速行驶中突然把前进挡挂入倒挡，否则会造成严重事故。只有在停稳后，才可挂入倒挡。

（7）修井机自重较大，宜中速行驶。油门要稳。注意：行驶中不允许油门忽大忽小，不允许一脚到底的轰油门方法。

（四）修井机的就位准备

（1）整机就位由一人指挥，司机操作，保证井架底座上的千斤顶支腿与井架基础上的千斤顶支承点对中方可。千斤顶定位实际上保证转盘传动轴的正确工作位置。

（2）就位后操作分动箱处的前后分离操作杆和绞车底盘气路选择阀手柄，使其均处在车上装置使用位置。

（3）把传动箱闭锁控制手柄置于闭锁位置。

（4）液压油箱里的油位必须符合说明书中规定的"油满"标线位置。

（5）检查死绳是否安全牢固紧固在死绳器上。

（6）检查二层台上的紧固连接件是否可靠。

（7）解除井架上防止上体井架窜动的保险装置。

（8）在天车和二层台上系好 8 根绷绳。

（9）按说明书的规定安装绷绳地锚。要求地锚至少能承受在油井方向与地面 45°角时的拉力：30t 修井机≥80kN，50t 修井机≥100kN，80t 修井机≥100kN。

（五）修井机调平操作

（1）按照说明书中的规定摆放支腿千斤顶基础和井架基础。

（2）调平操作必须是由掌握修井机液压系统操作规程及注意事项的人操作。

（3）井架底座上的水平仪出厂时均已调好，不得随意调动。

（4）在找平工作中，发现液路故障时应立即停止工作，待排除故障后再继续工作。

（5）载车对井口，必须使千斤顶与支撑垫对准，全部集中载荷点要与承载地基对准。

（6）必须严格遵守的找平条件是：井架必须是放倒位置，绝对禁止井架立起后进行调平，否则会造成井架倒塌机毁人亡事故。

（7）找平后将千斤顶拼帽拼死，不准松动。同时应给千斤顶丝杆上抹上黄油以保护丝扣，检查轮胎是否受力（支承千斤顶后，轮胎不允许受力）。

（8）井架（包括井架底座）受严重外力或长期在很差工况下工作或更换水平仪后，要重新检查和校正水平仪。

（9）找平工作完成后，把操作手柄均置于空挡位置。

（六）修井机井架起升操作

（1）井架起升必须是在 3 级风以下天气进行，最好是在无风时进行。

（2）井架起升操作者，必须熟悉修井机操作规程及注意事项，必须持有设备管理部门签发的操作证。必须有一人专门指挥。

（3）井架起升必须注意：起升和收放井架的速度应尽可能保持低速。

（4）操作前对修井机进行全部检查，检查发动机和主油泵工作运转是否正常，同时检查井架上是否有遗漏物和杂物，井架上的所有连接件是否可靠，所有绷绳和绳锚是否有断丝等不正常现象。

（5）必须做井架立起前的初试动作。把井架起升离开前支架 100～200mm，停留 1～2 分钟，再放平井架，这样动作反复几次，同时注意检查排放油缸中的气体。观察压力表、液压管路、操作阀等部位，不允许存在压力下降、渗漏油、阀杆卡不灵活等不正常现象。

（6）起升井架过程中，发动机油门打开一半，转速控制在 800r/min 左右。

（7）井架放置时间较长，背压为零时，在起升井架前，应该在有压力的情况下拆下液压油缸顶部的放气塞，放出液压油里的气体。

（8）操作起升油缸控制阀手柄，慢慢升起井架。

（9）注意观察起升油缸的伸出顺序是否正确。正确顺序是先伸出底部大油缸，最后伸出顶部小油缸。若不是这个顺序，应收回油缸找出原因，重新操作（低温下油缸内水冻结或脏物堵塞是油缸伸出顺序不对的原因之一）。

（10）小心地操作主滚筒刹把，放松大绳，不让游车滑动脱离支架，快绳和死绳不要绷得太紧，否则，会给起升中的油缸一个拉力。

（11）井架起升到位后，插入保险销，把起升油缸操作阀置于空挡位置。

（12）操作伸缩油缸操作阀手柄。此时应尽可能地把游动滑车置于靠近钻台或离地面最低的位置。

（13）井架上体在上升过程中，指挥者要全面观察绷绳有无挂卡现象，游车大钩位置过高等现象。操作者应精力集中，谨慎操作，注意观察井架上升速度，观察压力表显示，上升中不应有卡阻现象，扶正器应及时正确投入工作。有不正常现象应立即停止起升并检查原因，否则会造成井架倒塌事故。

（14）在上体井架上升到离锁销机构距离较近时，上升速度应减慢，防止上升冲力过大造成恶性事故。

（15）上体井架到位后，按使用说明书规定检查锁销和保险销是否进入工作位置，防止出现井架倒塌事故。

（16）用游动滑车来检查井架角度，即天车中心是否对中井口中心。用使用说明书中介绍的方法进行调整。规定滑车中心偏离井口中心不超过 25mm。

（17）安装检查调整负荷绷绳、防风绷绳、二层台绷绳。

（18）重新检查支腿千斤顶承载情况，检查水平仪，检查保险销等。

（19）将千斤顶螺杆、绷绳调节杆等暴露在外的螺纹部分涂抹黄油，防止锈蚀。

（20）在起升油缸和伸缩缸表面涂轻质黄油或高黏度润滑油并包一层保护套，防止锈蚀。

（21）接通二节井架照明电源线路。

（七）修井机井架回放操作

（1）收放井架必须是在 3 级风以下天气进行，必须有人指挥，必须是由经过培训且熟悉修井机操作规程的人员操作。

（2）拆除防风绷绳和二层台绷绳，拔下电源插头，拆除油缸保护套，检查扶正器是否处在正常工作位置或变形，检查支脚千斤顶底座是否因长期工作地基变化而引起松动，检查井架有无变形等不正常现象。

（3）按照说明书中规定的操作规程和方法，慢慢收回和放倒井架。要注意观察有无卡阻现象，注意排出液路里的空气，注意起升油缸的收回程序（先小后大），注意操作刹把，使游车始终置于睡床上。

（4）操作支承千斤顶手柄，先伸高千斤顶支脚松开锁紧帽，再将锁紧帽退到千斤顶的底部，然后回收千斤顶，锁紧拼帽，插入保险销。

（5）缠绕好绷绳，将司钻台的所有操作手柄置于空挡位置，将前后选择阀及分动箱操作杆均换到控制底盘行走位置即可。

（八）修井机绞车系统操作

（1）每班操作前，对绞车系统作全面检查。检查各主要部位有无变形卡阻现象，制动毂冷却水是否充足，链条箱内油面是否符合规定，死绳紧绳器有无松动，刹把行程是否合适，制动是否可靠，控制系统气压是否符合说明书规定，各操作控制阀是否灵活可靠等，要做到心中有数。

（2）手制动是在大钩负载 200kN 以下轻负荷时控制下钻速度和作停车制动用的，在紧急情况下，也作紧急制动用，但需要提醒的是：尽量减少使用或不用紧急制动，动载过大会影响设备的使用寿命和造成设备的损坏。大钩载荷超过 200kN，必须挂合水制动来限制下钻速度，否则会加剧制动块、制动毂的磨损或制动毂因高温喷水造成裂纹。

（3）绞车操作系统的气压达到 0.7MPa 时才能工作。

（4）按使用说明书中规定，根据游车大钩的负荷合理选择变速器的挡位，充分发挥发动机的功率。

（5）严禁主滚筒、捞砂滚筒、小绞车同时工作，防止钢丝绳相互打绞出事故。

（6）停车时，一定要把滚筒制动，且将制动链条挂上，把变速器和其他操作阀均置于空挡。

（7）每班对绞车部分的所有黄油润滑点加注黄油。

（九）修井机水制动操作

（1）水箱内加注足够的清洁冷水，不允许加注有腐蚀性的污水。

（2）使用水制动前，必须检查水循环管路中闸阀是否全部打开，管路中不应有堵塞和漏水现象。

（3）水制动在任何一种速度的制动能力取决于水制动中水位的控制，司钻通过流量控制阀来控制水制动中的水位高低。

（4）绝对不允许在游车大钩下降过程中挂合水制动，必须是游车大钩处于静止状态时方能挂合水制动。

（5）提升游车大钩时，应先脱开水制动离合器，再提升大钩，不允许在水制动处于挂合状态下提升游车大钩。

（6）水制动所允许的最高水温不能超过 82℃。

（7）当环境温度低于 0℃时，循环水中应添加防冻防锈剂或停机放水（包括水箱、管路、水制动内的水）。

（十）修井机气路系统使用

（1）主供气系统气压调节阀在出厂前已按说明书中规定调好（0.844～0.945MPa），当气压达到规定值时，调压阀自动排气。

（2）当气压低于 0.7MPa 时，不要操作绞车。

（3）每班打开储气筒下部的放水阀一次，排出气筒里的积水。

（4）操作台的气控阀件，定期（4～6 个月）拆下来清洗保养（损坏件更换）。清洗、吹干、润滑完重新组装时，给摩擦表面涂一层黄油。

（5）发动机油门控制阀是气控阀，定期给阀上的黄油嘴加注黄油。油门拉杆要适当加注润滑油。

（十一）修井机转盘的安装与使用

（1）转盘在安装前打好底座基础，底座基础要平整坚硬，用方木或型钢等将转盘垫牢、放平、放正，使之中心与天车和井口在一条铅垂线上。

（2）转盘链轮必须与带动转盘的链轴在一条直线上。连接链条的长度要适当，松紧适宜，不能过松或过紧，以一指能略按下即可。

（3）转盘在转动前必须检查转盘牙是否打开。在使用过程中，大弹子盘和锥形齿轮需保持足量的机油，以免转动时磨损大弹子盘和八字轮。机油量用量油尺检查，应避免震动和骤停，快车钻进及加深时，开始油门要小，然后逐渐开大，禁止一开始就达到最大转速。在不使用时要洗去各弹子盘间及轴与轴承之间的灰尘，并加注黄油、机油。

（十二）机械卡瓦卡盘的使用

（1）当初次下入或起至最后几根管柱时，在松开卡瓦之前要用脚踏住手柄，防止松脱。

（2）易损件牙板磨损后要及时更换。

（3）起下钻时，一定要先制动滚筒后再卡紧卡瓦，等管柱卡住后再开吊卡。

（4）操作时，注意尽量避免管柱跳动，起下操作要平稳，卡瓦使用要配合谐调。

（十三）液气大钳的安全操作

（1）钳头腭板尺寸应与钻杆接头尺寸相符。

（2）移送大钳到井口时，严禁把气阀一次合到底，以防大钳快速向井口运动造成撞击。

（3）在公扣没有全部从母扣旋出和大钳松开钻具以前，不允许上提钻具。

（4）大钳停用前，应将所有液气阀恢复零位。单向阀回关位，停液压泵，关闭大钳气路阀门。

（5）根据上卸扣决定上下钳的定位手把位置。变换位置时，钳头的各个缺口必须对正后方可操作，否则机构失灵。

（十四）试油（气）流程的安装

1. 试油井流程安装

（1）自喷井的分离器距井口 25～30m，计量池、大罐距井口 30～35m，分离器、大罐摆放水平，不水平度不得大于千分之一；大罐内要焊接进出口的加温盘管。达到防火防爆及保温要求。

（2）试油流程必须全部用硬管线连接，防止刺漏。

① 井口至分离器采用 101.6mm（4in）高压带法兰盘的硬管线连接。

② 分离器至火炬管和分离器至测气口采用 63.5mm（21/2in）无缝钢管连接。

③ 分离器至大罐之间采用 101.6mm（4in）带法兰盘的普通钢管连接。

（3）泵组距油罐 4～8m，装油鹤管出口距地面 4m 以上。

（4）流程必须安装扫线头，井口到大罐，装油鹤管到大罐均需扫线。

（5）流程所用管线、闸门、接头、法兰、丝扣部分严密不漏，并进行防锈防腐。

（6）泵组马达线必须是耐油高压胶线，并采用防爆闸门。

（7）冬季施工必须上锅炉蒸汽保温或锅炉热水循环保温。防止原油结块堵塞。

2. 试气井流程安装

（1）分离器距井口 30m 以外，测气口距分离器不少于 20m，放空点火管距分离器和距井口不少于 50m，火炬管高 3m 以上。

（2）立式分离器打水泥基础或安装在钢质底座上，安装要垂直，倾斜度不大于千分之一，并加绷绳固定。卧式分离器摆放水平，不水平度不得大于千分之一。

（3）流程管线一律采用高压钢管连接，并用地锚固定，地锚间距不大于 10m。

（4）测气流程管线至井口用 5MPa 气压保持 10 分钟，不刺不漏为合格。

二、井下作业施工安全技术

井下作业施工点多、面广，涉及各种各样的施工，危险因素和安全隐患也较复杂，概括起来可归纳为以下几个方面：起下作业、射孔作业、带砂作业、高压作业、带酸作业、打捞解卡作业、磨套铣作业、高空作业以及防喷防爆等。

起下作业是井下作业最频繁的施工之一。由于起下作业前没有检查制动系统，制动失控造成顿钻事故，或因超速起下造成顿钻甚至落物事故。没有检查提升系统，在重负荷作用下，发生大绳断落事故。井口操作不熟练造成单吊环伤人。无证操作，不熟练绞车操作规程而发生顶天车、顿钻，甚至管柱落井等恶性事故。

射孔作业是井下作业施工的重要工序，也是易发生井喷事故的施工。施工前因没有合理选配压井液而引发井喷，或因没有合理选择射孔方式而减少事故发生的可能性，或因防喷装置没有检查、试压而发生井喷，没有准备好抢喷工具及配件，致使抢喷失败造成事故。

带砂作业主要指冲砂、填砂、防砂、压裂等作业。由于施工中地层砂或工程砂均需经过油管或油套管环形空间，因此，均有沉砂卡钻的危险。冲砂施工会因排量过小，接单根过慢，循环冲洗不充分等造成砂卡管柱。填砂施工会因填砂后上起管柱不够高而砂卡管柱。防砂会因携砂液能变坏等原因而砂卡管柱，或因防砂工具掉落造成落物事故。压裂施工混砂比过大，加砂速度过快，排量过小及压后放压过猛等造成砂堵、砂卡事故。

高压作业主要包括封堵、压裂、气举、气井作业等。由于这些作业均属高压施工，地面管线、施工管柱、井口装置等均承受高压。由于选择、试压、检查、安装、固定等问题会造成管线刺漏，闸阀渗漏及管柱弯曲等故障。封堵作业因堵剂性能变坏，施工超时，管柱漏失等造成卡阻或施工失败。压裂施工因油管强度不够、压裂液变质、封隔器不工作及放压控制不当造成事故。气举作业因放喷控制不当引起地层出砂造成事故。气井作业不但在高压下作业，而且易引发井喷爆炸事故。由于井口装置、防喷器等选择、检查、试压等问题造成井口失控，还会因射孔、压井、排液等措施不当引起井喷，甚至爆炸等。

带酸作业主要指酸化、酸压作业。由于酸的腐蚀性及高压作业，易发生人员烧伤，设备管线、管柱等故障，应严格检查管线、管柱及井口装置防止事故发生。

打捞解卡作业是处理井下事故作业，由于井下事故情况千差万别，并且打捞解卡负荷较大，易发生提升系统大绳断裂，井架倒塌事故，还会因打捞操作失误，选择工具、下探深度等不当，造成遇卡遇阻等事故。解卡施工排量、钻压、转速等参数控制不当也会造成事故。

磨套铣作业由于工具选择不当，管柱配合不当造成卡阻或偏磨，也可因转速、钻压、排量等参数控制不当造成憋卡或磨屑卡钻等。

高空作业由于身处高空危险性较大，因此操作人员应引起重视。应防止因未系安全带发生坠落事故，或因高空作业工具、配件等坠落伤人事故。

防喷防爆在井下作业施工中非常重要，也是造成井下作业重大事故的危险因素。在有可能发生井喷的作业中，防止因防喷器失效，抢喷工具配件不全等造成井喷事故。防爆与防喷是相互联系的，由于井喷等原因而形成易燃易爆气体，应采取相应防爆措施，杜绝着火、爆炸等恶性事故的发生。

由此可见，危险因素和安全隐患存在于井下作业的各项施工中，只有认清各项作业中的危险因素和安全隐患，采取检查、预防等措施，才能最大限度地降低事故率，搞好安全生产。

三、海上井下作业施工安全规定

作业人员在作业期间除遵守一般的各项安全规定外，还必须遵守以下海上作业安全规定。

（1）作业前要收集和分析 48 小时的气象预报和海况预报；必须对作业施工精心设计，并按设计要求，对作业设备、阀门开关等进行全面检查，经试压合格方能投入使用。

（2）作业前要卸掉平台上不用的钻杆和钻铤立柱，卸掉甲板上不用的管材和器材。

（3）作业前召开协调会议，在作业交底过程中，要明确指挥命令系统、消防降温系统、施工作业岗位分工、作业措施和步骤等安全事项。

（4）应按施工设计要求，储备足够的泥浆和泥浆材料。

（5）射孔施工作业前，要对本台上的消防设备、救生设施、急救器材、降温系统、岗位人员等落实情况，进行认真检查。

（6）射孔作业之前，作业人员必须认真负责装好井口及防喷装置，按规定试压合格，井筒按设计要求灌满压井液，其密度必须符合设计方案要求。

（7）射孔时，作业人员必须始终在钻台上监视井口，分析井内情况，并随时做好关井的准备工作；要组织检查钻台和甲板等工作区严禁烟火。

（8）起下管柱时，要注意井口变化，并及时灌满压井液，井控防喷等装置要始终处于良好状态，以防发生井喷及其他恶性事故。

（9）射孔、酸化、压裂、注氮气等施工作业时，要严格检查无关人员不得进入工作区。

（10）开井自喷前，作业人员要对施工设备、流程、阀门开关、各种计量仪表进行全面仔细地检查和压力试验，并符合施工设计要求。

（11）开井自喷燃烧前，应根据当时的风向选择燃烧臂方向。要在平台下风处点燃，以免燃烧时的火焰、油气等吹向平台。放喷作业应尽量在白天进行。

（12）开井过程中，作业人员监视井口压力，使压力保持在规定范围内。环空压力若有异常变化，应及时报告。若发现地面装置突然刺漏或出现其他危险故障时，应立即放环空压力，使井下阀门关闭，然后关闭采油树主阀门。

（13）在开井过程中，要指派一名监视员，要在甲板上巡回检查，认真检查设备装置及管汇有无泄漏现象，要及时采取措施。

（14）要认真做好海上的环境保护工作，如发现海面上有残浮油，应及时用消油剂处理，滴漏在甲板上的残油应立即洒获准的乳化剂进行擦洗除油。

（15）开井自喷燃烧时，要仔细检查甲板边缘的温度，一般情况下超过50℃即停止燃烧。

（16）作业期间，开关井、换油嘴、油气进入分离器以及变动燃烧臂等作业，必须请示作业负责人同意后方可进行。

（17）作业结束后，要组织人员将作业时的易燃、易爆物及时运回陆地，不得继续存放在平台上。

（18）在海上石油施工作业中，能引起自燃的主要原因是人为因素造成的。如：接触灼热物体、摩擦生热等。因此，在海上石油施工作业中，应对作业人员进行严格管理和作业安全规范的管理，是杜绝引起火灾的重要方法和措施。

（19）海上石油作业施工中常见的几种可燃气体的爆炸极限范围见表2-1。

表2-1　可燃气体的爆炸极限范围

可燃气体类型	LEL/%	UEL/%	说明
天然气中高惰性型	4.5	14.0	爆炸极限
高甲烷型	4.7	15.0	—
高燃烧型	4.7	14.5	—
甲烷	5.0	15.0	—
乙炔	2.5	80.0	爆炸极限大
丁烷	1.5	8.5	—
戊烷	1.4	7.8	—
氢气	4.0	75.0	—
氧气	15.0	28.0	—

可燃气体类型	LEL/%	UEL/%	说明
煤油蒸汽	0.7	5.0	—
轻柴油蒸汽	0.6	5.0	—
标准汽油蒸汽	1.2	7.1	—
一氧化碳	12.5	74.0	—

从表 2-1 可以看出，由于可燃气体的组分不同，其爆炸极限范围各不相同，致使爆炸危险程度也各不相同。例如表中的甲烷爆炸极限为 5%～15%，乙炔为 2.5%～80%，很显然，乙炔气体的爆炸极限范围大，且下限低，因此乙炔气体要比甲烷爆炸危险性大。

（20）海上石油钻采平台倒班一般为 28 天一次，平时要切实做好钻采平台上的消防应变演习，以保证平台和人员安全。

（21）海上石油施工作业防火注意事项

① 没有得到批准，任何人不准使用明火。

② 在平台的禁烟面内，任何人不得吸烟。

③ 在危险区内施工作业必须使用无火花型手动工具，不得穿用带铁钉或钢钉的鞋，以免产生火花。

④ 在危险区内施工作业人员，必须穿着经防静电处理的工作服。

⑤ 在危险区内施工作业，应严格注意防静电措施。

⑥ 各类电气设备和工具、仪表的装置均应按规定的要求，可靠地接地。

⑦ 平台防火人人有责。任何人发现油或气渗漏或溢出，或其他任何可能导致火灾的原因，均应向安全监督或值班人员报告，以便采取紧急措施，消除火灾隐患。

（22）海上石油施工作业防爆注意事项

① 平台上的所有人员都应熟知平台的危险区域的划分，要充分了解可燃气体爆炸的危害及其预防知识。

② 在危险区内施工作业的人员，都应了解可燃气体的爆炸极限范围及爆炸条件。

③ 施工作业中要严格注意危险区内可燃气体探测系统的报警，即下限值（LEL）的 20% 时应在中控室控制盘上发出报警信号；下限值（LEL）的 50% 时发出关断报警，由值班人员根据情况和上级指令对相应的系统或设备采取关断措施。

④ 在施工作业时，要时刻注意检查可燃气体聚积处的浓度，所用的检查仪器要定期保养、维修和标准检验，确保仪器工作正常和检测的数据准确可靠。

⑤ 杜绝溢油、漏气等事故的发生。

⑥ 注意火灾与爆炸间下述关系。

当火灾引起爆炸，油罐区发生火灾时，在火场高温影响下，有可能产生爆炸。

为此要特别注意在火场和易燃面间清理出一条安全隔火带，同时要采用大量冷却水冷却，使易燃面处于不可燃的低温状态，以防发生爆炸。

爆炸引起火灾，爆炸抛出的燃烧物，很可能引起大片火灾。如果局部发生小范围的爆炸，要加强防火措施，以免导致其他可燃物质燃烧而发生火灾。

（23）凡出海的浅海石油作业人员均应持证上岗，必须接受安全监督检查。对无证书或证书、证件失效的人员，安全监督检查人员有权停止其工作，并限时间回到陆岸，对违章作业和造成事故者，根据有关规定给予经济处罚或行政处分，直到追究刑事责任。

（24）浅海石油作业动火条件。井下作业施工动火，属二级动火。凡符合下列条件的方准动火。

① 办理动火审批手续；

② 落实动火安全措施；

③ 设现场安全监护人。如发现施工作业单位未按动火措施执行，安全监护人有权停止施工；动火完工后，监护人员对现场进行检查，确认无火种存在方可撤离。

（25）承担施工任务的外单位，在动火管理范围内施工动火，应由施工单位会同生产单位的有关人员，按动火等级及审批权限报请有关安全部门批准后方可动火。

（26）参加动火施工的人员必须持证上岗，并配备相应的劳动保护用品，确保人身安全。

（27）实施工业动火时，必须安排有生产实践经验，了解生产工艺过程，责任心强，能正确处理异常情况的人员作为现场监护人。

（28）在动火施工过程中，监护人员不断地检测可燃气体浓度，当可燃气体浓度高于规定时，应采取人工通风措施。

第四节　采油生产安全技术

一、采油生产的安全要求

在采油生产的全过程中，首先要针对原油和天然气易燃易爆的特点采取相应的安全措施；针对其他方面的特点，也应采取有效的安全措施。在采油生产活动中开展的"六防"就是有效的事故预防措施。

> "六防"即防火、防爆、防触电、防中毒、防冻以及防机械伤害。

1. 防火

防火是采油生产中极为重要的安全措施，防火的基本原则是设法防止形成燃烧的必要条件，而灭火措施则是设法消除已形成的燃烧条件。

燃烧（在日常生活中称为"着火"）有三大要素：可燃物质、助燃物质及火源。初始的火源，是指具有一定温度和热量强度的能源，如明火、摩擦、撞击、电火花、静电火花、雷电、化学能以及聚集的日光等。在一定条件下，若放出的热量足以把邻近的可燃物质提高到着火所必需的温度时，则燃烧可持续下去，并蔓延扩大，直至造成火灾。由此可见，导致火灾发生的必然条件是，燃烧时放出的热量必须大于同时损失的热量；否则，燃烧的过程将自行停止。

2. 防爆

采油生产过程中发生的爆炸，大多数是混合气体的爆炸，即可燃气体（石油蒸气或天然气）与助燃气体（空气）的混合物浓度在爆炸极限范围内的爆炸，属于化学性爆炸的范畴。

原油、天然气的爆炸往往与燃烧有直接关系，爆炸可能转为燃烧，燃烧也可以转为爆炸。当空气中石油蒸气或天然气达到爆炸极限范围内时，一旦接触火源，混合气体先爆炸后燃烧；当空气中油气浓度超过爆炸上限时，与火源接触就先燃烧，待油气浓度下降达到爆炸上限时随即发生爆炸，即先燃烧后爆炸。

3. 防触电

随着采油工艺的不断发展，电气设备已遍及采油生产的各个环节。如果电气设备安装、使用不合理，维修不及时，就会发生电气设备事故，危及人身安全，给国家和人民带来重大损失。电气安全主要包括人身安全和设备安全两个方面，人身安全是指在从事电气工作和电气操作使用过程中的安全；设备安全是指电气设备及有关的其他设施的安全。

触电就是人体在接触带电导体时，超过了规定的安全距离，电流通过人体进入大地，构成导电回路。触电对人体的伤害是极大的。触电的方式有4种：①人体与带电体直接接触；②人体接触发生故障的电气设备，也叫间接触电；③人体与带电体的距离过小，造成触电；④人体两脚同时踩在不同电位的两点，引起跨步电压触电。

4. 防中毒

原油、天然气及其产品的蒸气具有一定的毒性。这些物质经口、鼻进入人体，超过一定吸入量时，可导致慢性或急性中毒。空气中油气的中毒临界值规定为$350mg/m^3$。当空气中油气含量为0.28%时，人在该环境中12～14小时就会有头晕感；如果含量达到1.13%～2.22%，将会使人难以支持；含量再高时，则会使人立即晕倒，失去知觉，造成急性中毒。在这种情况下若不能及时发现并抢救，则可能导致窒息死亡。当油品接触皮肤、进入口腔、眼睛时，都会不同程度地引起中毒症状。

在采油生产过程中的有毒物质主要来自苯及甲苯、硫化物、含铅汽油、汞、氯、氨、一氧化碳、二氧化硫、甲醇、乙醇和乙醚等物质。除了这些物质能够直接给人体造成毒害外，采油生产过程中排放的含油污水也可对生态环境造成危害，水中的生物如鱼虾会因水环境污染而死亡。

5. 防冻

采油生产场所大部分分布在野外，一些施工作业也在野外进行，加之有些油田原油的含蜡量高、凝固点高，这样就给采油生产带来很大的难度。做好冬季安全生产是油田开发生产系统的重要一环。因此，每年一度的冬防保温工作就成为确保油田连续安全生产的有力措施。如油井冬季测压关井、油井冬季长期关井、油井站内管线冻结等都是采油生产过程中冬季常见的现象。只有消除这些隐患，才能确保冬季安全生产。

6. 防机械伤害

机械伤害事故是指由于机械性外力的作用而造成的事故，这种事故在油田开发生产工作中是较常见的，一般分为人身伤害或机械设备损坏两种。在采油生产过程中，接触的机械较多，从井站到联合站，从井下施工到大工程维修施工，无一不和机械打交道。

二、新井交接及投产要求

钻井、完井单位向采油单位交接的主要内容和注意事项如下。

交清交全各项资料，包括完井数据、射孔数据、地层分层数据表、测井解释成果图、封固质量检查图、标准电测图、地层压力资料以及诱喷资料数据等。

（1）射孔资料应交清：射孔日期和射孔方式、枪型、射孔层位、射孔孔数及孔密度，以及泥浆压井时间、替清水量及过油管射孔井的泥浆替出情况（替入水量、替泥浆油管下入深度、停止替泥浆时出口水质）。

（2）诱喷资料包括：诱喷日期、套管和油管喷出物情况、油压、套压、喷出油量、含水情况、诱喷时间等。

（3）气举资料包括：气举日期、压风机气举压力、气举时间、气举时喷出物、气举出油量及出油情况、油压、套压等。

（4）地层压力资料：新区、新开发层系油井投产前选30%的井等距离抽样测原始地层压力。

（5）钻井、完井过程中存在的主要问题要做详细说明，并提供书面材料。

（6）套管外冒油、气、水，采油树设备不齐全，闸门及连接部件渗漏，套管四通（或三通）标高不符合要求，采油树安装方向及垂直度达不到要求标准，必须有乙方整改后再交接。

（7）经交接甲、乙双方同意，在交接书上签字方可生效。

油井投产前，井场工艺流程、设备及油、水井至计量站间、中转站管线流程交接内容如下。

（1）施工前和竣工后施工单位必须向采油单位提供设计图和竣工图。

（2）施工过程中采油单位要有专人参加，经常了解施工质量，配合施工。

（3）采油单位参加施工工程的检查验收工作，按照设计图、技术标准，对隐蔽工程、管线防腐、保温、管线下沟、管线严密性检查、强度试压、复土等都要按工序进行检查，上道工序不合格，立即整改，否则不得进行下道工序。

（4）以计量站为中心的油、水井系统工程完工投产时，由采油单位和施工单位有关人员组成试投产小组，做好试投产工作。

对于上述工作，每个采油队要有一名技师或技术员负责现场跟踪，对新井射孔、压裂、下泵、基建、投产等进行质量安全监督，执行"三清楚、四不接"的管理措施。

> 三清楚：钻井井号及钻井进度清楚、射孔层位及替喷情况清楚、新井作业工序及下泵情况清楚。
> 四不接：钻井井号、射孔层位与设计方案不符不接，泥浆密度不符合施工设计不接，注水井完井套管试压15.0MPa、稳压时间达不到30分钟不接，抽油机安装达不到"五率"标准不接。

三、油井投产前的安全技术

1. 人员、工具和设备

（1）凡进入新井、新站岗位的工人，必须先培训后上岗，经过三级安全教育，达到本岗位规范标准才能进行操作管理。

（2）工具、用具按配备标准配备齐全，对号定位。

（3）化学清蜡及其他清蜡方法应根据要求，配备配全设备、药品。

（4）新井投产前，按要求配齐安全设施、消防器材、安全挂牌和安全标志等。

（5）新井（站）投产前，场地要达到规格化标准。

2. 生产管理制度

（1）油、水井、计量站岗位专责制。

（2）交接班制。

（3）巡回检查制。

（4）设备维修保养制。

（5）质量责任制。

（6）技术培训、岗位练兵制。

（7）安全生产制。

（8）经济核算制。

（9）标准化管理制度。

3. 图表、资料

（1）井组有综合图，包括油层连同图、分层管柱图、地面流程图（这些图应画在一张图上）。

（2）采油队有设备流程图、油水系统管网图、配电及电器线路图、巡回检查路线图、事故树分析图。

（3）报表、记录本、资料要求按统一要求填写。

四、自喷井的安全技术

（1）井口设备齐全完好，不渗不漏。所有闸门要灵活好用，配全配齐螺栓螺母，紧固时对角用力均匀，清蜡闸门密封要严；开关时两侧丝杠出入要相等，防喷管丝堵要紧好，装有丝堵短管节上要设有放空阀门。做到先放空后卸丝堵，并注意清蜡闸门是否关严。油嘴尺寸要符合要求，油嘴三通无堵塞现象。

（2）井口操作时注意，在卸丝堵时，先设计好流程，后放空（人要在上风方向，防止放空时被油气熏倒）；卸时打好管钳尺度，用力均匀，防止用力过猛、管钳打脱而使人受伤。

（3）在上下扒杆检查滑轮或穿录井钢丝时，要抓住扒杆，踏稳扒梯，最好系上安全带，以防掉下摔伤。在上扒杆前，先检查扒杆是否牢固，绷绳是否紧好。

（4）上卸压力表时，检查压力表装卸部位是否设有放空以及压力表闸门，做到先关压力表闸门，后开放空阀门，再进行装卸压力表操作。注意人要在放空方向的侧面进行操作。

（5）检查油嘴时，注意先关生产闸门，后关回压闸门；放空后，再卸丝堵。检查后用套筒扳手装好油嘴，上好堵头，先关放空阀，开回压阀，最后打开生产闸门。注意要平稳操作。井口房内严禁烟火或产生摩擦火花。

（6）当集油干线堵塞或冻结时，出现回压升高、出油减少或不出油的现象，这可能是干线局部结蜡或结垢堵塞，也可能是局部干线保温层破坏而大量散热造成集油温度下降，形成凝油堵塞管道。如及早发现可用压风机扫线或用锅炉车蒸汽吹解。

（7）自喷井井口总闸门以下，套管闸门以内无控制部分，不允许有渗漏和缺损，一旦发现问题，要及时处理。

（8）冬季关井在4小时以上时，必须扫线；油井测静压关井时，应对干线采取保温措施。

（9）自喷井井场、设备必须达到"三清、四无、五不漏"的管理要求。

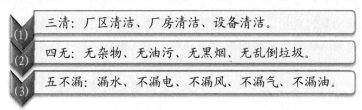

（1）三清：厂区清洁、厂房清洁、设备清洁。

（2）四无：无杂物、无油污、无黑烟、无乱倒垃圾。

（3）五不漏：漏水、不漏电、不漏风、不漏气、不漏油。

五、深井泵采油安全生产技术

在整个生产过程中，对抽油设备从设计、制造、使用、管理、修理、改造和检验7个环节都有具体的安全技术要求。

（一）抽油机的安装与调整

在游量式抽油机采油过程中，抽油机的安装与调整质量，直接影响着安全采油和人身安全。因此，抽油机安装地理位置的选择、基础设计、设备的安装、调整验收必须按设计标准、操作规程进行。

1. 抽油机的安装

（1）抽油机基础。为了保证抽油机的安装质量，延长使用寿命，抽油机基础的选择和施工质量是非常重要的环节。

抽油机的基础有固定式基础和活动式基础（预制基础）2种。目前，普遍采用的是活动式基础。对于前置式大功率的抽油机，因其动载和本身重量较大，采用固定式基础比较合适。

① 平整地基。地基应夯实，在翻浆地区应挖至冻土层以下夯实。如果地层情况不好，需要用砂、砾石或水泥灌注，形成人工垫层，以保证地基有足够的承受能力，地基周围不能有水。

② 拉线。按照说明书基础图施工，先找出第一节基础最前端两个螺栓孔位置的横线中心点，再从这点拉线至井口中心。两个螺孔中心点距离井口中心尺寸，应符合说明书规定的尺寸，然后以螺孔距离为底边，井口中心为顶点作等腰三角形，并找好第一节基础的水平。

③ 吊装基础。当第一节基础安装好后，按说明书规定尺寸，分别吊装其他各节基础。要求每节基础保持水平一致，螺栓预留孔中心要在一条线上，基础底面和地基之间不得悬空。最后从井口中心，经过第一节基础两个螺栓预留孔中心点到最后一节基础两个螺栓预留孔中心点拉线，做出标记。

（2）抽油机的安装与验收。抽油机的安装应由符合规定要求的专业施工队伍进行。抽油机安装竣工后，要按工程施工标准严格履行验收交接手续，确保抽油机从安装开始就不存在任何事故隐患。

2. 抽油机的调整

抽油机的调整主要是根据油井生产需要调整抽油机的横向水平、纵向水平、驴头与井口对中、抽油机的平衡、冲程、冲次。

（1）抽油机调整前的准备。抽油机投产使用一段时间后，由于气候条件的影响，油井地质动态的变化，产量的变化，需要改变抽汲参数，使抽油机处于良性运转状态，即对抽油机进行全面的检查与调整。为了确保调整工作的安全运行，必须做好以下准备工作。

① 负责调整工作的专业人员要熟悉该抽油机井的生产流程，抽油机的型号、规格、性能及结构，需要调整的部位，以及特殊的安全要求等。

② 要准备好所需的工具、仪器仪表、设备、材料等物品。

③ 负责调整工作的操作人员必须穿戴劳保用品，戴安全帽，高空作业要系安全带。

（2）抽油机冲程调整

① 在停抽油机曲柄位置，要考虑到装卸左右曲柄销总成时操作方便。

② 抽油机负荷必须卸掉。

③ 游梁前后必须用安全绳与底座连接好，以防左右曲柄销总成退出曲柄孔后，游梁失重，从支架上翻倒下来。

④ 抽油机停稳后，制动一定要到底，不准随意乱动。

⑤ 拉下电源开关，防止抽油机突然转动。

（3）抽油机冲次调整

① 抽油机的曲柄停在自由摆动后静止不动的位置，完全制动。

② 拉下电源开关，防止抽油机突然转动。

③ 装卸电动机带轮时，禁止猛烈敲打，最好使用液压或机械拉力器，以免打坏皮带轮、电动机轴承及伤人。

（4）抽油机的平衡调整

① 曲柄平衡块如果往远离曲柄轴心调时，抽油机曲柄应停在水平位置，防止卸松平衡块固定螺钉后，平衡块滑脱伤人。

② 平衡块固定螺钉只能松退，不能卸掉，防止在移动平衡块时，平衡块翻倒伤人。

③ 先卸松平衡块固定螺钉后，人必须站在安全位置再卸差动螺钉，防止平衡块翻倒伤心。

④ 拉下电源开关，防止抽油机突然转动。

（5）调整抽油机驴头与井口对中

① 抽油机驴头停在下死点位置时，应卸掉驴头负荷，防止因游梁上负荷太重，在调整中央轴承座前后顶丝时，使螺杆顶弯或滑扣。

② 制动要灵活可靠，要完全制动，防止在操作过程中制动失灵，曲柄突然摆动砸坏物体或伤人。

③ 调中央轴承座或驴头都属于高空作业，操作人员必须采取高空作业安全保护措施（如系好安全带等）。

④ 在调中央轴承座时，中央轴承座的前后两个固定螺钉只能卸松，绝对不能卸掉，以免在调整过程中游梁翻倒。

⑤ 如果中央轴承座或驴头的位置都调到允许值时，若驴头与井口仍不对中，只能重新安装抽油机，不能无限制地调中央轴承座的位置，来使驴头与井口对中。

（6）调整抽油机的纵向水平和横向水平

① 抽油机必须卸掉驴头负荷，以减轻机身重量，方便移动整机。

② 制动装置灵活可靠，要完全制动。

③ 调整前必须卸松所有的地脚螺钉，需要加垫铁或斜铁部位附近的地脚螺钉，可多退几扣（高度约大于斜铁厚度）。

④ 加斜铁时，一定要成组加（两块斜铁为一组）。同时，不能用猛烈敲打斜铁的办法来校水平，这样会把水泥基础振碎，造成不必要的损失。可用千斤顶把底座

顶起或用吊车把底座吊起，再加斜铁。

（二）抽油机运行

1. 启动前的准备

（1）倒好流程，检查出油管线是否畅通。

（2）检查光杆卡子是否卡牢，光杆盘根松紧是否合适，悬绳器和悬绳是否完好，双翼胶皮闸门开关是否灵活和打开。

（3）减速箱的油量是否适量。

（4）检查曲柄销轴承，中央轴承座、尾轴承座、电动机轴承内的润滑油是否足够。

（5）检查制动是否灵活完好，应无自锁现象。

（6）检查抽油机皮带有无污油及损坏情况，并校对其松紧程度。

（7）检查各部紧固螺钉，有无松动，并检查曲柄销子及保险销有无松动。

（8）检查曲柄轴、减速箱输入轴、电动机带轮的螺帽和键有无松动现象。

（9）检查抽油机电控箱内各元器件是否齐全完好，抽油机底座、电动机和电气设备接地装置是否良好，铁壳开关的熔丝（熔片）是否符合规则。

（10）检查三相电压是否平衡。

（11）排除抽油机周围妨碍运转的物体。

2. 抽油机启动安全技术

（1）启动时，禁止直接启动，一定要先点动，让曲柄平衡重摆动起来，利用平衡重的惯性启动，当平衡重向旋转方向相反方向摆动时不要启动。

（2）按电钮要迅速，不能启动时应停下检查。

（3）按启动电钮，等电动机运转后，放开启动电钮，如果采用油开关（补偿启动器）时，先将手柄推到启动位置，待电动机运转平稳后，再将手柄拉到运行位置。

3. 抽油机启动后的检查

（1）检查各连接部分，减速箱、电动机、各部轴承等有无不正常的声音。

（2）平衡块旋转方向应按减速箱表明方向旋转。

（3）观察各部件有无震动现象。

（4）检查曲柄销子有无松动，平衡块有无移动；驴头上下运动时，井内有无碰击等现象。如有此现象，应立即停抽，进行排除。

（5）停机检查各部轴承发热情况，温度不高于70℃（用手摸不烫为宜）。

（6）检查盘根盒是否损坏或发热（光杆是否发热），如果要换盘根或检查盘根时，必须停机，并闭开口双翼胶皮闸门。

（7）检查悬绳、悬绳器和光杆卡子的牢固及完好情况。

（8）检查抽油机电控箱内的元器件完好情况，启动器声音是否正常。

（9）停机检查各紧固螺钉有无松动现象。

（10）观察油压、套压变化情况，听出油声音，测量上下冲程时的电流，经检查确认一切正常后，操作人员方可离开。

（11）每隔 4 小时应巡回检查一次，如发现有不正常现象，立即停抽，进行检查处理。将处理结果填入报表，情况严重时应及时汇报。

4. 抽油机的停机

（1）按停止按钮，切断电源，电动机停止运转，彻底制动。

（2）当油井气量大时，驴头应停在下死点；当含沙量大时，驴头应停在上死点；一般情况下，曲柄应处于右上方（井口在右前方）。

（3）关闭生产闸门。

5. 防冲距调整

（1）停抽油机，彻底制动。加大防冲距，将驴头停在水平位置；缩小防冲距，将驴头停在接近下死点位置。

（2）用光杆卡子座在盘根盒上卡紧光杆，松开制动，盘皮带（禁止用手握皮带，以免压伤手）或点启动抽油机，使驴头悬重落在盘根盒上，以卸掉驴头负荷。

（3）松开悬绳器上不得光杆卡子，再盘皮带或点启动电动机，将悬绳器调到预计位置，彻底制动，卡紧悬绳器上部光杆卡子。

（4）防冲距大小，一般情况是以活塞上行不出泵的工作筒，活塞下行不碰工作筒底为原则。

（5）启动抽油机，启动后检查调节的位置是否恰当，否则重新调节。

（三）抽油机的故障处理与抽油杆的安全技术

1. 抽油机用电安全技术

（1）为抽油机使用的变压器、铁壳开关、电控制箱、电动机等未经验电，一律都视为有电，不准用手触摸。

（2）不懂电气性能的人员，不准擅自接用电气设备和电灯照明。

（3）启动和停止抽油机时，必须戴绝缘手套，禁止直接用开关来启动和停止，必须使用启动按钮和停止按钮，以防烧坏设备和伤人。

（4）变压器、铁壳开关、控制箱、电动机都必须有良好的接地。

（5）抽油机电动机运行温升一般不超过 60℃，超过时应通知有关人员进行检查。

（6）变压器、铁壳开关、控制箱、电动机等附近不准堆放易燃、易爆、潮湿与腐蚀性物品。

（7）电气设备发生火灾时，要立即切断电源，并使用干粉或 1211 灭火器灭火，严禁用二氧化碳灭火器及水灭火。

（8）任何人不得随意加大或用其他金属代替熔丝。

（9）变压器至控制箱的橡胶电缆或其他电缆一定要埋入地下或架空。

（10）维护保养电气设备时，不准带电作业；否则必须采用可靠的安全措施，并有专人监护。

2. 抽油杆的安全技术

抽油杆的选择，主要是确定其直径及组合（在同一口井中，不同直径的抽油杆长度的配合）。为了保证抽油杆的安全工作，必须根据其所能承受的负荷来确定抽油杆的直径。

下泵深度越深及泵径越大，则抽油杆所受的负荷越大，也就越容易发生断脱。而抽油杆直径越大，所能承受的负荷也越大。因此，下泵深度较浅的井，一般采用同一直径的抽油杆，也叫单级抽油杆；下泵深度越大的井，采用不同直径的抽油杆，上部用粗的，下部用细的，称为双级抽油杆（上部叫第一级，下部叫第二级）。在超深井中，还可以采用三级以上的抽油杆。

3. 抽油机井的资料录取及其安全技术

抽油机井录取的资料（测试资料）是油田开发中必不可少的重要资料之一，是研究油层特性、了解油田不同开发阶段的变化规律、掌握油层动态的一个重要依据。一般情况下，抽油机井需要录取该井的产量（产气、产油、产水）、油压、套压、动液面（流压）、示功图、抽油井的运行电流等，尤其是示功图、动液面及液面恢复资料，对指导油井合理开采和正常生产有着重要意义，也是进行油、水井分析时的主要依据之一。

（1）量油（液）

① 每口井每2～3天量1次油，对措施井要求在措施前、措施后10天内天天量油取样。对变化比较大的井，要加密量油、取样次数。

② 用流量计量油的井，每次量油20分钟，在计量过程中，当调整液面及压力达到计量要求，流量计走动正常后，卡准时间和流量计读数开始计量。

③ 用流量计量油，要求操作工人正确换好流程：

a. 新投产的井或检修设备后的井的量油操作，在分离器内无压力情况下必须进分离器时，应先稍开分离器进口闸门，注意观察分压上升，当分压上升到高于干线同压0.05MPa时，马上开分离器出口闸门。

b. 正常生产井的量油操作，依次开分离器出口闸门，井口闸门，稍开启平衡闸门，将多通阀倒至量油井，对准分离器中心管或开量油井的量油闸门。

c. 开流量计进出口闸门，观察液位符合要求后（应在上、下线之中），关紧旁通闸门。

用玻璃管手动量油时的注意事项如下。

a. 试井、清蜡之后1小时才能量油。

b. 经常保持分离器水包内装满水，定期更换；防止地层水浸入，使水的密度增大，影响计量的准确性。

c. 如量油玻璃管内水面上升很慢，可能是平衡闸门没打开或旁通闸门关闭不严。如果水面根本不上升，可能是下流闸门没打开或堵塞。发现以上现象，必须排除故障，重新计量。

d. 玻璃管内出现原油，一般是由于水包内水量过少。水包内水量减少是由于漏失或高温产生蒸发损失，遇到此情况应清洗玻璃管，并向水包内加足配好的水。

e. 玻璃管安装时要垂直，避免受力不均匀而断裂；量油完毕后必须将玻璃管的水位降至底部，关闭上下闸门。

（2）测气。测气仪表的种类比较多，常用的测气仪表有浮子压差计、U 形管压差计、波纹管差压计等。但就测气的基本原理来讲，都是利用空板结流的方法形成压力差，再根据节流空板直径的大小和节流空板前后压力差的高低计算出产气量。有时也采用临界速度流量计测气。

根据密闭性的不同，有低压放空测气和高压密闭两种测气方法。从操作管理方面又分为手动和自动测气两种。

目前，各油田采用波纹管差压计高压密闭测气较多。这种测气装置由波纹管，差动线圈，主、副孔板和仪器箱等组成。在主孔板前面加一个副孔板，对气流起到速流作用，以避免因气体流速和密度的变化引起流量系数发生很大的变化，以及在小管道内测气时也能保证准确度。当气体流经主、副孔板时，因节流作用，在孔板前后产生压差。这个压差是将孔板前的高压通到波纹管外腔，孔板后的低压通到波纹管内腔，使波纹管因受内、外压差而产生变形，变形的大小和孔板前后的压差成正比。波纹管变形时带动差动线圈内的铁芯作轴向（上、下）移动，产生感应电流，感应电流的大小和铁芯移动的距离成正比，经线路传给仪器箱内的微安标指出压差的大小，根据压差和孔板直径求出气量。

（3）测油压和套压。对于正常生产的抽油机井，每天录取 1 次油压和套压；对于特殊井（含气量高、出砂量大、结蜡严重或措施井），要加密观察和录取次数。录取油压和套压时，操作人员必须做到以下事项。

① 首先观察该井使用的压力表是否在安全量程范围内，如果不在安全量程范围内，要及时更换。

② 看压力值时，眼睛要正对压力表，读出指针的刻度值。

③ 一般情况下，压力表每半年校对 1 次。

（4）测动液面。抽油机井在生产过程中油套管环行空间的液面深度叫动液面。

① 测试前的准备

a. 检查仪器是否齐全完好，火药枪各部件是否良好。检查热感接收器连通情况是否良好。

b. 掌握泵深、油标数据及该井生产情况（产量、油压、套压、含水、热洗时间）。

c. 安装好火药枪；打开套管闸门后，检查井口是否漏气。

② 测试时的安全技术

a. 安装好火药枪，接通电源及热感接收器线路。

b. 将仪器的放大器开关拨到工作位置上，预热仪器。

c. 根据可测液面深度，选择好灵敏度旋转钮位置。

d. 将放大器旋钮调到适当位置，通知井口击发子弹，同时开启电动机开关进行记录。测得曲线后，关闭电动机，并把放大器旋钮置于零位。

e. 重复上述操作，取得 3~4 条重复曲线即可。

③ 测试过程中

a. 在套压高的抽油机井口，一定要用高压火药枪，套压绝对不能超出火药枪的安全工作压力。

b. 外接电源电压应与仪器额定电压相符。

c. 记录电动机为同步电动机，连续运转时间要小于 1 分钟，否则会烧坏电动机。

d. 在雨、雪天气，一般不要上井测试；如果必须测试，要穿绝缘靴，戴绝缘手套，防止触电。

e. 必须爱护仪器，严防碰撞或剧烈振动。

（5）测原油含水率。正常见水井，每 2 天取样化验一次（与量油同日进行）。含水在 95% 以上的井，前后两次化验含水波动不超过 ±1%；含水在 90%~95% 的井，波动不超过 ±1.5%，含水在 80%~90% 的井波动不超过 ±2%，含水 80%~60% 的井波动不超过 ±3%，含水 60% 以下波动不超过 ±6%。如超过，加密取样验证含水，并找出波动原因。

取样时，一律要求在井口取；先放空，把死油放净，见到新鲜油后再取样；一筒样分三次取完为合格。

（6）测电流。抽油机的运行电流每天测一次，每次要测出抽油机上冲程时的峰值电流和下冲程时的峰值电流，要求电流比值大于 85%。如果有变化，要分析原因进行解决。用钳形电流表测试电流的安全技术：

① 应将钳形电流表放平，并不受振动。

② 根据抽油机电动机的额定电流，将转换开关转至所需挡位上，使指针移至满刻度的 2/3 附近，这样可使读数比较精确。

③ 在抽油机电控箱内测上、下冲程的电流时，用钳形电流表钳入电动机三相中的一相，边观察边测上、下冲程中的峰值电流。在测量过程中，操作者要特别小心手或身体其他部位不要触碰控制箱内的裸露电源，以免触电。

④ 下雨或下雪天气测量电流时，要穿绝缘鞋和戴绝缘手套，防止箱、地潮湿有漏电伤人。

六、潜油电泵采油安全生产技术

（一）电泵井投产的安全检查及参数调整

（1）检查变压器有无渗漏，绝缘套管应无裂纹，无破损，导线紧固不虚接。

（2）试合高压隔离开关无阻卡，三相刀片同期闭合性能好，接触紧密。

（3）调整电压分接开关使输出电压能满足机组的额定电压加电缆压降，空载输出三相不平衡不大于 2%，且相序正确。

（4）测量控制电源电压应为 110V，偏移幅度应该在 -5%~10%。

（5）中心控制器上的变化选择应与电流互感器的变化相同。

（6）检查机组三相直流电阻应三相平衡。为了保证测量数值准确可靠，防止出现判断或者误判，在测量之前必须对所用仪表进行校对，合格后方可使用。

万用表水平放置，指针应准确的指向机械零点，否则应调整。

将功能选择开关和量限选择开关分别拔到 Ω 挡位和 $R \times 1\Omega$ 量程上，短接正负表笔，调整零位电位器使指针移向 Ω 表度尺的零位线上。如果调整电位器指针不能指向表度尺的零位，则是表内 1.5V 电池的电流将要耗尽，需要更换电池后重新调整，知道合格为止，否则测量结果不准确。

（7）用兆欧表测量机相对地绝缘电阻，为保证测量结果准确，测前也需校对兆欧表。

（8）保护参数的调整

① 短路保护电流的调整——因为短路电流值很大，依靠真空接触器来分断短路电流是极不安全的，所以短路电流是依靠电源自动开关分断。按机组额定电流的 5～7 倍调整电源开关下端的瞬时电流脱扣器的调节旋钮至对应的数值上，这样不但能躲过启动电流的冲击，又可保证负载发生短路时能安全可靠的跳闸。

② 欠载恢复自启动延迟时间的调整——欠载恢复自启动延迟时间是根据油井供液状况决定的。井液恢复得慢，再启动时间要适当延长；井液恢复得快，再启动间隔时间可以减小。但是恢复再启动延迟时间不得小于 1 小时。避免因频繁启动而将机组烧毁。

③ 过载电流值的调整——合通电源开关和控制电源开关，将运转方式选择开关向左转动 $45°$，将中心控制器上的功能选择开关顺时针转到"过载"挡位上，按机组额定电流的 12%，调整过载整定电位器至对应的数值上。

④ 欠载电流值的调整——将中心控制器上的功能选择开关顺时针转到"过载"挡位上，先按机组额定电流的 0.5 倍调整欠载电流值，等机组启动稳定后，再按机组实际运转电流值的 0.8 倍重新整定欠载电流值。

⑤ 将中心控制器上的变化选择开关调整到与控制柜电流互感器变比相同的挡位。

⑥ 过载延迟动作时间调到 2～5 秒。

⑦ 欠载延时动作时间调到 10～30 秒。

⑧ 上足记录仪上的时钟法条，将走纸速度扳道 168h/r 的挡位上（新机组投产前三天调到 24h/r 的挡位上）。

⑨ 控制柜投产前的空载实验：空载实验的目的是为了检验控制柜的性能是否达到投产要求，不允许因地面设备的性能差而影响机组的运转。运转方式选择开关扳到手动位置，按下启动按钮，真空接触器吸合，绿色运转信号灯亮。用万用表交流 2500V 电压挡，在接线盒处测量三相电压应平衡，依次检验真空接触器吸合触头闭合功能的完整性。延时 10～30 秒后欠载停机，绿色运转信号灯熄灭，黄色欠载信号灯亮，证明控制柜欠载功能完好。

⑩ 欠载恢复自动启动功能的实验：欠载恢复自动启动的时间电位器逆时方向调到极限位置，将运转方式选择开关向右扳到自动挡位上，计时电路开始欠载自动恢复计时，到设定的延时后（1分钟），真空接触器自动吸合，绿色运转灯亮。10～30秒后欠载停机，绿色运转灯灭，黄色欠载灯亮，延时1分钟后重复上述步骤选择开关，控制电源开关和主电源开关。做上述实验时要特别注意安全，应做到一人操作一人监护。

（二）投产程序

（1）用清水替出井内压井液和死油及其他污物，直至到放空管线返出的井液不见泥浆、杂物为止。

（2）清除井口周围污油，安装油嘴、油压表、套压表、回压表及套管定压放气阀，同时打开总闸门和生产闸门。

（3）合上高压隔离开关和控制柜上的电源开关，复查三相电源电压应符合要求。

（4）闭合控制电源开关，将运转方式选择开关向左扳到手动位置，复查控制电源、过载电流整定值、欠载电流整定值符合规定要求。

（5）上好电流卡片，对准时间分格做好起始标记。

（6）按下启动按钮，真空接触器吸合，绿色运转信号灯亮。电流记录仪表显示机组的运转电流。

（7）在接线盒处测量机组三相工作电压，三相不平衡度不大于2%，偏移幅度在−5%～10%以内。

（8）用钳型电流表分别测量机组的三相运转电流应平衡，不平衡度不得大于5%。

（9）转动中心控制器的功能选择开关，检查显示的A、B、C三相电流要平衡，三相误差不得大于3%。

（10）钳型电流表实测的运转电流值，与电流记录仪表记录的电流值和中心控制器上显示的电流值应一致，误差不得超出3%。

（11）机组启动运转正常后，关生产闸门进行憋压实验，验证机组扬程，油压上升速度符合表2-2规定为合格。憋压时为了防止发生意外人身伤亡事故，操作人员不要正面对着闸门，要站在闸门的侧面操作，关井憋压不得超过10分钟。机组启动运转60分钟稳后，按实际测量运转电流值的0.8倍重调欠载整定电流值。量油核实机组的实际排量，记录投产后的运转电压、电流、油压、套压和回压。

表 2-2　油压上升速度规定

机组扬程/m	时间/min	憋压/MPa
800	1	8
1000	1	1
15	5	15
2000	10	20

（三）电泵井的生产运行维护与管理

（1）电泵井要有经过技术培训和安全考核并取得操作合格证的专业电泵维护人员进行维护操作。电泵井的操作要严格执行安全操作规程：启动电泵时，先合高压隔离开关、主电源开关、控制电源开关、运转方式选择开关和启动按钮开关；停电泵时，先关断运转方式选择开关、控制电源开关和主电源开关，最后断开高压隔离开关。电泵机组在运转过程中，严禁带负载拉电源主开关和高压隔离开关。机组停运以后高压隔离开关的操作手柄要锁住，控制柜上要挂停机或停电告示牌。

（2）值班人员每班都要对电泵井的地面设备进行一次巡回检查，夜间巡视时要特别注意高压隔离开关、熔断器及各连线点有无电弧闪烁。

（3）变压器的维护检查内容及部位：检查油位高度应符合规定的环境温度线；油质清晰透明无杂质，无水沫痕迹呈浅红色。

导线连接不松动，无氧化，无腐蚀；绝缘套管清洁，无破损，无裂缝，无渗漏，无放电痕迹。干燥器无破损渗漏，干燥剂不失效，颜色呈白或蓝色。接地线紧固无虚接，运行温升要在规定范围内。运行声音正常，无异常变音声调。

（4）利用停电或机组停运时间测绕组对地绝缘电阻，热态下测量的数据不得低于原始测量值的70%。用双臂电桥测量电压分接开关各挡位之间的直流电阻应平衡，依次检验各挡回路之间的完整性。

（四）控制柜及井口的维护与检查

（1）定期更换电流卡片，为了保证记录数据的准确性，每次更换卡片都要进行零位校正，并建立单井机组运转卡，写明井号、机组名称、额定排量、扬程、电动机功率、额定电压、额定电流、泵挂深度、油嘴尺寸、投产日期，作为维护检查的原始依据。

（2）定期、定时检查并记录机组的运转电压和电流，记录油压、套压和回压，根据井口排液声音的大小和压力的变化情况随时掌握分析机组的运转动态。并根据油井的结蜡情况，合理地制定清蜡时间和措施。

（3）检查控制柜内部各单元电路绝缘无损伤，导线及接点不发热，无焦臭气味；真空接触器吸合稳定，无振动，无噪声。

（4）检查中心控制器各种功能完整，各项参数显示清晰准确。

（5）利用停电或机组停运空隙时间，清扫控制柜内的有害尘埃；紧固主回路、控制回路的接点螺钉，防止因虚接而产生过热氧化。

（6）验证瞬时过电流脱扣器的灵敏性与可靠性。方法是合通电源开关，用手指向下压动任意一相脱扣器的衔铁，开关应瞬时跳闸，这时不管操作手柄处于什么位置，都应使静动触头分断。

（7）按时测量电泵井的动液面、流压和静压，掌握电泵井的供液状况。

（五）机组过载与欠载故障的检查程序

机组在运转过程中出现故障停机后，为了避免故障进一步扩大，在没有查清故障原因前，禁止二次启动机组，并应保存好故障停机时的电流卡片，作为分析诊断故障停机的原始依据。

1. 机组出现过载故障的检查程序

（1）检查中心控制器上的过载整定电流值是否因整定偏低而引起过载停机。

（2）检查电源电压是否正常，有无偏高、偏低、缺相或三相出现较大幅度的不平衡。如用熔断器做短路保护则应检查其完好性。

（3）检查控制电源电压是否正常，中心控制器的性能是否出现异常改变而引起错误动作。

（4）检查电源开关的短路整定电流值是否正确。

（5）检查和验证真空接触器触头闭和的可靠性，是否因需接、断相导致电流升高。方法是拆除接触器上端电源线并用绝缘胶带包好。合通电源开关、控制电源开关及运转方式选择开关，启动接触器使之吸合。用万用表欧姆挡 R×1Ω 量程，分别测量各相静动触头之间的接触电阻，正常时表针应指向零欧姆，如果某一相能测出一定的阻值，则是因接触器出现单相而引起过载故障。如果地面检查发现不了故障原因，就可重点检查井下机组。

（6）在接线盒处断开地面与井下的连接电缆，测量机组的三相直流电阻，测量前需按规定校对仪表。为了保证测量的准确性，防止因井液流动产生的测量误差，必须关生产闸门。因为被测机组是集感性与容性为一体的负载，测量时必然引起仪表的零点漂移，所以每测完一相都要重新校对一次零点然后再测下一相。所测阻值不平衡度不得大于 2%，如果超出此值则可认为是匝间短路故障，如测不出阻值或阻值很大则是开路故障。

（7）按规定检查对地绝缘电阻，新机组应大于 500MΩ，运转中的机组应大于 2.5MΩ。

（8）检查分析卡片上的电流运行曲线，是线性过载还是瞬时过载曲线。如果是线性过载曲线，则应重点分析验证是否因油井出砂严重，电动机或泵轴窜动引起顶轴、偏磨或因套变机组在弯曲井段运转、蜡堵等原因，导致负载摩擦阻力增大引起过载停机。

（9）检查是否因地面管线堵塞引起电流升高，如果是新井投产则应重点分析是否因泥浆替喷不净吸入口受到污染后受阻，导致电流增加。经过上述检查以后如无异常发现或异常改变，可以二次启动机组。如果按下启动按钮，既出现瞬时脱扣跳闸，则是机组出现机械性损伤造成卡泵故障。无论是电气性故障还是机械性损伤，都要由采油队和电泵队派出技术人员共同鉴定，确认无误以后，方可提出作业检泵报告。

2. 机组出现欠载故障的检查程序

（1）根据卡片上的电流曲线，检查中心控制器的欠载额定电流是否正确，如果额定电流正确，启动后再次出现欠载停机，则应检查欠载恢复时间是否调的过长。

（2）调查分析地下供液状况，是否因供液不足造成欠载停机。

（3）检查核实机组的设计排量与油井供液是否匹配。

（4）检查套管压力和电流曲线状态，分析是否因气体影响严重产生气蚀导致电流下降。

（5）关井憋压验证泵效，根据油压上升速度，分析泵效是否正常。压力升到某一值时，停机观察油压泄漏情况，分析管柱、泄油阀或测压阀有无漏失。

（6）关井憋压验证电动机以上保护器、分离器和泵是否出现断轴，使机组在空载状态下运转。

（7）调查了解机组是否因运转年限而机械磨损严重，效率下降，处于半空载状态下运转。

（8）新井投产后就出现欠载，则应分析验证吸入口是否被堵，活门下移或没有完全捅开，导致抽空而引起欠载停机。

（六）电泵井测压的安全技术

压力资料对分析和掌握油田地下情况及电泵井的生产动态十分重要，必须取全取准这些资料才能保证电泵井的高效运转。

1. 测压前的安全检查与准备

检查防喷管、扒杆、绷绳的牢固与可靠性，滑轮的灵敏性；检查转数表的准确性，绞车与钢丝的完好性。检查井口设备无渗漏，闸门开关要灵活。了解并掌握被测电泵井的管柱结构，测压阀型号及准确深度和油井的地面流程。

掌握电泵井测压前的生产动态、产液量、油压、套压、含水及憋压情况。如果被测电泵井的结蜡严重，则应提前与采油队取得联系做到先清蜡、后测压，保证压力计起下顺利。对电泵井测压前录取的各项参数做好记录，以备与测压完后录取的资料进行比较。

2. 现场测压的安全技术

（1）准备好经过校验的机械压力计和测压时钟各一只，0.5m 长的加重杆、绳帽各一支，及测试用工具。

（2）用 $\phi18mm$ 捅杆检查连接器盘根的过盈量，用调整螺母使过盈量达到要求。

（3）从绳帽依次连接加重杆、压力计（不带防震器）、连接器。

（4）打开防喷管堵头，放入装好的测压仪器，打开清蜡闸门，校对转数表，用绞车将压力计送入井下，注意下放速度不得过快，以 0.8m/s 为宜，避免钢丝打扭。

（5）当压力计下到测压阀工作筒以上 5～10m 处时，先停 5 分钟测油管的流压，接着继续下放（速度保持平稳，不要过快，以 0.5m/s 为宜）。坐入工作筒之后停 5～10 分钟，此时测得的压力为套管流压。为了保证测试的成功率，一般要求重复测试 3 次以上。最后上提 100m 停 5 分钟，测出油管流压梯度。

（6）测量结果以后将测压仪器提到井口，关闭蜡闸门并放空，取出仪器并检查测压卡片。

3. 投捞堵塞器的安全技术

（1）准备震击器和 1m 长加重杆各一支。

（2）详细检查打捞器卡瓦是否灵活安全可靠。

（3）将打捞器依次连接震击器、加重杆、绳帽和录井钢丝。

（4）将下井工具以比较快的速度下放，直接坐在工作筒上，如果下放速度慢可关井下入。

（5）用手下压录井钢丝 2～3 次，使震击器震击打捞器，使其捞住测压阀堵塞器。

（6）起出下井工具，检查堵塞器。

（7）从井口重新投入合格的测压阀堵塞器。

（8）将打捞器的卡瓦卸掉以后，再下放井内，停泵震击堵塞器 2～3 次，使堵塞器在工作筒内坐牢，直到井口观察的油压、套压恢复到正常。

4. 安全注意事项

（1）用 CY-613 压力计配套测压时，可以不用防震器，因为连接器内已有缓冲弹簧起防震作用。另外取消防震器后，弹簧的反作用力减小，能够保证测试成功率。

（2）下井仪器起下速度要适当掌握，当仪器坐入和上提时要特别注意，速度不宜过快，因为下入速度过快或猛蹲，不仅会损坏压力计，而且还会造成测压卡片的剧烈抖动，引起曲线图形失真和不清晰，导致错误判断。起压力计时，如果速度过快会造成撞击防喷管，拔断钢丝的事故，出现井下落物，严重时还会对井口操作手的人身安全造成危害。因此要求测试仪器上提距井口 30m 时，应该用手摇绞车取出仪器，确保测试仪器和人身的安全。

（3）再次下井前都应按规程要求对连接器的盘根进行详细检查，对损坏和不合乎要求的一定要换，确保盘根的密封性能。

（4）每次测压结束之后都应进行憋泵和量油，检验泵效和排量是否正常。

5. 电泵井的安全管理制度

电泵井转入正常生产管理以后，合理的规章制度是必不可少的，这样不但可以促进管理水平的提高，而且还可以帮助分析掌握电泵井的运转动态，提高电泵井的安全生产率。

（1）控制柜要有良好的接地线。

（2）井场周围 5m 内不得有油污和其他易燃物品。

（3）严禁在井场周围吸烟和动用明火，井口不渗油、不漏气。

（4）电泵井的正常启动与停井，由岗位值班人员或者专业人员进行操作。

（5）启动顺序是主电源开关→控制电源开关→运转方式选择开关→启动按钮。

（6）停机顺序是运转方式选择开关→控制电源开关→主电源开关，严禁带负载拉闸。

（7）每班应对变压器、控制柜、接线盒进行一次巡回安全检查，发现问题及时向有关部门反映。

（8）定期对电泵机组的短路、过载、欠载保护整定值进行检查；发现问题及时纠正。

（9）机组出现过载停机故障时一定要查明故障原因，严禁随意二次启动。

（10）机组出现欠载停机时，值班人员经过查明允许在启动一次；当如果发生频繁的欠载停机，应上报上级业务部门查找原因。

第三章
石油化工生产安全技术

Chapter 03

第一节　石油化工单元操作安全技术

> 　　石油化工单元操作是指各种石油化工生产中，加热、冷却、冷凝、冷冻、筛分、过滤、粉碎、混合、物料输送、干燥、蒸发与蒸馏等方面的工艺作业。

这些环节的安全与否，直接关系到石油化工企业的安全生产。

一、加热、冷却和冷凝安全

1. 加热

加热是控制温度的重要手段，其操作的关键是按规定严格控制温度的范围和升温速度。温度过高会使化学反应速度加快；若是放热反应，则放热量增加，一旦散热不及时，温度失控，就会发生冲料，甚至会引起燃烧和爆炸。

2. 冷却和冷凝

冷却与冷凝两者的主要区别在于被冷却的物料是否发生相的改变。若发生相变（如气相变为液相）则称为冷凝，若只是温度降低而无相变则称为冷却。根据冷却与冷凝所用的设备，可分为直接冷却与间接冷却两类。尽管冷凝、冷却的操作在炼厂生产中是一种相当重要的中间工艺过程，不仅涉及原材料定额消耗，产品收率，而且一旦失控，将严重地影响到安全生产过程。

保证冷却与冷凝设备安全生产基本管理措施如下。

（1）根据被冷却物料的温度、压力、理化性质以及所要求冷却的工艺条件，正确选用冷却设备和冷却剂。

（2）对于腐蚀性物料的冷却，最好选用耐腐蚀材料的冷却设备，如石墨冷却器、塑料冷却器，以及用高硅铁管、陶瓷管制成的套管冷却器和钛材冷却器等。

（3）严格注意冷却设备的密闭性，不允许物料窜入冷却剂中，也不允许冷却剂窜入被冷却的物料中（特别是酸性气体）。

（4）冷却设备所用的冷却水不能中断，否则，反应热不能及时导出，致使反应异常，系统压力增高，甚至产生爆炸。另一方面冷凝、冷却器如断水，会使后部系统温度增高，未冷凝的危险气体外逸排空，可能导致燃烧或爆炸。

（5）开车前首先应清除冷凝器中的积液，再打开冷却水、然后通入高温物料。

（6）为保证不凝可燃气体排空安全，可充氮保护。

（7）检修冷凝、冷却器时，应彻底清洗、置换，切勿带料焊接。

二、干燥、蒸发与蒸馏安全

1. 干燥

在生产中将固体和液体分离的操作方法称为过滤。要进一步除去固体中液体的方法称为干燥。干燥操作有常压和减压，也有连续与间断之分。用来干燥的介质有空气、烟道气等，此外还有升华干燥（冷冻干燥）、高频干燥和红外干燥等。

干燥过程中要严格控制温度，防止局部过热，以免造成物料分解爆炸。

2. 蒸发与蒸馏

（1）蒸发。蒸发是借加热作用使溶液中所含溶剂不断气化，以提高溶液中溶质的浓度，或使溶质析出的物理过程。凡蒸发的溶液其溶质在浓缩过程中可能有结晶、沉淀和污垢生成，这些都能导致传热效率的降低，并产生局部过热，促使物料分解、燃烧和爆炸，因此要控制蒸发温度。为防止热敏性物质的分解，可采用真空蒸发的方法，降低蒸发温度，或采用高效蒸发器，增加蒸发面积，减少停留时间。对具有腐蚀性的溶液，要合理选择蒸发器的材质。

（2）蒸馏。蒸馏是借液体混合物各组分挥发度的不同，使其分离为纯组分的操作工艺过程。对不同的物料应选择正确的蒸馏方法和设备。在处理难于挥发的物料时（常压下沸点在150℃以上）应采用真空蒸馏，这样可以降低蒸馏温度，防止物料在高温下分解、变质或聚合。

在处理中等挥发性物料（沸点为100℃左右）时，常采用常压蒸馏。对于沸点低于30℃的物料，则应采用加压蒸馏。

第二节　常减压蒸馏安全管理

常减压蒸馏装置是石油加工中最基本的工艺设备，随着减压蒸馏技术的改造和发展、原油蒸馏装置的平均能耗大幅下降、轻油拔出率和产品质量大大提高，但危险危害因素也随之增加。

常减压蒸馏装置存在的主要危险因素，根据不同的阶段，存在不同的危险因素，避免或减轻这些危险因素的影响，可以采取相应的一些安全预防管理措施。

一、开工危险因素及其防范

常减压装置的开工按照以下顺序步骤进行。

开工前的设备检查→设备、流程贯通试压→减压塔抽真空气密性试验→柴油冲洗→装置开车。

装置开车的顺序是：原油冷循环→升温脱水→250℃恒温热紧→常压开侧线→减压抽真空开侧线→调整操作。

在开工过程中，容易产生的危险因素主要是：机泵、换热器泄漏着火、加热炉升温过快产生裂纹等，其危险因素和安全预防管理措施见表3-1。

表 3-1　开工时的主要危险因素及安全预防管理措施

危险因素	事故原因	产生后果	安全预防措施
油品泄漏	1. 开工操作波动大，检修质量差或垫片不符合质量要求 2. 改流程，设备投用或切换错误造成换热器憋压	换热器憋压漏油，特别是自然点很低的重要油泄漏，易发生自燃引起火灾	1. 平稳操作 2. 加强检修质量的检查 3. 选择合适的垫片 4. 改流程、设备投用或切换时，严格按照操作规程执行
蒸汽试压给气过大	开工吹扫试压过程中，蒸汽试压给气过大	吹翻塔盘，开工破坏塔的正常操作，影响产品质量	调小给气量
机泵泄漏着火	1. 端面密封泄漏严重 2. 机泵预热速度太快 3. 法兰垫片漏油 4. 泵体砂眼或压力表焊口开裂，热油喷出 5. 泵排空未关，热油喷出着火	机泵泄漏着火	1. 报火警灭火 2. 立即停泵。若现场无法停泵，通过电工室内停电关闭泵出入口。启动备用泵 3. 若泵出入口无法关闭，应将加热器熄火，切断进料。灭火后，迅速关阀

二、停工危险因素及其防范

常减压蒸馏装置的停工程序为：原油降量→常压降温停侧线→减压降温消除真空度→停侧线。

在停工过程中，容易产生的主要危险因素有：炉温降低过快导致炉管裂纹，洗塔冲翻塔盘。停工主要危险因素及安全预防管理措施见表3-2。

表 3-2　停工时的主要危险因素及安全预防管理措施

危险因素	事故原因	产生后果	安全预防措施
停工时炉管变脆断裂	停工过程中，炉温降温速度过快，可能会造成高铬炉管延展性消失而硬度增加，炉管变脆，炉管受到撞击而断裂	炉管出现裂纹或断裂	1. 停工过程中，炉温降温不能过快，按停工方案执行 2. 将原炉重新缓慢加到一个适当的温度，然后缓慢降温冷却，可以使炉管脆性消失而恢复延展性，继续使用 3. 停工，将已损坏的炉管更换
停工蒸洗塔时吹翻塔盘	停工蒸洗塔过程中，蒸汽量给的过大，又发生水击，吹翻塔盘	停工蒸洗塔时吹翻塔盘	适当控制吹气量

三、生产中的危险因素及其防范

开工正常生产过程中的主要危险因素及其安全预防管理措施见表 3-3。

表 3-3　开工生产过程中的主要危险因素及其安全预防管理措施

危险因素	事故原因	产生后果	安全预防措施
原油进料中断加热炉炉管结焦	原油进料中断	塔底液位急剧下降,造成塔底泵抽空,加热炉进料中断,出口温度急剧上升	1. 加强与原油罐区的联系,精心操作 2. 若发生原油进料中断,联系原油罐区尽快恢复并减低塔底抽出量,加热炉降温灭火
	处理量过低,炉管内油品流速低 加热炉进料偏流 加热炉火焰扑炉管 原料性质变重	结焦严重时会引起炉管破裂	炉管注汽增加加热炉炉管内油品流速,防止结焦 保持炉膛温度均匀,防止炉管局部过热而结焦,防止物料偏流
炉管破裂	1. 炉管局部过热 2. 炉管内油品流量少,偏流,造成结焦,传热不好,烧坏漏油 3. 炉管质量有缺陷,炉管材料等级低,炉管内油品高温冲蚀,炉管外高温氧化爆皮及火焰冲蚀,造成砂眼及裂口 4. 操作超温超压	烟囱冒黑烟,炉膛温度急剧上升	1. 多火嘴、奇水苗可防止炉管局部过热造成撕裂 2. 选择合适材质的炉管 3. 平稳操作,减少操作波动
瓦斯带油	瓦斯罐排凝罐液位上升,未及时排入低压瓦斯罐网 瓦斯罐排凝罐加热盘管未投用	烟囱冒黑烟,炉膛变正压,带油严重时,炉膛内发生闪爆,防爆门打开,甚至损坏加热炉	1. 控制好瓦斯罐排凝罐液面,及时排油入低压瓦斯罐网 2. 投用瓦斯罐排凝罐加热盘管 3. 瓦斯带油严重时,要迅速灭火,带油消除后恢复正常工作
分馏塔冲塔真空度下降	1. 原油带水 2. 塔顶回流带水 3. 过热蒸汽带水,塔底吹汽量过大 4. 进料量偏大,进料温度突然变化	1. 塔顶压力升高 2.油品颜色变深,甚至变黑	1. 加强原油脱水 2. 加强塔顶回流罐切水 3. 调整塔底吹汽量 4. 稳定适当进料量和进料温度 5. 控制好塔底液位
	1. 塔底吹汽量过大(湿式、微湿式),或炉管注气量过大(湿式),汽提塔吹汽量过大(润滑油型),或炉出口温度波动或塔底液面波动 2. 抽真空蒸汽压力不足或中断,减顶冷却器气化,抽真空器排凝器气线堵,设备泄漏倒吸空气	1. 破坏塔的正常操作,影响产品质量 2. 倒吸空气造成爆炸	1. 保持适当的吹汽量,稳定的抽真空蒸汽,稳定的炉温 2. 调整好抽真空系统的冷却器,保证其冷却负荷 3. 加强设备检测维护

危险因素	事故原因	产生后果	安全预防措施
汽油线憋压	管线两头阀门关死,外温高时容易憋坏管线	管线爆裂,汽油流出,易起火爆炸	夏季做好轻油的防憋压工作
减压塔水封破坏	1. 水封罐放大气线中存油凝线或堵塞,造成水封罐内压力升高,将水封水压出,破坏水封 2. 水封罐放大气额瓦斯含对人有害的硫化氢,将其高点排空,排空高度与一级冷却器平齐。若水封罐内的减顶油污排放不及时,污油憋入罐内,当污油积累至一定程度时,水封水被压出,水封水变油封,影响末级真空泵工作	易造成空气倒吸入塔,发生爆炸事故	1. 加强水封罐检查 2. 水封破坏,迅速给上水封水,然后消除破坏水封的原因 3. 若水封罐放大气线堵或凝,迅速处理畅通 4. 水封变油封,迅速拿净罐内存油,并检查大气线是否畅通
常顶空冷器蚀穿漏油转油线蚀穿	油品腐蚀,制造质量有问题或材质等级低	漏油严重时,滴落在高温管线上引起火灾	1. 做好原油一脱四注工作,加大防腐力度 2. 报火警消防灭火,汽油罐给水幕掩护(降温)原油降量,常炉降温,关小常底吹汽,降低常顶压力,迅速切换漏油空冷器,灭火后检修空冷器
	转油线高速冲刷及高温腐蚀穿孔,制造质量有问题或材质等级低		1. 做好防腐工作 2. 选择适当材质 3. 将漏点处补板焊死或包盒子处理

四、设施设备防腐安全技术

随着老油田原油的继续开采,原油的重质化、劣质化日益明显,原油的含酸介质量不断增加,加上对具有高含酸量的进口高硫原油的加工,都对设备的防腐提出更高的要求。原油中引起设备和管线腐蚀的主要物质是无机盐类及各种硫化物和有机酸等。常减压装置设备腐蚀及其安全预防管理措施见表3-4。

五、机泵易发生的事故及其处理

机泵是整个装置中的动设备,相对装置的其他静设备如塔等、更容易发生事故。常减压蒸馏装置机泵的事故及可以采取的处理措施见表3-5。

表 3-4　常减压装置设备腐蚀及其安全预防管理措施

腐蚀部位	腐蚀原因及结果	防腐预防管理措施
初馏塔顶、常压塔顶以及塔顶油气馏出线上的冷凝冷却系统	蒸馏过程中,原油中的盐类受热水解,生成具有强烈腐蚀性的 HCl,HCl 与 H_2S 在蒸馏过程中随原油的轻馏和水分一起挥发和冷凝,在塔顶部和冷凝系统易形成低温 HCl-H_2S-H_2O 型腐蚀介质,使塔顶及塔顶馏出线上的冷凝冷却系统壁厚变薄,降低设备壳体的使用强度,威胁生产安全。原油中的硫化物(参与腐蚀的主要是 H_2S、元素硫和硫醇等活性硫及易分解为 H_2S 的硫化物)在温度小于 120℃且有水存在时,也形成低温 HCl-H_2S-H_2O 型腐蚀介质	在电脱盐罐注脱盐剂、注水、注破乳剂,并加强电脱盐罐脱水,尽可能降低原油含盐量。在常压塔顶、初馏塔顶、减压塔顶挥发线注氨、注水、注缓蚀剂,这能有效抑制轻油低温部位的 HCl-H_2S-H_2O 型腐蚀
常压塔和减压塔的进料及常压炉出口减压炉转油线等高温部位的腐蚀	硫化物在无水的情况下,温度大于 240℃时开始分解,生成硫化氢,形成高温 S-H_2S-RSH 型腐蚀介质,随着温度升高,腐蚀加重。当温度大于 350℃时,H_2S 开始分解为 H_2 和活性很高的硫,在设备表面与铁反应生成 FeS 保护膜,但当 HCl 或环烷酸存在时,保护膜被破坏,又强化了硫化物的腐蚀,当温度达到 425℃时,高温硫对设备腐蚀最快	为减少设备高温部位的硫化物和环烷酸的腐蚀,要采用耐腐蚀合金材料
1. 常压柴油馏分侧线和减压塔润滑油馏分侧线及侧线弯头处 2. 常压炉出口附近的炉管、转油线,常压塔的进料线	220℃ 以上时,原油中的环烷酸的腐蚀性随着温度的升高而加强,到 270～280℃时腐蚀性最强。温度升高,环烷酸气化,液相中环烷酸浓度降低,腐蚀性下降。温度升至 350℃时环烷酸气化增加,气相速度增加,腐蚀加剧。温度升至 425℃时,环烷酸完全气化,不产生高温腐蚀	为减少设备高温部位的硫化物和环烷酸的腐蚀,要采用耐蚀合金材料

表 3-5　常减压蒸馏装置机泵的事故及处理

故障现象	产生原因	处理措施
泵抽空或不上量	1. 启动泵时未灌满液体 2. 叶轮装反或介质温度低黏度大 3. 泵反向旋转 4. 泵漏进冷却水 5. 入口管路堵塞 6. 吸入容器的液位太低	1. 重新灌满液体 2. 停泵联系钳工处理或加强预热 3. 重新接电动机导线改变转向 4. 停泵检查或重新灌泵 5. 停泵检查排除故障 6. 提高吸入容器内液面
泵体振动大、有杂音	1. 泵与电动机轴不同心 2. 地脚螺栓松动 3. 发生气蚀 4. 轴承损坏或间隙大 5. 电动机或泵叶轮静不平衡 6. 叶轮松动或有异物	1. 停泵或重新找正 2. 将地脚螺栓拧紧 3. 憋压灌泵处理 4. 停泵更换轴承 5. 停泵检修 6. 停泵检修,排除异物

故障现象	产生原因	处理措施
密封泄漏	1. 使用时间长,动环磨损 2. 输送介质有杂质,磨损动环产生沟流 3. 密封面或轴套结垢 4. 长时间抽空 5. 密封冷却水少	1. 换泵检修 2. 停泵换泵处理 3. 调节冷却水

第三节　催化裂化安全管理

催化裂化是炼油厂提高原油加工深度的一种重油轻质化的工艺。催化裂化过程中,既存在催化剂硫化过程,同时还不断进行着化学反应,工作条件较为恶劣。由于高温、带压力操作,而且物料大部分为甲类危险品,生产过程中会产生有毒有害气体,如 H_2S 等,所以催化裂化装置在炼厂设备中是易出现事故的装置,设备的故障率也较高。

催化裂化装置除了易发生物料泄漏事故外,由于催化剂磨损和油气结焦而造成设备泄漏和堵塞事故也是其常见的事故。

一、开工危险因素及其防范

开工时,装置从常温、常压逐渐升温、升压至正常操作值。物料、催化剂、水、电、汽逐步引入装置。在此阶段,操作参数变化较大,物料的引入、引出比较频繁,较易产生事故。

通常反应　再生的主要开工流程步骤如下。

气密试验→拆除盲板建立汽封→点燃辅助燃烧炉实现两器升温→原料油经加热后进入提升管反应器,与来自再生器的高温催化剂($600\sim730℃$)接触并立即气化→油气携带催化剂一起向上流动,边流动,边反应→出提升管后进入沉降器→经气—固分离后气态形式的产物从沉降器顶部排出进入油的分馏系统。

各阶段易发生的事故分析如下。

(1) 拆除盲板建立汽封。拆除油气管线去分馏塔的盲板。为了防止空气窜入分馏塔,需要建立分馏塔与反应器的汽封。同时,分馏塔的蒸气有一部分将由反应油气管线返回至反应器,此时要在油气管线的顶部进行放空时,需要控制分馏塔压力大于反应器的压力,以防止回炼油循环时,油窜入分馏塔内,由蒸气携带进入反应器和再生器而烧坏设备。

(2) 反应器赶空气切换汽封。此阶段操作需要关掉反应器顶和油气管线的放空阀。如操作不当,会引起分馏塔超压,导致塔顶安全阀起跳。另外,如果空气没有置换完,再生器中空气可能窜入反应器再进入分馏塔,这将导致严重事故的发生。

(3) 提升管喷油。此阶段主要产生故障的原因是由于进油量过大,造成分馏部分的物料和热平衡难以控制，使顶回流抽空、冲塔而导致切断进料。

综上所述，操作方法和技术设备的改进，是避免事故发生的最重要安全预防措施之一。现在不少炼厂采用新的省去建立汽封、切换汽封频繁操作的开工工艺方法，从而不但避免了事故的发生，而且大大节约了开工的时间。

现将开工过程中危险因素及防范措施见表3-6。

表3-6　开工过程中危险因素及防范措施表

危险因素	产生后果	安全预防管理措施
1. 建立汽封时，分馏部分原料油窜入反应—再生部分	两器超温、升温速度控制不住，将烧坏反应—再生内构件	1. 采用新开工方法 2. 原料油循环在塔外，由分馏塔底排凝可监视原料油是否窜入塔内
2. 辅助燃烧室点火困难，易造成点火爆鸣	严重时将损坏再生器内构件	1. 检查好瓦斯阀不能内漏 2. 严格执行操作规程 3. 改用新型电打火器
3. 反应器赶空气不净，再生器窜烟气至反应器	残余空气进入分馏塔，分馏塔顶有瓦斯、FeS等，易燃，会烧坏回流罐和分馏塔出线，严重将造成分馏部分爆炸	1. 采用新开工方法 2. 控制好反应—再生压力，使得反应压大于再生压 3. 延长赶空气时间 4. 检修时彻底清除设备中的FeS
4. 燃烧油带明水	造成辅助燃烧室油火熄灭，喷燃油时，再生器床层温度不增高反下降	备好燃烧油，保证质量设置专人做好燃烧油罐脱水
5. 提升管进料过快，量过大	分馏塔顶超温，顶回流，泵抽空，分馏塔冲塔，被迫切断进料	1. 控制好提升管进料 2. 适当减少反应、分馏吹汽量 3. 保证分馏塔顶冷却系统完好，确保汽和油冷却温度

二、停工危险因素及其防范

催化裂化装置停工时，装置将由正常的操作状态通过逐渐降温、降压的过程来实现。由于该过程中操作参数变化较大，系统处于不稳定的操作状态，因而是事故易发阶段。因此在该过程中主要应注意以下一些问题。

（1）保证反应器的蒸气吹扫时间。在保证完全吹扫干净反应器的油气的同时，必须尽量抽完分馏塔内的残存油。此外，还必须注意关注分馏塔的温度，只有当分馏塔的温度下降到200℃以下时，才能进行安装油气管线盲板的工作。

（2）安装盲板时应切断反应器和再生器，适当给气，保持反应器和分馏塔存在微压，以便使反应器和分馏塔顶有少量蒸气吹出。

（3）分馏塔吹扫后一般要进行水洗，以避免残存的FeS因干燥而发生自燃。

（4）装置后部吸收塔，再吸收塔、脱硫系统内的硫化氢必须处理干净，以免发生操作人员中毒的严重事故。

三、生产中的危险因素及其防范

正常生产时催化裂化装置的各工艺参数比较稳定，但是在长周期运转过程中，受工艺设备、公用工程条件、加工量调节、人员操作水平、仪表可靠度等诸多因素的影响，仍会存在或产生一些影响安全生产的因素。

1. 反应-再生单元

催化裂化装置在操作过程中必须注意保持物料平衡、热平衡和压力平衡，而物料平衡是三大平衡的基础，这关系到反应-再生单元的安全生产。在正常操作过程中首先要防止反应-再生单元发生超温、超压。另外，由于两器（反应器和再生器）出于绝热和防止催化剂磨蚀的目的，都在两器内衬有绝热耐磨衬里，而若发生衬里脱落，将可能堵塞催化剂的斜管，从而极易造成设备的紧急停工。因此良好的施工和平稳的操作就成为一个必须注意的重要问题。反应-再生单元的主要故障及其安全预防管理措施见表 3-7。

表 3-7　反应-再生单元主要故障及防范

设备名称	故障现象	故障原因及其后果	安全预防管理措施
反应器（沉降式）	提升管温度过高	1. 进料量减少 2. 再生剂循环量过大，易造成分馏系统大幅波动，只产气体，下部液体少、冲塔等事故	1. 提高进料量 2. 检查再生滑阀是否出现问题，改手动操作
	提升管温度过低	1. 原料油带水严重 2. 再生器循环量减少或中断，造成沉降器压力上升，气提段储藏量急降，待生剂带油	1. 原料带水 （1）换罐 （2）适当降低进料 （3）提高原料温度或提升管温 （4）减少再生剂去再生器的量 （5）重催低于 485℃ 启动原料自保连锁切断进料 2. 再生剂循环量减少或中断 （1）检查再生滑阀并且手动控制 （2）滑阀无问题考虑是否是再生管被堵塞，尤其是滑阀无问题，催化剂中断，应停工处理
	压力波动大	1. 原料带水 2. 反应温度波动 3. 分馏塔液面高 4. 分馏冷回流启动大或空冷出现问题 5. 气压机故障停车，易造成反应-再生压力在再生器波动大、沉降器油气压力波动大、再生器超温、烧坏设备 6. 沉降器旋风分离器工作不稳定将造成油浆中固体含量增加，若处理不好，易造成分馏油浆系统堵塞不畅等	1. 原料带水 2. 降低分馏塔底液面多余油浆，提高分馏塔下部温度，少产油浆 3. 检查塔顶空冷器，降低冷后温度等 4. 气压机入口放火炬（适当降量） 5. 必要时启动原料自保连锁

设备名称	故障现象	故障原因及其后果	安全预防管理措施
再生器	超温	1. 待生催化剂带油 2. 重油催化、原料轻重不均 3. 再生取热系统故障造成再生器以及烟气后部系统内构件损坏、烟道损坏、催化剂跑损等	1. 待生催化剂带油措施与温度过低措施相同 2. 调整好重油催化的重油与蜡油的比例 3. 分析再生取热系统故障原因后要加大取热量以降低再生温度 4. 启用自动连锁,保护装置安全
	反应-再生单元衬里脱落,尤其是斜管、提升管衬里脱落	1. 施工质量不好 2. 两器开工升温不按升温曲线,升温波动大 3. 两器超温频繁,反应—再生出现热点(壁温在500℃以上)强度降低,磨损增加,造成催化剂泄漏,斜管、提升管衬里脱落,再生滑阀或待生滑阀堵塞,斜管堵塞,催化剂循环量减少或中止,装置大幅降量或停工	1. 严把施工质量关,选用好的绝热耐磨衬里 2. 两器开工时,严格按照升温要求烘干衬里 3. 严格操作,做到进出料、操作条件平稳,保证水电气风平衡,防止两器频繁超温 4. 加强两器日常检查,使用红外温度计和坚持夜间闭烟检查,及早发现过热点,及早维修
	超压或压力过低	1. 沉降器压力波动大,造成再生压力波动 2. 再生主风控制波动 3. 再生压力控制或烟机突然故障停车 4. 再生器超压引起取热器取热管爆管,主风机,增压机飞动,导致无主风,催化剂倒流的主风机恶性事故或再生压力过高,再生剂压空,空气进入沉降器的重大恶性事故	1. 再生压力控制改手动,控制好再生压力 2. 主风机再生器改手动,控制再生风量稳定 3. 三机组时,若烟机停车则主风机要减少一半(二台主风机并联操作),反应-再生要降压操作。若烟机与主风机分体,只发电,则控制好烟机放空 4. 取热器坏,则停用取热器,同时调整好原料,降低生焦量以保证热平衡 5. 造成倒流迹象,启动主风、原料自保
沉降器	结焦	1. 沉降器升管出口快速分离器技术落后 2. 沉降器中油气停留时间长 3. 大油气管线保温不好,结焦焦块堵塞,旋分器造成催化剂分馏系统,加油浆系统磨损和堵塞,进入待生斜管或待生剂出口结焦造成待生剂进不了再生器而停工	1. 选用新型提升管出口快速分离器,减少油气在沉降器中停留时间 2. 大油气线改用冷壁管,降低油气管的温差,减少结焦 3. 采用新型汽提段及滤器设施,防止焦块进入待生斜管 4. 采用高效喷嘴,提高原料雾化粒度

2. 三机单元

大型催化裂化装置的三机主要是指主风机、气压机、增压机，这三机一般为离心式或轴流式结构，因此必须考虑如何防止机组的喘振。此外，还要防止反应-再生单元因为超压、主风机处理不当而造成催化剂倒入主风管线，乃至进入主风机，造成机组毁坏的恶性事故。因此主风机管线上进入再生器处的单向阻逆阀的可靠性十分重要。

气压机操作要防止分馏塔顶回流罐满罐而使富气带油，毁坏气压机。

而气压机复水器水位高可能造成的停机，将影响反应-再生系统的压力，进而影响正常的生产过程。因此，搞好复水器操作，保证真空度和泵不抽空，即能保证气压机的安全运行。

不管是主风机、气压机，还是增压机，其润滑油系统的稳定工作是机组安全运行的基础。一方面要确保冷油器以及润滑油泵正常操作的可靠性，另一方面则是保证润滑油不能带水，否则轻者会因引起蒸气透平调速系统元件锈蚀而造成机组降转速控制不灵，重者则可能造成润滑失效，发生烧瓦事故。

3. 能量回收单元

烟气轮机带有含催化剂的高温烟气，烟气的长期超标（一般要求烟气含尘≤250g/m²），将引起叶轮的过度磨损，同时沉积在叶轮上的催化剂将可能导致动平衡欠佳，进而使振动超标，影响烟气轮机的使用寿命。

余热炉的气包既不能装满水，也不能缺水，以保证正常运行。因而必须注意保证气包液位计的可靠度。

另外必须注意检查余热炉的制造质量，尤其是省煤器和饱和发气小管的焊接质量和系统管线法兰连接处的泄漏，以免影响炉子的正常运行。

4. 分馏单元

分馏单元是催化装置物料分离的主要单元，其中分馏塔顶回流罐气压机入口放火炬线和塔底油浆处装置线是催化装置的关键设备。一旦操作发生差错，放火炬线气体放不出去，将造成反应-再生装置超压。塔底油浆放不出去，装置内的重质油长时间滞留在装置内，油浆中的催化剂将在塔和换热器中沉积，堵塞，严重时就会造成装置停工。如华北某大型炼油厂重油催化装置因塔底超温结焦，导致紧急停工，无法放油，被迫用了近十天时间开孔清扫滞留在油浆系统、回炼油系统的存油，给企业造成了较大的经济损失。

分馏单元一中段以下泄漏将产生泄漏着火、油浆堵塞、油浆磨损和油浆结焦事故；一中段以上泄漏，将造成硫化氢中毒或气体爆燃事故。分馏单元危险因素及其安全预防管理措施见表3-8。

5. 吸收稳定和干气、液化气脱硫，液化气、汽油脱硫醇单元

由于该单元的气体介质含有硫化氢、液化气和汽油，因而主要危险是泄漏爆燃、泄漏中毒和硫化氢的腐蚀，其主要危险因素及安全预防管理措施见表3-9。

表 3-8 分馏单元危险因素及防范措施

危险因素	事故原因及可能造成的后果	安全预防管理措施
塔顶粗汽油泵抽空	1. 泵的故障 2. 油气冷却温度过高 3. 回流罐粗汽油液面太高,可能出现塔顶温度压不住冲回流罐;液面猛涨时,气压机有带液可能	1. 泵维修质量要好 2. 采用顶回流,一中段下部多取热 3. 液面高时,粗汽油直接排放至事故接收罐 4. 控制不住时,应切断反应器进料
一中段以下高温部位泄漏,包括换热器、机泵管线等	1. 检修质量差 2. 操作波动大,尤其是温度波动,易造成法兰密封面的泄漏 3. 机泵抽空、泄漏 4. 油浆系统磨蚀泄漏。由于为重油,温度高,泄漏后可能造成自然着火	1. 提高检修质量,换热器、法兰按操作温度压力升级办法选取 2. 平稳操作 3. 沉降器中选用具有较大弹性的旋分分离系统和快分装置 4. 完善此部分的消防设施
紧急油浆排放管线不通畅	1. 管线中残存油浆,放不净,吹扫时间短 2. 管线设计欠缺,装置出现问题要排放油浆时排放不出去,致使装置紧急停工	1. 使用后吹扫干净,并要确认管线通畅 2. 油浆管保温伴热堵塞后,先开伴热线,待溶化后再放油浆。紧急线长期少量通蒸气,油浆罐放空
排放油浆温度过高	1. 油浆冷却槽内冷却水沸腾 2. 排放油浆太急 3. 油浆冷却槽部分盘管不通,冷却面积小 4. 油浆温度高,有造成油浆罐突沸可能,使油浆罐损坏	1. 控制好冷却槽水温 2. 控制好油浆排放量 3. 要定期检查紧急油浆排放冷却器,防止油浆窜入系统而造成盘管凝堵,应及时发现,及时处理
分馏塔底结焦,油浆系统堵塞	1. 沉降器旋分系统效率下降,油浆固体含量在 10g/L 以上 2. 分馏塔底温度过高,塔底结焦则油浆换热器也结焦,油浆系统堵塞造成塔底后路不畅,使装置停工	1. 选择高效旋分器和快分装置,若油浆浓度长期在 10g/L 以上,要考虑停工检查和检修 2. 控制塔底温度,保证油浆在塔底和换热器系统停留时间短,线速高 3. 保证塔底液面可靠 4. 当油浆换热系统出现故障,无法取热和控制温度,应立即紧急停工
油浆系统磨损泄漏	主要是油浆固体含量过高。尤其是固体含量大于 10g/L 以上时,磨损随固体含量增加呈数量级上升,排出压力和流量明显下降,且泄漏量达到一定程度后将自然着火	设计上采用厚壁管。油浆泵选用 3 台,开 1 台备 2 台。采取上述措施必须将油浆中固体含量降至 5~10g/L 以下,如无可能,装置停工检修

表 3-9　主要危险因素及防范措施

危险因素	事故原因及可能造成的后果	安全预防管理措施
稳定塔底温度低	1. 前部热源不足 2. 稳定塔回流量过大,大量液化气由汽油带走,冲翻汽油罐浮顶,液化气气化逸散至大气,遇火星爆炸着火	1. 联系前部分馏系统,调整热源 2. 少回流或不回流,不允许汽油带液化气 3. 调节不好时将粗汽油改出单元,直接去罐区
干器温度高,吸收不完全	1. 气压机来气量大,吸收负荷过大 2. 一级吸收和二级吸收剂量少,吸收效果差 3. 干气带油进入瓦斯管网 4. 火嘴泄漏带液到地面,易导致炉区周围着火	1. 调整反应深度或适当降量 2. 调整吸收操作以保证干气吸收稳定单元温度 3. 在气压机压力允许的条件下,适当提高吸收塔压力,以提高 C_5 的回收率 4. 开好柴油的二级吸收,是减少干气中的 C_5 的最有效的措施
液化气、汽油脱硫醇的氧化工业风窜入汽油或液化气	液化气、汽油压力大于氧化工业风压力且工业风单向阀不起作用时,汽油窜入非净化风管线,引起非净化风罐内爆炸	1. 碱液再生塔与工业风设差压报警 2. 加强工业风罐的定期检查,防止油气倒窜入工业风系统
泄漏	1. 硫化氢腐蚀泄漏 2. 操作波动引起解吸塔、稳定塔重沸器泄漏 3. 液化气、汽油脱硫醇碱液加热器泄漏,碱液有蒸汽窜入各使用点,造成其他故障	1. 定期更换压力表、液面计等管嘴,保证设备安全 2. 平稳操作,防塔底液面大幅波动 3. 定期检查液化气和汽油碱液加热器凝水指标是否合格,避免碱液窜入蒸气中 4. 定期检查可燃气体报警仪

四、催化裂化易发事故及其处理

1. 催化裂化装置常见事故的处理原则

（1）任何情况下两器（反应器、再生器）藏量不得相互压空,防止再生器中空气和反应沉降器内油气互窜,以避免发生恶性爆炸事故。

（2）启用主风机自保连锁后,严禁向再生器内喷燃烧油。

（3）当反应提升管进料时,要保证提升管出口温度高于某一定值,以防止待生剂带油进入再生器,造成再生器超温和再生烟气冒黄烟。

（4）因事故切断进料,两器流化时,维持再生温度于某一定值。当难以维持再生温度于某定值时,要立即卸催化剂,停止两器各点吹汽,防止催化剂泥化。

（5）维持好分馏塔底液面,防止塔底液面高而憋压和催化剂堵塞塔底系统。

（6）维持好分馏塔顶回流罐液面和顶温,气压机入口处应放火炬,保证系统畅通。

2. 装置易发生的事故及其处理

由于催化装置两器存在催化剂的流化，所以易发生事故部位集中在两器系统，表现为催化剂的磨蚀而引发的设备问题，反应油气的结焦而引发的沉降器旋分系统的堵塞，以及流化不正常造成两器的超温超压。

分馏系统故障主要是分馏塔底超温，引起回流罐液面上升而影响两器以及气压机操作，分馏塔底油浆堵塞、结焦和磨损将造成油浆系统泄漏着火和后路不通而被迫停工。

吸收稳定系统较为常见的事故是因稳定塔底稳定性过低而造成汽油夹带大量的液化气，从而造成罐区发生事故。此外，由于催化原料的重质化，硫含量成倍增加，易造成吸收稳定系统因硫化氢中毒而发生事故。

第四节　延迟焦化安全管理

一、焦化常见事故处理原则

延迟焦化装置是炼油厂的重质油轻质化、提高炼厂轻油收率的一种主要手段。其生产工艺复杂，操作条件变化频繁，反应过程苛刻，加工的渣油易着火、结焦，对装备损坏大，事故概率也相对较大。

焦化装置常见事故处理原则如下。

（1）确保人身及设备安全。

（2）确保生产效益。

（3）加热炉辐射段流量突然中断，应立即提高注水量和降低瓦斯量，或将加热炉熄火。

（4）控制好系统压力和分馏塔压力，保证不超压、不冲塔、气压机不喘振，气压机出入口应放火炬，保证系统通畅。

（5）焦炭塔给水冷焦时，一旦塔进料温度突然下降，说明有水从塔底窜入生产塔，需要立即停止给水，关严进料阀，防止发生泄漏着火事故，甚至冲塔。处理后再重新给水冷焦。

（6）出现冲塔，炉管颜色变暗，炉子负荷突然增加时，要及时调整辐射段流量和注水量，做好清焦或停炉烧焦的准备，防止因局部过热而烧穿炉管。

（7）辐射泵入口压力偏低，出口压力小幅度波动时，应立即切换过滤器，防止机泵抽空。在辐射量不变和其他情况正常的情况下，辐射泵出口压力波动而达不到预定功率，表明流道有焦堵，要及时进行换泵处理。

（8）焦化干气因后路憋压而引起压力升高时，应及时联系有关单位，将部分压缩富气改火炬。当系统主蒸气的压力和温度低于工艺指标时，要及时联系维修人员，尽快恢复正常。

除以上常见事故外，设备腐蚀（主要是高温硫腐蚀）也是焦化系统常见的事故原因之一。焦化反应系统的高温硫腐蚀主要发生于加热炉管、分馏塔底部、焦油箱以及连接上述设备的管线等高温重油部位。焦化反应重生成的氨、硫化氢和氯化氢等，对分馏塔顶以及富气系统也容易发生硫腐蚀。应注意设备管线材质的使用，严格按照标准选用材质，甚至提高材质的选用标准，加强压力容器及管道的防腐工作，定期对容器和管线进行检查。

二、开工危险因素及其防范

延迟焦化装置的开工是一个极不稳定的操作过程，装置从常温、常压逐渐升温升压至正常操作指标，物料的输入、输出频繁，受操作因素的影响较大，容易发生事故。

焦化装置的开工步骤为：贯通试压→烘炉→收油→进蜡油及建立循环→升温脱水→恒温→启动辐射泵→切换转入正常。

在开工过程中各环节紧密相连，各阶段易发生的事故如下。

（1）烘炉阶段。烘炉的作用是为了脱除水分，必须严格按照规程和烘炉曲线进行点火及升温。如炉子点火吹气时间过短，易形成爆炸气体，损坏设备和伤人；烘炉时升温过快，达不到效果，炉膛的衬里脱离，易造成设备损坏，延误开工。工艺上要求严格控制吹气时间和烟道挡板的开度，并严格按照烘炉曲线进行烘炉。

（2）升温阶段。升温要求掌握好升温速度，加强脱水，防止原料罐突沸和对流泵抽空，延误开工。

（3）350℃恒温阶段。恒温阶段是问题的高发期。必须注意加强对各部位的脱水，保证启动时系统无水。对分馏塔顶汽油油水分离器脱水不及时，极易造成汽油溢出。而分馏系统脱水不净，则将造成辐射泵启动困难而延误开工进度。

（4）460℃恒温阶段。此阶段主要故障是四通阀卡住，造成设备损坏、炉管结焦。处理这种故障的关键是多活动四通阀，及时给上汽封，并做好被卡住的紧急处理准备。如发现对流管结焦，应及时处理，无效时停炉烧焦。

（5）切换转入正常。转入正常是建立正常的生产物料流程。此阶段主要应保持物料的平衡和热量的平衡。同时还必须注意在第一塔放空前，应保证放空系统中的空气充分清除，防止形成爆炸性气体。

开工时还要注意先停气后进油，防止蒸气系统窜油。

三、停工危险因素及其防范

停工时各操作环节的参数变化较大，系统处于不稳定状态，必须严格按照停工步骤操作，避免因操作不当而造成事故。该过程中应注意以下几个主要的问题。

（1）保证蒸气压力和吹扫时间，为安全检修创造条件；

（2）调整好空冷风机的运行台数及后部冷却器的水量，密切注意分馏塔的压力，严防超压；

（3）防止外甩油超温，避免造成罐区突沸；

（4）分馏塔吹扫后，要先化学清洗后水洗，最后用蒸气吹扫，以防止残存的硫化亚铁自燃。

四、生产中的危险因素及其防范

1. 加热炉系统

正常生产时，当注水量异常变化，炉火难于调整，瓦斯量大辐射量小时，将造成辐射管超温，此时需密切观察仪表读数变化，及时加以调整，并调节好炉火。为保证仪表准确度，需要定期校验仪表。

当炉管受热不匀、局部过热，管内流速大幅下降时，对流、辐射分支偏流都将导致炉管结焦，影响装置加工量和正常运行。此时应加强调节，防止局部过热，以平稳好各流量，防止偏流和大幅波动。

当生产过程中发现烟囱冒黑烟时，多数是因为瓦斯带液、燃料油雾化气中断、炉管穿孔等引起的，严重时可造成设备损坏，影响系统正常安全运行。此时可通过加强瓦斯脱液、恢复雾化气和控制好各部分流量加以改善。

当系统软化水压力偏低、注水炉管腐蚀穿孔、流量指示偏大时，将引起系统注水量不足，加热炉炉管结焦。此时可通过调节注水压力，采用防腐材质或对炉管进行防腐处理加以改善。

当入口管线或分馏塔底结焦、过滤器堵塞、辐射泵流道堵塞、机泵故障及调节阀发生故障时，将造成辐射段进料不足，不能满负荷生产甚至停工。此时需及时切换和清理过滤器，平稳操作，防止入口管线和分馏塔底结焦，并及时维护机泵及调节阀，使其正常运行。

2. 分馏系统

分馏系统是装置产品外送的系统，在正常操作中需要搞好物料平衡和热量平衡，一旦出现操作不稳定时，将影响产品质量和下游装置的安全生产。

正常生产中，当分馏塔底超温时，易发生结焦，辐射泵不上量等事故。此时应控制好炉的出口温度及对流出口温度，平稳操作，密切关注并调节好焦炭塔顶的急冷油量，以防止油气入分馏塔的温度过高等。

当系统压力超高或难以准确判断系统压力超高时，将可能造成分馏塔冲塔事故。此时，通过保证气压机系统和焦炭塔系统操作的稳定，并及时联系专业人员改火炬，可以有效地防止这类事故的发生。

多数蒸气发生器超压的原因是因为热量变换过大、液位过高，背压过高引起的，从工艺要求考虑，应控制好液位和背压，达到平稳操作，以防损害设备。

干气带油时，可能因为装置富气量大，吸收剂量小，气液比过大，吸收效果不好，此时应适当提高吸收塔吸收剂的量。也可能是因为压缩富气和吸收剂温度过高，从而导致吸收塔底温度升高，使大量 C_3、C_4 组分难以吸收，此时可以适当提高吸收塔的压力或降低吸收剂的温度，以保持压力平稳。此外，对吸收塔压力过低或过高所造成的波动或液面过高时，应及时调整吸收塔操作，适当降低吸收塔气、液相的负荷和检查吸收塔液面，以免影响后部装置的操作。

当对流管超温时，可能是由于对流分支偏流、炉管超温结焦或停工检修时炉管未清焦造成的。检修时应加强检查并烧焦，严格控制流量，防止偏流的发生。

3. 焦炭塔系统

瓦斯罐是焦炭塔系统的危险装置之一，焦炭塔换塔、放空、冷焦时，瓦斯阀未关紧将造成结焦阀门关不严，罐内瓦斯泄漏，轻者将造成人员中毒，严重时还会发生燃烧爆炸事故，毁坏装置或引起连锁事故。因此，应按照有关规定加强对设备的检查和维护，保证阀门关紧度，发现阀门故障时，应采用旁路流程，及时更换阀门。

为避免塔底法兰因密封失效而发生泄漏事故，投入使用前除保证关严阀门外，必要时还应进行压力试验，确认安全后方可投入使用。

此外还可能发生塔顶压力超高、冷焦给水不进或焦炭塔冲塔等事故，需要根据安全管理规定，采取相应措施加以预防或解决。

4. 气压机系统

气压机操作的稳定性是保证系统压力稳定的关键，必须注意避免憋压或发生机组喘振，防止润滑油带水，造成烧瓦事故或由于富气带油而毁坏气压机；与此同时还应密切关注并防止结焦造成的轴瓦磨损。

5. 除焦系统

除焦系统是保证一个生产周期正常循环操作的基本条件。卡钻是除焦过程中较常见的事故，人工操作焦炭塔顶和底盖装卸时，特别要注意残存水、气烫伤操作人员的事故发生。

五、焦化装置的腐蚀防护

1. 焦化装置腐蚀的主要原因和表现形式

造成焦化装置腐蚀的主要原因如下。

(1) 因温差应力产生的低频疲劳引起焦炭塔的塔体变形及焊缝开裂；

(2) 在高温、高含硫渣油条件下运行中，塔壁受到高温硫的腐蚀；

(3) 在炼制酸值较高的原油时的 $S—H_2S—RSH$ 环烷酸与硫的腐蚀；

(4) 低温部位的 $HCl—H_2S—H_2O$ 腐蚀；

(5) 烟气部位的露点腐蚀。

其表现形式如下

(1) 温差应力引起的周期性应变将导致焦炭塔塔壁鼓胀变形、塔裙座与塔体间焊缝开裂及堵焦阀接管焊缝开裂；

(2) 高温硫的腐蚀形态主要为坑点腐蚀及塔壁的均匀减薄；

(3) 主要由环烷酸引起的锐槽沟状腐蚀；

(4) 碳钢部件的全面腐蚀均匀减薄和 Cr13 钢的点蚀，以及 1Cr18Ni9Ti 不锈钢的氯化物应力腐蚀开裂；

（5）局部的小孔腐蚀。

2. 可采取的主要腐蚀防护措施

对第一种腐蚀首先是优选材料，其次是注意保持对接焊缝的平滑和严格控制操作条件和遵守操作规程，尽量减少温度梯度和对塔的热冲击。

对第二种腐蚀可采用复合板材加以防治。

对第三种腐蚀则主要采取选用耐环烷酸腐蚀的高含钼等元素的材料，如316L和317L钢等。

对第四种腐蚀通常采用除去原油中的杂质、注氨（或胺）或注缓蚀剂等措施。

对第五种腐蚀则可采用在塔内壁加装非金属衬里或钢纤维增强的衬里等方法。

六、装置安全自保连锁系统

焦化装置的安全自保连锁系统是根据生产实际情况设计的，主要是为了确保装置安全运行、减轻事故影响、避免设备损坏的有效措施。对焦化装置主要集中在大型机组和加热炉系统的安全自保连锁上，以保证在生产过程出现异常情况时，按规定的程序自动投入备用系统或实现紧急停车、安全停车等紧急操作。

第五节　加氢裂化安全管理

加氢裂化装置是在催化剂和氢气的作用下，在一定的反应温度、压力条件下，原料油分子在加氢反应过程中发生一系列的裂化、异构化、环化、氢解等复杂反应，最终使原料分子变小、产品变轻的过程。现将加氢裂化过程中存在的危险因素及防范措施分述如下。

加氢裂化装置的重点危险部位包括加热炉及反应器、高压分离器区及高压空冷区、加氢压缩机房和分馏塔。所涉及的主要设备包括加氢反应器、高压换热器、高压空冷和分离器、反应加热炉及各种压缩机。这些设备的工作条件就决定了它们在生产中所存在的危险因素及其应该采取的预防措施。

一、开工危险因素及其防范

1. 系统的干燥、烘炉

生产前，加氢反应系统必须进行干燥、烘炉，其目的在于除去反应系统内的水分，脱出加热炉耐火材料中的自然水和结晶水，烧结耐火材料，增加耐火材料的强度和使用寿命。在此过程中必须注意加热炉中不能残余易燃气体，烘炉时应避免升温过快而导致炉墙倒塌。

2. 加氢反应器催化剂装填与硫化、钝化

（1）催化剂装填的好坏对加氢装置的运行情况及运行周期有着重要影响。装填前除必须检查相关设备外，还应首先检查催化剂的粉尘含量，同时应保证催化剂装填均匀，装填时需要防止异物落入反应器内。

（2）催化剂的硫化和钝化由于催化剂在开工前缺乏加氢活性，因此需要进行硫化，此时应特别注意催化剂硫化氢中毒问题。为了抑制新硫化催化剂的高加氢裂化活性，还需要对加氢裂化催化剂进行钝化处理。

3. 反应系统置换与气密

（1）反应系统置换分为两个阶段，即将空气环境置换为氮气环境和氮气环境置换为氢气环境。前者的目的在于避免过程中发生爆炸危险；后者则为了保持系统内气体具有适宜的平均分子量，以保证循环氢压缩机在较适宜的工况下运行。

（2）气密工作的主要目的是查找漏点，消除装置隐患，保证装置安全运行，这是加氢装置开工阶段一项非常重要的工作。加氢反应系统的气密工作分为不同压力等级进行，低压气密阶段所用的介质为氮气，氮气气密检查合格后用氢气做低压气密检查。当在 2.0MPa 下氢气气密检查通过后，才能进行系统升压，做高压阶段气密检查。

4. 分馏系统油运行

分馏系统油运行包括冷、热油运行。冷油运行的目的是检查分流系统机泵、仪表等设备情况，做到不跑油、不窜油；热油运行的目的是检查分馏系统设备热态运行状况，为接收反应生成油做好准备。

5. 反应系统升温、升压

加氢反应系统升温、升压时应按要求的速度进行，升温、升压速度过快易造成系统泄漏。

6. 系统切换和装置操作调整

加氢催化剂的硫化、钝化过程完成后，加氢反应系统的低氮油需要逐步切换成原料油，切换步骤应按开工方案要求的步骤进行。切换过程中应密切注意加氢反应器床层温升的变化情况。

当系统原料切换步骤完成后，应进一步调整装置的工艺操作，使产品质量合格，从而完成开工过程。

二、停工危险因素及其防范

1. 系统降温、降量

加氢装置停工时首先需要对系统进行降温、降量，在此过程中应遵循"先降温后降量"的原则，以避免反应出现"飞温"，以致造成不可控的现象。

2. 原料置换

为避免装置在停工时原料油凝结在催化剂、管线及设备当中，在停工前一般用常二线低凝点油置换系统。

3. 停反应原料泵

切断进料时，注意裂化反应器应无明显升温现象。

4. 反应系统循环带油及热氢气提

切断进料后，反应加热炉升温，用热循环氢气带出催化剂中的存油，热氢气提的温度不能过高，以避免催化剂被热氢气还原。

5. 系统降温、降压

加氢反应系统按要求的速度降温、降压。

6. 系统的氮气置换

反应系统用氮气置换成氮气环境，使系统的氢烃浓度<1%。

7. 卸催化剂

使用过的含碳催化剂在空气中易发生自燃，因此，在卸催化剂装桶时应使用氮气或干冰保护催化剂，以避免催化剂自燃。

8. 加氢设备的清洗及防腐

装置高压部分的设备在停工后应用碱液进行清洗，以免接触空气后发生腐蚀，高硫系统设备的后处理部分在打开前应进行冲洗，以避免硫化铁在空气中自燃。

9. 装置的退油、吹扫及辅助系统的处理

加氢装置停工时，首先应退出存油并吹扫，然后将装置的辅助系统处理干净，如火炬系统、地下污水系统等，并加盲板使装置与系统防腐以便达到检修条件。

三、生产中的危险因素及其防范

1. 遵守"先降温后降量"的原则

正常操作调整时加氢装置必须遵守"先降温后降量""先提量后提温"的原则，防止出现"飞温"。

2. 反应温度的控制

加氢装置的反应温度是最重要的控制参数之一，必须严格按工艺技术指标控制反应温度及各床层温升。

3. 高压分离器液位控制

高压分离器液位是加氢装置非常重要的工艺控制参数，当液位过高时易损坏循环氢压缩机；而液位过低时则易造成低压部分设备损毁，油品、可燃气体泄漏或更为严重的后果，因此应经常校验液位仪表的准确性和可靠性，严格控制高压分离器的液位。

4. 反应系统压力控制

装置反应系统压力变化是影响加氢反应的一个相当重要的工艺控制参数。影响压力波动的因素很多，应选择经济、合理的控制方案保证对反应系统的压力控制。

5. 循环氢纯度的控制

循环氢纯度影响氢分布，是装置的一个相当重要工艺控制参数。循环氢纯度高，氢分压就会较高，有利于进行加氢反应，但是增加了物耗；循环氢纯度低，则将增加系统压差，也就增加了压缩机的动力消耗。因此，循环氢纯度要控制适当。影响循环氢纯度的因素很多，其中主要的影响因素之一是尾氢排放量。

6. 加热炉的控制

加热炉是加氢装置的重要设备，使用时应保证炉内各路流量和炉膛内各点温度保持均匀，尽量保持加热炉的燃烧状态良好，避免炉管结焦。

7. 检查

由于加氢装置的系统压力高，加上介质为氢气，容易发生泄漏。对于氢气漏点应定期进行夜间闭灯检查，其原因在于高压氢气泄漏着火时的火焰一般为淡蓝色，白天难以发现。因此，通过夜间闭灯检查以便及时发现漏点，保持装置安全稳定的运行，是将事故消灭在萌芽状态的一个重要措施。

8. 装置防冻凝问题

加氢装置的原料一般凝点较高，易发生冻凝。一旦发生凝冻，不但影响装置的稳定生产，同时还容易引发安全生产事故，因此，应重视加氢装置的防冻凝问题。

9. 循环氢压缩机防喘振

循环氢压缩机以离心式压缩机为主，该型压缩机的主要问题是容易发生喘振，因此，在操作中注意保持压缩机的正常运行，是避免压缩机出现喘振的一个有效措施。

10. 定期进行设备腐蚀情况检测

装置的临氢系统内存在 H_2S、NH_3 等腐蚀性气体，这些气体在高温、高压或潮湿环境条件下可能发生高温氢腐蚀、氢脆、高温腐蚀或湿 H_2S 腐蚀，这些腐蚀一旦发生，都将对设备造成损坏。因此除应合理选材外，还应定期进行设备腐蚀状况的检测和监测，以避免设备因腐蚀减薄而引起的器壁强度下降诱发事故的发生。

除此之外，还需要注意原料质量的控制、防范硫化氢中毒、保持冷氢线畅通、注意监测各泵的运行状况等，这也是保证系统装置安全运行的有效措施。

第六节　气体分馏安全管理

气体分馏是对催化裂化装置生产的液化气进一步分离和精制的过程。该工艺的生产原料和产品均为甲类火灾危险性物质，爆炸极限大都保持在 $1\% \sim 16\%$（体积），因此极易与空气混合形成爆炸性的可燃气体，遇明火易发生爆炸事故。又由于该装置是带压操作，如发生泄漏，可燃物质会迅速扩散、挥发，形成大范围的爆炸区域，将可能严重威胁人员的生命安全、造成设备的损坏、巨大的经济损失和对环境的污染。

气体分馏装置的原料和产品为微毒和低毒物质，一般来说低浓度对人员造成的影响有限，但高浓度或长时间在这种环境中工作，则将对人体产生不良影响，特别是当机泵端面密封发生故障时，物料突然大量泄漏或造成管线破裂泄漏，现场的操作人员在此条件下作业时将会发生窒息中毒事故。另外，设备管线泄漏还会导致温度急剧降低，产生冰霜，易造成人员发生的伤冻事故。

一、开工危险因素及其防范

装置开工按以下主要步骤进行：开工前的设备检查→贯通吹扫流程→气密试压→拆盲板→赶空气→装置开工。

装置开车顺序：装碱液、催化剂→引液化气→升温升压→建立回流→调整操作。

在开工过程中容易发生的危险因素主要有机泵密封泄漏、冷换设备密封泄漏、发生爆炸碱液外泄伤人。其危险因素及可以采取的安全预防管理措施见表 3-10。

表 3-10　开工危险因素及其防范措施

危险因素	发生原因	产生后果	预防措施
设备安装及配件不符合要求	新建成装置,检修后装置	造成设备损坏或大量瓦斯外泄	按规程严格检查,每项必须符合安全规范
试压不到位	气密压力低,检查不到位	设备破裂及静密封泄漏引发严重事故,影响开工进度	严格执行气密方案,发现问题及时处理
工艺流程错误,设备内有空气	未按要求检查、未做氧含量分析	憋压引起设备泄漏损坏,有空气会引发爆炸着火事故	严格执行阀门三级复查制,引物料前必须作氧含量分析,不合格不得进料
机泵密封泄漏	泵长时间抽空,密封弹簧被卡,物料含水	瓦斯泄漏,遇明火发生爆炸着火事故	平稳操作,切换备用泵,查找泄漏原因立即处理
设备内有水	设备未排净存水,原料带水	管线结冰、堵塞,机泵密封损坏	及时切除管线存水,原料未切水不得进料
引蒸气时管线内带水	排水不及时,引汽太快	水击、损坏设备伤人,管线震裂	缓慢引蒸气并排净管线内存水

注:发生液化气外泄时应立即采取果断措施,切断物料来源,报火警,保护现场,报安全部门,现场戒严,防止人员、车辆进入,机动车辆熄火。

二、停工危险因素及其防范

工艺停工的主要步骤为：降进料量→切断进料→退物料→退催化剂、碱液→设备、管线吹扫→设备水洗。

在停工过程中,容易产生的危险因素主要是：过快的降温速度可能造成设备冻裂,硫化物自燃损坏设备。停工过程危险因素及可以采取的安全预防管理措施见表 3-11。

表 3-11　停工过程危险因素及其防范措施

危险因素	发生原因	产生后果	防范管理措施
静密封泄漏,冻坏设备	停工过程中降温泄压过快	液化气气化冻坏设备、管线堵塞影响停工进度,温度变化大冷换设备法兰泄漏	严格执行停工方案,按预定停工降温曲线降温,及时巡检有无冰冻现象,有发生冻结及时处理并调整操作
蒸气吹扫时吹翻塔盘	蒸气量过大	塔盘吹掉	调整吹气量
设备、管线内存留瓦斯	吹扫时间不够,管线有瓦斯	形成爆炸气体,遇明火发生燃烧爆炸	检查管线不留盲区死角,排空所有气体
硫化物自燃,烧坏设备	干硫化物与空气接触后自燃	烧坏塔盘及附件	水洗时间要到位,设备打开后及时清扫硫化物,并将其掩埋处理
液化气进入污水系统	残留液化气排入污水系统	液化气进入污水系统极不易处理,一般全厂污水系统相通,一旦遇明火即引起大范围燃烧爆炸事故	所有瓦斯排入瓦斯系统,残留液加热后全部排入瓦斯系统,不得排入污水系统,下水井全部封堵
缺催化剂时人员中毒	缺氧、硫化物中毒、砷中毒	人员伤亡	卸掉残压,用氮气置换,进入设备做氧含量分析,不合格不得入内,进入时必须佩戴防毒面具

三、生产中的危险因素及其防范

正常生产过程中的危险因素及可以采取的安全预防管理措施见表 3-12。

表 3-12　生产过程中危险因素及防范措施

危险因素	发生原因	产生后果	防范管理措施
碱液接触皮肤及进入眼睛	静密封点泄漏、机泵密封、管线破损	灼伤皮肤、灼伤眼睛	进入脱硫醇装置佩戴好劳动保护用具、胶皮手套和防护器具等 加强设备检查维修,防止跑、冒、滴、漏
碱液及液化气窜入非净化风系统	操作波动调节不及时	碱液进入非净化风系统引起管线腐蚀,液化气进入非净化风系统易引起爆炸	在非净化风与碱液系统间加单向阀或差压截止阀,防止倒窜 严格工艺指标,保证非净化风压力高于碱液压力,发现问题及时处理
瓦斯窜入水洗系统	水泵抽空或停运,水洗罐超压	窜入生活水系统易造成人员窒息,遇明火发生爆炸,窜入软化水系统遇高温及明火易发生爆炸	加强巡检,泵发生问题及时切换,及时排除窜入水系统的瓦斯 通知相关单位防范,预防次生事故发生,严格工艺纪律,将工艺条件控制在指标内

危险因素	发生原因	产生后果	防范管理措施
超温超压损坏设备	操作大幅度波动	造成冷换设备法兰泄漏,极易发生爆炸	严格按工艺指标操作,避免大幅度操作引起波动,必要时可立即切断热源,将压力泄入瓦斯管网以确保安全
液位过低引发事故	假液位、操作波动	再沸器干锅造成泄漏,回流中断或过小造成冲塔,引发事故	控制平稳操作,防止再沸器温度急剧变化,控制好回流罐液位,确保正常回流量。发现仪表问题及时联系相关单位处理
系统内含水造成事故	原料含水容器切水时不及时,物料输送时续时断	切水不及时易造成设备冻坏,泵入口结冰造成泵抽空及发生密封泄漏,管线结冰无法输送物料	原料带水立即换膜切水,各容器、塔底加强脱水,尤其是冬季物料输送必须保证流量稳定,间断输送极易造成管线冻结
换热器内漏造成重大事故	换热器内漏	瓦斯进入凝结水系统,随水进入其他单位引发次生事故	定期检查凝结水系统,发现异常及时处理,凝结水系统高点排空定期检测。对内漏设备及时切换修复
严重雾沫夹带	塔内上升蒸气量高达形成夹带现象	塔内压力升高、塔顶温度升高、冷却效果下降,有时会造成冷却器超负荷而瓦斯泄漏	降低塔底温度,保证回流比,适当进行操作调整,必要时可切断进料
设备超压引起设备损坏	控制阀卡死,冷却器冷却效果下降	直接引起设备超压,处理不及时将损坏设备	加强检查核对一次、二次仪表,发现问题及时处理 对重点阀门定期校验 加强冷却器的检查保证冷却效果,发现问题及时修复
冷凝冷却器内漏	管束腐蚀造成内漏、压力波动内浮头泄漏	瓦斯随管线进入循环水场或进新鲜水管线,遇明火爆炸	加强水线检查,察看有无瓦斯泄漏,发现泄漏立即将冷却器切除,联系相关单位修理

注意:在正常生产过程中,遇有静密封点泄漏或机泵密封泄漏无法有效控制时,应按紧急事故预案进行果断处理,避免事故扩大化,以减少不必要的损失。

四、装置易发生的事故及其处理

气体分馏装置易发生的事故及其处理见表3-13。

表3-13 气体分馏装置易发生的事故及其处理

发生原因	产生后果	防范管理措施
管线及设备泄漏	设备长期运行磨损严重造成泄漏 静密封点长期使用造成跑、冒、滴、漏 设备使用中超温超压,操作波动造成泄漏	立即切断物料来源,用水掩护,向瓦斯系统泄压 切断交通禁止明火,消防车现场保护,操作人员戴好防护用品,避免中毒及冻伤

发生原因	产生后果	防范管理措施
生产使用的原料是浓碱,当机泵密封泄漏,静密封点泄漏时	碱液溅到皮肤及眼睛内	立即用清水冲洗喷溅部位,眼睛应用流动清水或用生理盐水至少冲洗15分钟,然后就医
DCS死机	自动系统出现问题,造成DCS死机	切断物料,关掉各塔底温度阀门,停掉回流泵保证系统为正压,关闭出装置阀门,联系维修人员处理
机泵密封泄漏	长时间运行,静环磨损 长时间抽空,冷却水量小	切换备用泵,联系维修人员处理 调整冷却水
泵抽空或不上量	泵启动时未充满液体 泵体内气蚀 泵体内存水	查看液位,保证入口吸入真空度 检查泵入口管线是否堵塞 处理泵体内气体重新启泵 及时切水

第七节 其他化工工艺安全管理

一、加氢精制安全管理

加氢精制装置属于高温高压生产,生产物料属于甲类危险品,生产过程为化学反应,可能产生有毒气体如硫化氢、氨气等,所以在炼油厂中易出现事故,设备故障率也较高。

(一)开工危险因素及其防范

开工时,装置从常温、常压逐渐升温升压到各项正常操作指标。在这一过程中,物料、水、电、气逐步引入装置,所以在开工时,装置的参数变化较大,可能出现的问题也比较多,容易产生事故。

柴油加氢开工的基本步骤如下。

临氢系统干燥、烘炉→反应器催化剂、保护剂的装填→压缩机试车→临氢系统气密(氮气气密和氢气气密两个阶段)→低压系统蒸气贯通,建立冷油运→反应系统进油,升温、硫化→与低压系统串联,调整操作。

在开工阶段,上述各个环节紧密关联,因此,在开工过程中必须注意保持系统内的压力平衡和热平衡。对开工阶段各系统易发生的事故可以做如下分析。

(1)在反应系统干燥、烘炉阶段,点炉前要做燃料气的爆炸分析,并彻底用蒸气吹扫炉膛,不能残留可燃气体,以免达到爆炸极限,容易诱发事故。

(2)在催化剂的装填阶段,应严格按照催化剂的装填方案进行,同时还必须保证催化剂的装填均匀,避免反应器内发生偏流或热点现象。此外,对进入反应器的人员,还应特别检查穿戴劳动保护装置的情况,以便防止异物落入反应器内。

(3)在压缩机试车和临氢系统气密阶段,首先在开工前必须用氮气进行贯通;

然后在氢气气密阶段，则应特别注意检查泄漏点，以避免着火事故的发生。

（4）在反应系统进油和硫化阶段，升温时，需要注意缓慢而循序渐进地进行，以免反应床层超温或发生"飞温"现象；另外，当高分油与低压系统串联时，应随时注意调节系统压力等参数，以避免高压窜低压而引起重大事故的发生。

（二）停工危险因素及其防范

装置停工是一个由正常操作状态逐渐降温、降压、降量的过程，操作参数变化较大，属于不稳定操作状态，也曾发生因操作不当而造成着火、爆炸、中毒的事故。在停工时，主要应注意以下几点。

（1）要严格按停工方案进行，根据实际情况进行操作。

（2）降量时，应遵循先降温后降量的原则，防止反应器床层超温或发生"飞温"现象。

（3）临氢系统循环带油时，要严格控制高压分离器的液位，避免高压窜低压恶性事故的发生；退油时，防止冷热油互窜，避免发生突沸爆炸事故。

（4）退油结束后，高硫容器一定要进行冷却或水溶解、冲洗，避免容器内硫化铁自燃和人员中毒事件发生；同时在打开设备前，要有防护措施。

（5）处理干净装置的辅助流程管线和地下污油罐中的残油，避免动火可能造成着火或爆炸。

（三）生产中的危险因素及其防范

加氢精制装置在长周期运转过程中，由于受工艺设备、公用工程条件、加工量调节、人员操作水平、仪表可靠度等诸多因素的影响，对正常生产时较稳定的工艺参数可能产生影响，导致不安全因素的产生。现将各单元的危险因素和可以采取的安全预防管理措施进行简单分析。

1. 反应系统单元

加氢精制反应过程中总的热效应为放热反应。为了保持反应温度的稳定，必须及时导出反应余热。可以采取的工艺措施主要为在催化剂床层间注冷氢，从而防止和控制催化剂床层的"超温"和发生"飞温"现象。

2. 气提分馏单元

气提分馏系统是将反应生成油按沸点范围分割成柴油、粗汽油和干气等馏分。在这一过程中必须注意控制影响本单元安全的因素：塔顶压力、顶回流、进料温度和汽提蒸气等参数。

3. 脱硫单元

该单元的脱硫溶剂一般为乙醇胺，乙醇胺在低温下呈碱性，高温下呈中性，因此必须注意控制乙醇胺的进料温度。

4. 压缩机单元

本单元的压缩机为新氢机和循环氢机，这些都是装置的重要设备，一旦出故障轻则造成装置停工，重则可能发生着火甚至爆炸等恶性事故。因此，在日常的生产中首先应重视压缩机单元的故障，一经发现应及时处理，以尽量避免严重事故的发生。

二、催化重整安全管理

催化重整装置的工艺复杂，集中了反应器、加热炉、氢气压缩机等重要设备，这些设备的各部分配合密切，其反应深度将直接影响到最终产品的质量，因此是炼油系统中的重要装置之一。

本装置各部分的主要危险及可以采取的安全预防管理措施如下。

（一）开工危险因素及其防范

（1）对重整预加氢系统的临氢设备及其他零部件应全部进行氮气气密检查，防止开工进油后发生泄漏，导致着火爆炸等危险事故的发生。

（2）催化剂干燥时要严格按照升温曲线进行，升温过程中一旦发现温升异常，应立即停止升温并检查原因。

（3）注氯过程中如发现催化剂床层温度产生温升，应注意降低注氯速度，一旦温升＞20℃时，要及时停止注氯。

（4）催化剂预硫化过程中，操作人员巡检操作时一定要佩戴防毒面具及硫化氢检测仪，一旦有报警信号应迅速撤离现场。如发生人员硫化氢中毒事故，应立即执行防止硫化氢中毒预案，带正压式呼吸器进入现场救人。

（5）重整开工预硫化结束后，应迅速进油。进油阶段除应注意各工艺条件平稳外，重整进油后，还需要密切关注反应器床层是否有超温的现象发生，一旦出现超温现象，应加强监视并分析，以判断超温产生的原因，同时及时采取措施加以预防。

（二）停工危险因素及其防范

（1）在停工降温降量过程中，严格遵守"先降温后降量"的原则，严防超温，以防止温度过高对催化剂造成损害。与此同时，还必须控制好降温的速度，以避免因降温过快而导致临氢系统高温高压法兰发生泄漏着火。

（2）特别注意在氮气置换过程中不能留死角，以避免在检修动火过程中引燃残存的油气，从而可能导致烧毁管线、设备，严重时可能造成人员伤亡等重大事故发生。

（3）预加氢催化剂再生过程中必须注意：烧焦起始时，防止蒸气遇冷凝结成水而破坏催化剂；再生过程中还应防止温度大幅度波动可能造成的催化剂破碎；此外还应注意控制催化剂的床层温度，以避免超温现象的发生。一旦发现超温，应立即采取减少或停补空气，降低炉出口温度，严重时可以熄火。

（4）重整催化剂再生过程中的注意事项为：介质应为氮气和氧气；应严格控制各阶段温升，当温升超标时，应采取停补空气、通氮气冷却和置换系统等措施。

（5）在氮气环境下开反应器大盖更换催化剂时，应确保"烃+氢"含量保持在规定范围内，同时还应控制床层温度，防止硫化亚铁自燃，烧毁反应器。

（6）装卸催化剂及清扫检查反应器过程中应严格执行相关作业票证制度，注意人身安全，反应器外要有监护人，防止人员中毒窒息等事故的发生。

（三）生产中的危险因素及其防范

1. 设备防腐

预加氢单元主要是由蒸发脱水塔冷后系统的硫化氢腐蚀所致，在加工含高硫原料时设备管线腐蚀比较严重。重整单元主要表现为氢腐蚀，即碳钢设备与含氢的高温高压流体接触时会产生表面脱碳，当温度和压力超过某值时，还会产生内部脱碳，造成氢腐蚀。

影响硫化氢腐蚀的主要原因在于系统内存在水，因此减少系统内的水含量就是一个有效的预防措施。影响氢腐蚀的因素很多，如操作温度、氢分压、加热时间以及合金成分、晶粒大小等。为防止氢腐蚀的发生，在生产中要严格控制超温、超压现象的发生；在反应器的选材上要参考钢材在氢气中的使用极限图，选用耐氢腐蚀极限高的钢材作为反应器的材质。

2. 常见事故处理原则

（1）任何情况下炉膛温度不能大于 800℃；加热炉点火前必须用蒸气吹扫 15 分钟，始终保持炉膛负压。

（2）事故状态下重整高分罐不能超压，严禁重整系统发生跑、冒、窜事故；事故状态下开工时，各床层温度需升到 370℃时方可进油。

（3）严禁抽提单元的各塔、罐超温、超压、压空或跑、冒；严禁非芳烃窜入芳烃系统，芳烃罐不得被污染。

（4）精馏单元各塔、回流罐不得压空、装满、冒罐，改循环操作时严防污染三苯产品罐，要注意保证中、高压蒸气安全阀不跳。

三、硫磺回收安全管理

硫磺回收装置的主要作用是使原油中所含的硫元素以单质或某些化合物的状态加以回收利用，以减轻或避免其直接排放对环境造成的污染。与一般石油炼制装置的危险因素不同的是，硫磺回收装置的主要危险因素不是燃烧爆炸（当然也存在这种危险），而是有毒气体（硫化氢、氨）对人体的危害。由于硫化氢存在于硫磺回收装置的各个部分，因此是回收装置的主要危险因素。此外，回收装置存在的严重腐蚀问题也是影响其安全生产的重要因素之一，需要加以特别关注。

（一）硫回收装置中的硫化氢分布及其安全管理

硫回收装置是以硫化氢作为原料生产硫磺，因此，在硫回收装置中硫化氢是潜在巨大危害的主要因素之一。其中，酸性气管线是硫化氢浓度最高的地方，一旦发生泄漏，后果非常严重。对于整个装置来说，大部分管线均含有不同浓度的 H_2S 或 SO_2 等物质，这些物质均具有足以致人于死地的危险，因此为保证硫回收装置的安全生产，应采取以下一些基本的安全管理措施。

（1）按时检查设备，同时要严格遵守压力管道管理办法的规定，对所有管线进行检查，以尽量避免发生泄漏。

（2）科学合理地设置固定式硫化氢检测报警设备，并且保证其数量充足，以期一旦发生泄漏能在第一时间发现，尽可能地减小损失。

（3）配备完善的防护设备，包括便携式报警设备，正压呼吸器，以及其他具有过滤性质的呼吸设备。

（4）当发生严重泄漏时，其处理步骤的基本原则是：一旦发现泄漏，应首先通知有关人员佩带安全完整的防护设备，并及时切断泄漏源。严禁在没有安全防护设备的保护下进行切断泄漏源或进行抢救等活动。

（二）开停工危险因素

1. 开工阶段

如果硫磺装置在停工过程中发生硫凝聚或催化剂积炭，阻塞气路，将在开工阶段造成流程阻塞。酸性气进入系统而导致燃烧炉防爆膜爆裂，造成有毒气体大量泄漏，严重威胁操作人员的生命安全，并可能造成对环境的严重污染。

2. 停工阶段

硫酸装置停工过程通常分为硫化氢吹扫、二氧化硫吹扫及催化剂烧焦。硫化氢吹扫的作用是避免催化剂失活；二氧化硫吹扫的目的是尽量携带出系统内部的硫；烧焦催化剂则是为了使催化剂表面的积炭燃烧，恢复催化剂的活性和为开工做好准备。在停工过程中，即使所有的吹扫过程进行完全，也不可能保证彻底带出了系统内的全部硫，因此在进行烧焦时就可能发生因硫在该过程中发生燃烧而放出大量的热量，从而造成反应器"飞温"，"飞温"现象一旦发生，轻则可能损坏催化剂，严重时甚至会损坏设备，影响正常生产。

（三）其他危险因素

除此之外，装置中还存在着其他的一些危险因素，可能对系统的安全运行造成威胁，主要表现在系统内部物质在开、停工过程中可能发生的物质凝聚或其他原因引起系统阻塞，这是与一般装置的不同之处。其产生的主要因素如下。

（1）杂质因素。硫磺回收装置中的酸性气带烃（胺）、硫回收装置中的带液（液体主要是指水）或冷却器堵塞等，可能分别造成装置阻塞、燃烧炉内压力骤升、走管程的硫蒸气遇冷却水凝固而阻塞设备。引起系统压力升高，最终使防爆膜爆裂，致使有毒气体泄漏。

（2）配风不合格。配风比是硫回收装置的重要操作参数之一。只有合适的空气与酸性气配比，才能达到最大的硫回收率。配风量大，降低硫回收率，可能严重污染环境；配风量小，硫回收率降低，同时导致烃类物质的不完全燃烧，产生积炭，造成系统阻塞，严重威胁安全生产。

（3）酸性气流量和浓度的变化。在硫回收装置中，酸性气流量和浓度在生产过程中随机变化，如果发生超过允许范围的变化，将不利于正常操作，严重时会造成硫磺的阻塞。

（4）风机故障。在硫回收装置中常用风机向燃烧炉提供空气，在正常生产中一旦停风，会出现大量酸性气直接进入尾气系统，对其造成严重冲击。而且其中的烃遇高温还会发生不完全燃烧而积炭，阻塞系统或因操作偏差造成风机反转，使酸性气倒流。这些都将直接威胁到操作人员的生命安全。

（5）除氧水中断。为回收热能，Claus硫回收装置在燃烧炉后设置废热锅炉，用除氧水作为发生蒸气来回收能量。一旦发生除氧水中断事故，将造成锅炉缺水，可能发生因锅炉干烧而爆炸的严重事故。

（6）停瓦斯或瓦斯带液。硫回收装置的最后一级设有尾气焚烧炉，常以瓦斯为燃料对硫磺尾气进行高温灼烧。如果瓦斯突然中断，将影响正常生产；如果瓦斯带液，将造成燃烧炉内积炭，严重时还会在管线中发生燃烧，造成设备事故或气体泄漏，威胁安全生产。

（7）高温掺和阀故障。为控制转化器入口温度，高温掺和阀通常设置在硫回收装置的转化器入口，以便提高转化率。一旦高温掺和阀卡死，气流温度将无法控制，硫磺转化率将显著下降。一旦引起系统阻塞，轻则影响正常生产，重则可能造成非正常停工，严重危害安全生产。

（8）烟囱阻塞。硫磺尾气中含有硫化氢和二氧化硫，它们能发生反应生成硫磺。一旦发生硫磺阻塞烟囱管线的现象，轻则造成系统阻塞，影响安全生产，严重时还会导致被迫停工的事故发生。

（9）尾气处理设施故障。尾气处理设施是为达到硫磺尾气排放标准而设置的，该设施广泛应用于SCOT加氢流程中，以达到提高硫磺转化率、减少污染的目的，其中二氧化硫的转化是控制尾气排放的关键因素。影响尾气排放的因素主要包括催化剂性能、反应温度、加氢量等，其中控制加氢量最为重要。加氢量过大，将加重尾气焚烧炉的负担，严重时造成焚烧炉"飞温"而致损坏；加氢量过小，汇合过程气中硫化氢反应生成硫磺阻塞设备，严重时会引起硫磺反应单元的事故。

（10）采样过程中的危险因素。硫回收装置是通过调节配风量实现Claus反应中硫的最佳转化率。要调节到最佳配风量，需要随时对过程气中的硫化氢和二氧化硫含量进行分析，以帮助操作人员做出正确的判断。国外装置上基本上用在线色谱仪进行分析，国内因经费等因素的影响，多采用人工色谱分析法进行分析。分析人员每天必须与有毒气体直接接触进行采样，因而很容易发生中毒危险，直接威胁到分析人员的生命安全。因此在生产过程中，需要特别注意避免这类事故的发生。

（四）硫回收装置的腐蚀问题

引起硫回收装置设备腐蚀的直接因素是系统中存在着大量的酸性物质，其中尤以二氧化硫的危害性最大。其原因在于装置中同时存在着二氧化硫和水，这两者一旦结合，将生成中强性的酸而腐蚀设备。轻则损坏设备，造成泄漏，污染环境，重则可能造成人身伤害的严重事故发。因此应充分认识这一问题的严重性。

此外，还有硫磺成型中的液硫脱气和避免成型库房因粉尘而可能造成爆炸的危险因素存在等，这些都是安全生产中不容忽视的问题。

（五）自控系统在硫回收装置安全生产管理中的作用

影响硫回收装置安全生产的因素很多，为了保证安全生产，提高硫回收率，保护环境，在硫磺装置中，广泛应用于配风控制系统中的有自动连锁控制系统（如DCS控制系统）。它与在线检测系统和事故控制连锁系统联合，确保生产操作的稳定和安全。其主要作用是在事故发生时快速切断酸性气，因为系统的反应时间短，因此可以尽可能避免人工切断时对操作人员的危害，因而更加安全可靠。

综上所述，硫回收装置的危险因素及可采取的安全管理措施见表 3-14。

表 3-14 硫回收装置的危险因素与防范措施

危险因素	事故现象	处理措施	备注
停工阶段烧焦	反应器飞温，反应器和催化剂损坏	减小或停止空气供给，向反应器中供给氮气	应缓慢升温，二氧化硫吹扫过程应尽量彻底，必要时可延长吹扫时间
开工阶段	流程堵塞	直接加热或在烘炉阶段缓慢打通或分段打通流程	
酸性气带烃（胺）	积炭阻塞	密切注意燃烧温度条件下适当加大空气供给，必要时外转部分或全部酸性气	上游装置操作波动造成气带烃（胺），此时应加强联系，稳定操作
酸性气带液	硫磺系统压力突然升高	严重时可外转部分或全部酸性气	平时操作应注意检查酸性气分液罐，及时排出分液罐中的液相
冷却器阻塞	压力先慢后快速升高，严重时造成防爆膜破裂	采用蒸汽反吹流程，严重时停工	首先排除设备制造原因，然后注意稳定硫磺操作 冷却器的使用寿命受酸性气流量的变化影响较大
不合适的配风比	反应器温度下降，硫磺产量下降，阻塞	短时改用人工配给空气	
酸性气流量和浓度变化	燃烧炉和反应器温度波动较大	短时改用人工配给空气	
风机故障	空气供给中断	及时启用备用风机，同时注意转化酸性气	应特别关注风机反转，酸性气倒流问题
除氧水中断	废热锅炉损坏严重时引起设备爆炸	停工	除氧水中断是系统车间的故障，如果短时间可以恢复，可不停工
瓦斯停或瓦斯带液	瓦斯停焚烧炉温度迅速下降，瓦斯带液焚烧后尾气变黑	瓦斯停应及时点燃火炬，还可改变流程直接排出尾气；适当加大风量可以解决瓦斯带液影响	

危险因素	事故现象	处理措施	备注
高温掺和阀故障	反应器温度上升或下降	停工检修	若为硫磺凝固而卡死,可以考虑直接加热烘烧
烟囱阻塞	系统压力升高	停工检修	
尾气故障	系统压力升高,严重时可能引起燃烧炉防爆膜爆裂	切除尾气系统,单独检修。硫磺系统可以继续生产	影响故障因素较多,出现故障多会引起阻塞
人与有毒物直接接触	人员中毒	抢救	存在于采样、硫磺成型、更换设备,停工检修等一系列过程之中

四、丙烷脱沥青安全管理

装置常用溶剂为甲 A 类丙烷,操作压力在 4.0～5.0MPa 之间。在加工黏度大、凝固点高的减压渣油及产品沥青时,属于甲类火灾危险炼油装置。

(一)开工时的危险因素分析及其安全管理防范措施

丙烷脱沥青装置的通常开工步骤为:装水试压→氮气置换空气→收丙烷置换氮气→丙烷大循环和柴油循环→进料调整。

由于开工时,装置从常温、常压逐渐升温、升压到正常各项操作指标,因而开工时装置的操作参数变化较大,物料的引入、引出比较频繁,是较易产生事故的时刻。因此必须严格按开工程序办事。下面分别分析各步骤的危险因素及可以采取的安全管理措施。

1. 装置装水试压

这是检验装置检修质量的最重要步骤,必须遵循如下操作顺序。

(1)试高压部分(抽提泵和临界塔等),再试中压部分(溶剂回收),最后试加热炉部分(气提回收部分采用蒸气试压);

(2)严格按试压曲线进行升压、稳压和降压;

(3)检查判断合格的标准为达到各级压力时各密封点无漏点;

(4)先打低压系统排空阀,防止中、高压系统阀门关闭不严而造成低压系统超压。

2. 氮气置换

水压检验完成后,由于系统在放水时将吸入空气,因此需要按标准用氮气置换空气到微正压。

3. 收丙烷置换氮气

不允许直接向大气排放,先将氮气和丙烷气排放至火炬系统。

4. 丙烷大循环和柴油循环

随着系统产生液相丙烷,在升温、升压的同时,需要建立起对轻脱油系统的丙烷大循环和沥青系统的柴油循环。此时应注意泵的运行正常，防止泄漏，一旦发现泄漏要及时换泵。与此同时，应防止加热炉点火时发生炉膛爆燃，应使炉内各部温度和压力基本保持正常操作指标。

5. 进料调整

引减压渣油的同时，各气提塔底建立液面，此时必须注意液面的真实性，防止假液面，以避免满塔和塔底机泵抽空等不正常故障。此外还应注意防止发生沥青线凝固（沥青罐按高温储罐管理）的情况。

（二）停工时的危险因素分析及其安全管理防范措施

装置的停工步骤为：停进料，建立丙烷大循环和沥青系统柴油置换→停止丙烷大循环→柴油置换→装置退丙烷→蒸气吹扫。

下面分别分析各阶段的危险因素及安全管理措施。

1. 停进料，建立丙烷大循环和沥青系统柴油置换

此时用丙烷置换装置的设备，用柴油置换沥青系统，随着装置压力和温度的下降，应注意泵运转正常，不发生抽空和泄漏，加热炉不要发生超温。

2. 停丙烷大循环，柴油置换，装置退丙烷

停止丙烷大循环时，由于丙烷介质充斥于装置的各部分中，因此首先应将加热炉熄火，然后等待装置降温、降压到一定程度。同时用丙烷泵将丙烷罐中的丙烷泵送出装置，直至抽空。此时应密切注意丙烷泵的运转，尽量将液态丙烷外送，不允许随意排凝。

3. 蒸气吹扫

系统压力卸完后即进行蒸气吹扫，此时应将装置内的残余丙烷排放至火炬线，不允许直接向大气排放。吹扫时必须严格按吹扫程序进行，不留死角，先从高处排空，见气后低处要切水，防止产生水击或吹扫不畅，导致系统残留丙烷气体。

（三）生产中的危险因素分析及其安全管理防范措施

在长周期运转的过程中，较稳定的工艺参数受工艺设备、仪表等诸因素及人的操作水平的影响，生产中存在各种影响安全生产的因素。下面针对常见的主要问题进行分析。

1. 提降量操作

此时除必须注意避免各部位温度、压力过量超指标和持续时间过长外，室内操作人员需要加强仪表的监测，室外操作人员则应根据要求及时调节各部操作，发现问题随时汇报、及时处理。

2. 原料油切换

切换前必须征得调度的同意，联系并告知相关车间；切换时要注意两套原料量，量不足及时与相关单位联系解决；切换后待停送渣油管线稍冷却后再进行顶柴油。在切换过程中应注意防止憋压和原料泵抽空。

3. 设备管理

车间设备管理主要分静设备和动设备的管理。

常用静设备主要包括蒸气加热器、丙烷水冷器、冷却槽和加热炉，其主要安全管理措施如下。

对蒸气加热器，必须按停工方案停工，对轻脱油蒸发器必须先停止进料，保持高压系统大循环，待轻脱油系统返空后再停用该加热器；丙烷水冷器的抽空过程中，应开冷却水循环；对冷却槽和加热炉的操作必须按规定程序步骤进行，防止操作不当导致事故的发生。

常用动设备管理主要是对机泵的管理，涉及电动机、丙烷泵和压缩机，其主要安全管理措施如下。

发现电动机起火时，首先切断电源，灭火，必要时报警，然后及时向上级主管部门汇报；丙烷泵端面大量外漏丙烷时，首先停泵，关闭泄漏泵的出入口阀，然后泵体泄压，联系断电处理；开启压缩机时，必须注意开启前，要严格执行切水制度。

4. 设备防腐

丙烷装置的设备防腐及安全防范管理措施见表 3-15。

表 3-15 丙烷装置的设备防腐及防范措施

腐蚀部位	腐蚀原因	后果	防腐措施
罐内壁	低温硫化物应力腐蚀	内壁小孔腐蚀	内壁喷铝防腐
水冷器与冷却槽	电学腐蚀和全面腐蚀	局部或全面壁厚减薄，直至破坏	水冷器壳全程采用牺牲阳极保护，管程内外壁喷涂高温防腐涂料

5. 装置安全自保连锁系统

保护压缩机免于吸入液态物质。

6. 装置安全管理防护的基本原则

(1) 一旦发生事故，做好自我保护，并按事故预案处理步骤进行。

(2) 开关控制手阀时应首先保证不超压，然后再力求操作压力变化平稳。

(3) 事故处理过程中要尽量做到不超温、不超压、不损坏设备、不跑油、不凝线。

(4) 停泵时应尽量迅速关闭泵出口阀，以防泵倒转。

(5) 处理事故过程中，应密切关注系统压力的变化，尽量维持高中压系统的压力。

(6) 注意保持换热器的温度不要过低，以避免换热器因温度过低导致的浮头漏油。

(7) 停气时应及时关闭低压系统气提阀门，防止停气后油窜蒸气或恢复供气后气提带水。

（8）发现密封点严重泄漏时，应首先制止泄漏。

（9）处理事故时既应该避免产生火花，也要防止人员被溶剂冻伤，同时还应严格控制火源。

（10）正确报火警，报气防站；正确使用消防器材，减少次生灾害的发生概率。

炼厂设备中还有一些其他装置，如加氢精制、制氢、石蜡加氢精制等。影响这些装置的危险因素因设备的不同而有所差别，但是其主要的危险因素大多都包含在上述各装置系统中，其安全管理措施也因装置系统的不同而涉及各方面的问题，需要具体情况具体分析。

第四章
石油与化工设施设备安全管理

Chapter 04

第一节　锅炉压力容器的安全管理

一、锅炉压力容器的安全技术

锅炉压力容器是锅炉与压力容器的全称，因为它们同属于特种设备，在生产和生活中占有很重要的位置。

压力容器由于密封、承压及介质等原因，容易发生爆炸、燃烧起火而危及人员、设备和财产的安全及污染环境的事故。目前，世界各国均将其列为重要的监检产品，由国家指定的专门机构，按照国家规定的法规和标准实施监督检查和技术检验。

1. 锅炉检验

为确保在用的锅炉、压力容器的可靠性和完好性，应根据法规和标准的要求，定期对锅炉和压力容器进行检验。

锅炉的定期检验包括：外部检验、内部检验和水压试验。定期检验由锅炉压力容器安全监察机构审查批准的检验单位进行。

（1）外部检验。外部检验是指锅炉运行状态下对锅炉安全状况进行的检验，锅炉的外部检验一般为1年。除正常外部检验外，当有下列情况之一时，也应进行外部检验。

① 装锅炉开始投运时；

② 锅炉停止运行一年以上恢复运行时；

③ 锅炉的燃烧方式和安全自控系统有改动后。

（2）内部检验。内部检验是指锅炉在停炉状态下对锅炉安全状况进行的检验，内部检验一般每2年进行一次检验。除正常内部检验外，当有下列情况之一时，也应进行内部检验。

① 安装的锅炉在运行1年后；

② 锅炉停止运行 1 年以上恢复运行；

③ 移装锅炉投运前；

④ 受压元件经重大修理或改造后及重新运行 1 年后；

⑤ 根据上次内部检验结果和锅炉运行情况，对设备的安全可靠性能怀疑时；

⑥ 根据外部检验结果和锅炉运行情况，对设备的安全可行性有怀疑时。

（3）水压试验。水压试验是指锅炉以水为介质，以规定的试验压力对锅炉受压力部件强度和严密性进行的检验。水压试验一般每 6 年进行一次，对无法进行内部检验的锅炉，应每 3 年进行一次水压力试验。水压试验不合格的锅炉不得投入使用。

（4）锅炉检验的注意事项

① 锅炉检验前，使用单位应提前进行停炉、冷却、放出锅炉水；

② 检验时与锅炉相连的供汽（水）管道、排污管道、给水管道及烟、风道用金属盲板等可靠措施隔绝，金属盲板应有足够的强度并应逐一编号、挂牌；

③ 进入锅筒、容器检验前，应注意通风；检验时，容器外应有人监护；

④ 检验所用照明电源的电压一般不超过 12V，如在比较干燥的烟道内并有妥善的安全措施，则可采用不高于 36V 的照明电压；

⑤ 燃料的供给和点火装置应上锁；

⑥ 禁止带压拆除连接部件；

⑦ 禁止自行以气压试验代替水压试验。

2. 锅炉的安全运行

（1）检查准备。对新装、移装和检修后的锅炉，启动前应进行全面检查。为不遗漏检查项目，其检查应按照锅炉运行规程的规定逐项进行。

（2）上水。上水水温最高不应超过 90℃，水温与筒壁温度之差不超过 50℃。对水管锅炉，全部上水时间在夏季不小于 1 小时，在冬季不小于 2 小时。冷炉上水至最低安全水位时应停止上水。

（3）烘炉。新装、移装、改造或大修后的锅炉以及长期停用的锅炉，应进行烘炉以去除水分。严格执行烘炉操作规程，注意升温速度不宜过快，烘炉过程中经常检查炉墙有无开裂、塌落，严格控制烘炉温度。

（4）煮炉。新装、移装、改造和大修后的锅炉，正式投运前应进行煮炉。煮炉的目的是清除制造、安装、修理和运行过程中产生和带入锅内的铁锈、油脂、污垢和水垢，防止蒸汽品质恶化以及避免受热面因结垢而影响传热。

煮炉一般在烘炉后期进行。煮炉过程中应承受时检查锅炉各结合面有否渗漏、受热面能否自由膨胀。煮炉结束后应对锅筒、集箱和所有炉管进行全面检查，确认铁锈、油污是否去除，水垢是否脱落。

（5）点火与升压。一般锅炉上水后即可点火升压。点火方法因燃烧方式和燃烧设备而异。点火前，开动引风机给锅炉通风 5～10 分钟，没有风机的可自然通风 5～10 分钟，以清除炉膛及烟道中的可燃物质。汽油炉、煤粉炉点燃时，应先送风，之后投入点燃火炬，最后送入燃料。一次点火未成功需重新点燃火炬时，一定要在点火前给炉膛烟道重新通风，待充分清除可燃物之后再进行点火操作。

对于自然循环锅炉来说，起升压过程与日常的压力锅升压相似，即锅内压力是由烧火加热产生的，升压过程与受热过程紧紧地联系在一起。

（6）暖管与并汽

① 暖管。用蒸汽慢慢加热管道、阀门等部件，使其温度缓慢上升，避免向冷态或较低温度的管道突然供入蒸汽，以防止热应力过大而损坏管道、阀门等部件；同时将管道中的冷凝水驱出，防止在供汽时发生水击。

② 并汽。并汽也叫并炉、并列，即新投入运行锅炉向共用的蒸汽母管供汽。并汽前应减弱燃烧，打开蒸汽管道上的所有疏水阀，充分疏水以防水击；冲洗水位表，并水位维持在正常水位线以下，使锅炉的蒸汽压力稍低于蒸汽母管内气压，缓慢打开主汽阀及隔绝阀，使新启动锅炉与蒸汽母管连通。

3. 压力容器的检验

压力容器的定期检验包括：外部检查、内外部检验和耐压试验。

（1）外部检查。外部检验是指在用压力容器运行中的定期在线检查，每年至少进行一次。外部检查可以由检验单位有资格的检验员进行，也可由经安全监察机构认可的使用单位压力容器专业人员进行。

（2）内外部检验。内外部检验是指在用压力容器停机时的检验。内外部检验应由检验单位有资格的检验员进行。压力容器投用后首次内外部检验周期一般为 3 年。内外部检验周期的确定取决于压力容器的安全状况等级。当压力容器安全状况等级为 1、2 级时，每 6 年至少进行一次内外部检验；当压力容器安全状况等级为 3 级时，每 3 年至少进行一次内外部检验。

（3）耐压试验。耐压试验是指压力容器停机检验时，所进行的超过最高使用压力的液压试验或气压试验。对固定式压力容器，每两次内外部检验期间内，至少进行一次耐压试验；对移动式压力容器，每 6 年至少进行一次耐压试验。

4. 压力容器的安全运行

正确合理地操作和使用压力容器，是保证其安全运行的一项重要措施。对压力容器操作的基本要求。

（1）平稳操作。平稳操作主要是指缓慢地进行加载和卸载以及运行期间保持载荷的相对稳定。压力容器开始加压时，速度不宜过快，尤其要防止压力的突然升高，因为过高的加载速度会降低材料的断裂韧性，可能使存在微小缺陷的容器在压力的冲击下发生脆断。高温容器或工作温度在零度以下的容器，加热或冷却也应缓慢进行，以减小壳体的温度梯度。运行中更应该避免容器温度的突然变化，以免产生较大的温度应力。运行中压力频繁地或大幅度地波动，对容器的抗疲劳破坏是极不利的，因此应尽量避免压力波动，保持操作压力的稳定。

（2）防止超载。由于压力容器允许使用的压力、温度、流量及介质充装等参数是根据工艺设计要求和保证安全生产的前提下制定的，故在设计压力和设计温度范围内操作可确保运行安全。反之如果容器超载超温超压运行，就会造成容器的承受能力不足，因而可能导致压力容器爆炸。

（3）容器运行期间的检查。在压力容器运行过程中，对工艺条件、设备状况及安全装置等进行检查，以便及时发现不正常情况，采取相应的措施进行调整或消除，防止异常情况的扩大和延续，保证容器的安全运行。

（4）记录。操作记录是生产操作过程中的原始记录，操作人员应认真及时、准确真实地记录容器实际运行状况。

（5）紧急停止运行。运行中若容器突然发生故障，严重威胁安全时，容器操作人员应及时采取紧急措施，停止容器运行，并上报上级领导。

（6）维护保养。加强容器的维护保养防止容器因被腐蚀而致壁厚减薄甚至发生断裂事故。具体措施为：容器在运行过程中保持完好的防腐层，经常检查防腐层有无自行脱落或装料和安装内部附件时被刮落或撞坏；控制介质含水量，经常排放容器中的冷凝水，消除产生腐蚀的因素；消灭容器的"跑、冒、滴、漏"等。

（7）停用期间的维护。容器长期或临时停用时应将介质排除干净，对容器有腐蚀性介质要经过排放、置换、清洗等技术处理。处理后应保持容器的干燥和洁净，减轻大气对停用容器的腐蚀。另外也可采用外表面涂刷油漆的方法，防止大气腐蚀。

二、锅炉压力容器的安全管理

1. 锅炉运行管理

（1）锅炉正常运行时，应根据实际情况随时调节水位、气压、炉膛负压以及进行除灰和排污工作；

（2）加强水处理管理，按规定的时间间隔对水质进行监控；

（3）加强锅炉运行中的巡回检查，监视液位、压力波动，按规定频次吹灰和水位计冲洗；

（4）做好运行记录，当出现故障时，还应将故障情况及处理措施予以记录。

2. 停炉的维护与保养

（1）正常停炉。正常停炉是指锅炉的有计划检修停炉。停炉时，要防止锅炉急剧冷却，当锅炉压力降至大气压时，开启放空阀或提升安全阀，以免锅筒内造成负压。停炉后应在蒸汽、给水、排污等管路中装置挡板，保证与其他运行中的锅炉可靠隔离。炉放水后，应及时清除受热面一侧的污垢，清除各受热面烟气一侧上的积灰和烟垢。根据停炉时间的长短确定保养方法。

（2）紧急停炉。紧急停炉是指当锅炉发生事故时，为了防止事故的进一步扩大而采取的应急措施。紧急停炉时，应按顺序操作，停止燃料供应，减少引风，但不允许向炉膛内浇水；将锅炉与蒸汽母管隔断，开启放空阀；当气压很高时，可手动提起安全阀放汽或开启过热器疏水阀，使气压降低。

因缺水事故而紧急停炉时，严禁向锅炉给水，并不得开启放空阀或提升安全阀排汽，以防止锅炉受到突然的温度或压力的变化而扩大事故。如无缺水现象，可采取进水和排污交替的降压措施。

因满水事故而紧急停炉时，应立即停止给水，减弱燃烧，并开启排污阀放水，同时开启主汽管、分汽缸上的疏水阀。

停炉后，开启省煤器旁路烟道挡板，关闭主烟道挡板，打开灰门和炉门，促使空气对流，加快炉膛冷却。

第二节　压力管道的安全管理

一、压力管道的使用管理

（一）压力管道的前期管理

为了保证管道在使用周期中安全可靠运行，必须从设计、选材、制造、安装、使用、定期检验、计划检修、故障分析、改造直到报废更新进行全过程管理。

1. 前期管理的重要性

管道运行中出现的许多失效问题与管道的设计、选材、制造或安装质量有关。使用单位通过长期的运行操作、定期检验、缺陷整改、失效分析与处理，掌握大量第一手信息，积累丰富的经验，使用单位尽早介入前期管理，必将改善管道前期管理的质量。而使用单位在参与设计、选材、制造、安装的过程中所取得的信息势必提高管道的运行、维护和检修水平。抓好压力管道的设计、选材、制造、施工等过程管理，对确保压力管道的安全稳定运行至关重要，使用单位一定要充分重视这一点。

2. 前期管理的重点和难点

前期管理工作的重点和难点是施工安装，使用单位要抓前期管理，介入前期工作，主要就是要抓施工安装质量控制和竣工验收交接。要加强对压力管道施工过程的监督，确保施工质量。由于现场施工条件所限，压力管道在施工中对焊缝的热处理和检测均存在一定的难度，使保证施工质量更为困难。因此对承担施工任务的单位，要求其技术装备水平必须达到施工条件规定的要求，否则不能施工。在设计时也要考虑尽量减少现场施工的工作量，努力提高预制深度。对新建的高强度钢管道焊缝，建议百分之百进行探伤检查。

要加强对压力管道、管件采购质量的控制和验收。要强化材料的分类管理体系，防止错用和混用。

新建、改建、扩建以及检修工程的工业管道的设计、施工、安装和验收除执行有关规定外，还应遵守 GB 50235—2010《工业金属管道工程施工规范》、GB 50236—2011《现场设备、工业管道焊接工程施工规范》。

企业设备主管部门要与基建部门密切配合，做好压力管道设计、制造、安装和验收交接工作，改变那种建管建、用管用、互不通气，互相埋怨指责的现象。

总之，压力管道的前期管理是压力管道管理工作各个环节中最为重要的一环。

（二）压力管道的使用管理

在用压力管道由于介质和环境的侵害、操作不当、维护不力，往往会引起材料性能的恶化、失效而降低其使用性能和周期，甚至发生事故。压力管道的安全可靠性与使用的关系极大，只有强化控制工艺操作指标和工艺纪律，坚持岗位责任制，认真执行巡回检查，才能保证压力管道的使用安全。

1. 工艺指标的控制

工艺指标的控制如下。

（1）操作压力和温度的控制；

（2）交变载荷的控制；

（3）腐蚀性介质含量控制。

2. 建立岗位责任制

要求操作人员熟悉本岗位压力管道的技术特性、系统结构、工艺流程、工艺指标、可能发生的事故和应采取的措施。

操作人员必须经过安全技术和岗位操作法的学习培训，经考试合格后才能上岗独立进行操作。操作人员要掌握"四懂三会"，既懂原理、懂性能、懂结构、懂用途，会使用、会维护保养、会排除故障。

管道运行时应尽量避免压力和温度的大幅度波动；尽量减少管道的开停次数。

3. 加强巡回检查

使用单位应根据本单位工艺流程和各装置单元分布情况划分区域，明确职责，制定严格的压力管道巡回检查制度。制度要明确检查人员、检查时间、检查部位、应检查的项目，操作人员和维修人员均要按照各自的责任和要求定期按巡回检查路线完成每个部位、每个项目的检查，并做好巡回检查记录。检查中发现的异常情况应及时汇报和处理。

4. 压力管道的维护保养

维护保养工作是延长压力管道使用周期的基础。维护保养的主要内容就是日常的维护保养措施。

5. 压力管道的定期检查和检验

压力管道的异常情况是逐渐形成和发展的，因此要加强压力管道在运转中的检查和定期检验，做到早期察觉、早期处理，防止事故的发生。

6. 压力管道的特护措施

压力管道管理工作在各使用单位远未受到应有的重视，即使在一些管理基础较好、起步较早的行业和企业内，其管理工作也还存在着许多薄弱环节，需要进一步的加强。对城市公用管道的管理工作，其难度和存在的问题就更为突出。

使用单位必须对某些特定情况的压力管道采取如下一些特护措施。

（1）要建立严格的介质定期采样制度，加强对压力管道腐蚀环境的监测和分析。

（2）必须建立定点、定时、定材料挂片测腐蚀速率的制度。

（3）要采取极有效的措施，对腐蚀环境进行严格的控制。

（4）对原料性质经常发生变化的使用单位，一旦原料发生变化时，有关的工作要重复进行。

（5）建立全面的管道测厚系统，依靠大量的测厚数据来判断管路的腐蚀状态、剩余寿命，结合所加工的原料介质的成分、腐蚀特性等数据，进行管道腐蚀规律研究，寻找最佳防腐措施，最大限度发挥管道的效能。

（6）对部分存在隐患的压力管道，使用单位要制定特护措施强化管理，并应缩短定期检验的周期。

（7）要加强对特定或重要管道的检测、检验工作。

7. 压力管道的计算机管理

计算机作为信息处理的有力工具，在企业管理领域已日益显示出重要的作用。压力管道计算机管理系统设计了档案资料、定点测厚、焊缝无损检验、数据诊断分析、腐蚀率计算、维护检修、管道使用寿命预测及统计报表等全过程管理内容。利用计算机储存、检索、查询快捷的特点，对压力管道数据进行综合和分析，从静态到动态为全面综合管理提供依据。

首先，要建立压力管道基本参数和综合性能表，见表 4-1。

表 4-1　压力管道基本参数和综合性能

序号	内容	参数性能	备注
1	管道编号、图号		
2	规格/mm		
3	长度/m		
4	材料		
5	安装日期		
6	投用日期		
7	操作温度/℃		
8	操作压力/MPa		
9	操作介质		
10	焊缝数		
11	焊接材料		
12	防腐措施		
13	管道厂商		
14	力学性能		
15	化学成分		

序号	内容	参数性能	备注
16	查单编号		
17	无损探伤检验单号		
18	评级		
19	主要附件名称		
20	安全附件		
21	结论		

根据压力管道的定期检验要求，在上述数据库的基础上，进一步输入压力管道的外部检验评定、定点测厚记录、全面检验、评定压力管道优劣程度及检修要求等技术状况数据库（见表4-2）。

表 4-2　压力管道技术状况

序号	内容		参数性能	备注
1	管道编号、图号			
2	管道名称			
3	受检查管段			
4	操作条件	优		
5		良		
6		可		
7		差		
8	定点测厚	原始/mm		
9		实测/mm		
10		判断		
11	全面检验	探伤记录		
12		焊缝抽查		
13		检验日期		
14		检验周期		
15	综合评定	得分		
16	检修记录			

二、压力管道的事故管理

压力管道在实际使用过程中，由于在设计、制造、安装及运行管理中存在各类问题，管道的破坏性事故时有发生。除常温常压外，压力管道一般应用在连续性的生产过程之中，更多为高温高压或低温高真空度的场合，工作介质往往有易燃易爆、腐蚀及剧毒的特点，这对管道的安全运行带来一定的威胁。

压力管道的破坏事故原因大体有以下几类：

① 因超压造成过度的变形；

② 因存在原始缺陷而造成的低应力脆断；

③ 因环境或介质影响造成的腐蚀破坏；

④ 因交变载荷而导致发生的疲劳破坏；

⑤ 因高温高压环境造成的蠕变破坏等。

1. 压力管道破坏形式的分类

如前所述，压力管道破坏型式的分类方法有很多种。按破坏时宏观变形量的大小可分为韧性破坏（延性破坏）和脆性破坏两大类。按破坏时材料的微观（显微）断裂机制分类，可以分为韧窝断裂、解理断裂、沿晶脆性断裂和疲劳断裂等。实际工作中，往往采用一种习惯的混合分类方法，即以宏观分类法为主，再结合一些断裂特征。通常分为韧性破坏、脆性破坏、腐蚀破坏、疲劳破坏、蠕变破坏和其他形式破坏。

2. 压力管道破坏形式

（1）韧性破坏。韧性破坏是一种因强度不足而发生的破坏，是管道在压力的作用下管壁上产生的应力达到材料的强度极限，因而发生断裂的一种破坏型式。发生韧性破坏的管道，其材料本身的韧性一般是非常好的，而破坏往往是由于超压而引起的。

金属的断裂是裂纹的发生和扩展的过程。金属在加工过程中可能在晶体中留下显微裂纹，这些裂纹在金属的塑性变形中将得到扩展。金属材料发生大量塑性变形时，材料内部夹杂物中或夹杂物与基体界面上会形成显微空洞。随着塑性变形的增加，显微空洞长大并聚合，其边缘上的应力达到材料的极限强度，金属即发生断裂。

极限强度是材料最大均匀变形的抗力，表征材料在拉伸条件下所能承受的最大应力，是金属材料的主要力学性能指标，也是设计和选材的主要依据。

管道在屈服后的升压过程中，若在任意点卸压时均会留下较大的残余变形，例如鼓胀，而长度的变化几乎可以忽略不计。使用中的管道如果发现有鼓胀现象，说明管道已因超压变形而失效，必须停止使用。至于已发生韧性破断的管道，其鼓胀现象就更为明显。

韧性破坏具有如下一些特征。

① 发生明显变形。

② 一般不产生碎片。

③ 实际爆破压力与理论值相近。

④ 断口的宏观形貌基本上是滑移、位错堆积和微孔聚合，断口呈纤维状，无金属光泽，色泽灰暗不平，断面有剪切唇。

⑤ 断口的微观形貌为韧窝花样，韧窝的实质就是一些大小不等的圆形、椭圆形凹坑，是材料微区塑性变形后在异相质点处形成空洞、长大聚集、互相连接并最后导致断裂的痕迹。宏观纤维状形貌是显微窝坑的概貌。

（2）脆性破坏。脆性破坏是指管道破坏时没有发生宏观变形，破坏时的管壁应力也远未达到材料的强度极限，有的甚至还低于屈服极限。脆性破坏往往在一瞬间发生，并以极快的速度扩展。这种破坏现象和脆性材料的破坏很相似，故称为脆性破坏。

脆性破坏的基本原因是材料的脆性和严重缺陷。前者因焊接和热处理工艺不当而引起，后者包括安装时焊缝中遗留的缺陷和使用中产生的缺陷。此外，加载的速度、残余应力、结构的应力集中等都会加速脆断破坏的发生。

（3）腐蚀破坏。压力管道的腐蚀破坏，是指管道材料受环境介质的化学、电化学和物理作用而产生的损坏或变质现象。

（4）疲劳破坏。压力管道的疲劳破坏是管道长期受到反复加压和卸压和交变载荷作用出现的金属材料疲劳，而产生的一种破坏形式。疲劳破坏时一般没有明显的塑性变形，从表观现象上与脆性破坏很相似，但其原因和发展过程却截然不同。

（5）蠕变破坏。蠕变与压力容器的蠕变原因有相似之处，即在高温环境下，只要达到一定的温度，钢材即使受到的拉应力低于该温度下的屈服强度，也会随时间的延长而发生缓慢持续的伸长，这就是钢材的蠕变现象。各种材料产生蠕变的温度界限各不相同，碳钢和普通低合金钢超过 $300\sim400℃$，即应考虑蠕变破坏问题。合金钢则具有较好的抗高温蠕变性能。一般认为，材料的使用温度不高于熔化温度的 $25\%\sim35\%$，则可不考虑蠕变影响，材料发生蠕变破坏时具有明显的塑性变形，变形量的大小视材料的塑性而定。

三、压力管道的修理和技术改造

（一）压力管道修理与技术改造的基本要求

压力管道的技术改造一般指以下几个方面的技术变动。

（1）较大数量更换原来管线，国外有的规定管线长度为 $500m$ 以上；

（2）改变公称直径，因为公称直径的变更将会导致介质的流速、流量、管道的应力、应变等一系列技术参数的变化；

（3）提高工作压力，有时工作压力的提高可使管道的管理级别发生了变化；

（4）改变了输送介质的化学成分，输送介质化学成分的变动使得原有管道系统的环境因素发生了变化；

（5）提高工作温度，工作温度是决定管道选材的根本因素，温度的变更会导致原有管道材料性能的劣化；

（6）其他措施，如管道控制系统的变更等。

从事压力管道修理与技术改造的单位必须具备一定的基本条件，应有完善的组织机构和质量保证体系，应有与之相应的技术力量、工装设备和检测手段。对压力管道进行重大技术改造时，其技术和管理要求应与新建压力管道的要求一致。重要工业管道的技术改造方案必须经企业总工程师和总机械师审核批准。

压力管道的修理或技术改造必须做到结构合理，且保证系统的强度能满足最高工作压力的要求。修理、改造中的补焊、更换管段、管道件及热处理等，应按现行技术规范，制定具体施工方案和工艺要求，必要时应进行强度校核。修理或改造的焊接必须做焊接工艺评定，管道及焊接用材料应符合现行规范要求，并按强度级别及可焊性等要求，与原有管道用材相同、相当或接近。

压力管道在修理或改造前，应进行必要的检查和检验，着重检查管道投运后的状况，使用中产生的缺陷，焊缝及应力集中部位和情况，承受交变载荷或频繁间歇操作的管段，低温、高温或强腐蚀介质的管道；设计及制造安装有问题的管道。对可能引起疲劳、应力腐蚀开裂、高合金钢、铬相钢的管道要特别注意；对于缺陷严重、修理工作困难后难以保证安全使用的管道应予以判废或限期更换；对于可修理的管道，检验单位应提出修理部位及要求，修理工作应在对检验结果及缺陷情况做出分析的基础上进行。修理或改造的技术方案需征求使用单位及检验单位的同意，必要时应由质量技术监督行政部门或由其认可的中介机构进行监督检查。

（二）压力管道的检修内容

压力管道的检修与设备检修一样，可分为计划检修和非计划检修两大类。从组织管理和经济效益考虑，计划检修有其一定的优越性（包括大、中、小修），但故障性的临时检修仍属难免。管道在出现缺陷或故障时，如不能在运行中实施修理，又不可能等待计划停运检修，就需要停车检查和修理，以免故障扩大而引起事故。

1. 检修前的准备

检修前的准备工作是把管道内的可燃、有害性介质彻底清除，并对检修对象做仔细检查，判明缺陷的状况。

（1）管道系统降温、卸压、放料的置换；

（2）用盲板将待修管道与不修管道及设备断开；

（3）管道的清洗和吹扫；

（4）气体的取样分析；

（5）管道系统的修前检查。

检修前检查的目的是要查明缺陷的性质、特征、范围和缺陷发生的原因。通过检查，最后确定修理方案，并经技术负责人批准。按照已确定的修理方案和工艺实施检修，才能保证修理质量，否则可能人为地造成缺陷扩大。

检修前检查还包括对管道系统经过一定的运行周期后定期的技术状况的专业调查，根据调查情况结果来对管道系统做出评估，以确定其综合技术状况。

2. 检修工程的技术措施

管道检修必须要有严密的技术措施。检修现场要设置装置检修平面布置图、施工统筹网络图、施工进度表。重要的工程项目还要有施工技术方案书，并制定周全的安全措施。

工程质量要精益求精，认真执行相应的管道检修规程、规范和质量验收标准，坚持"五个做到"（道道焊口有钢印、主要焊缝有验收单、项项工程有资料、工序交接有检查、材料配件有鉴定）。

3. 检修的验收

管道检修项目必须经过自检、互检、工序交换检查和专业检验。凡不符合要求者，应坚持推倒重来。检修完毕，应具备的交接验收资料参照管道安装竣工资料的内容要求。

一般管道由使用单位组织验收，Ⅰ、Ⅱ、Ⅲ类管道由企业的设备部门组织验收。管道验收后均应办理三方（施工、使用、管理）签字交接手续。整个系统检修完毕后，应组织工程质量总验收，并需做出鉴定，提出开车报告。

4. 管道交付使用前的安全检查

为了保证安全生产，检修后的压力管道在交付使用前，应组织专人进行一次安全检查，其内容主要有以下几个方面。

（1）管道的技术状态；

（2）安全附件；

（3）检修现场。

5. 检修记录

压力管道检修完毕后，应由检修人员填写检修记录。检修记录的格式要求统一，重点要突出，责任要明确，才能提高归档以后查阅和利用的价值。

6. 检修工作的安全注意事项

压力管道的检修工作有其自身的特点，检修部门及有关人员必须加强检修现场的综合管理，不断提高现场管理水平，在确保安全和检修质量的前提下，做到文明检修，完成各项检修任务。管道安全作业除应遵循一般设备安全检修有关要求外，还应注意以下问题。

（1）管道系统停工检修前，要认真做好"五交底"，达到"七落实"。

五交底：工程任务交底、质量标准交底、设计图交底、器材供应交底和施工安全措施交底；

七落实：施工任务落实、设计图落实、材料设备落实、施工人员落实、施工机具落实、技术组织措施落实和质量安全措施落实。

（2）检修工程必须文明施工，现场道路平整，消防通道畅通，原材料、工具按规格码放整齐，现场有安全标志。检修零部件"三不落地"、"三不见天"。不高空抛物，检修完毕工完成任务料净场地清；不乱用大锤、管钳、扁铲；不乱折、乱拉、乱顶、乱栓、乱割；不乱打保温油漆；不乱卸用其他设备的零件。

（3）管道检修时要做到"三分清"与"三除净"。

三分清：合金钢材料、紧固件与一般碳钢材料、紧固件、配件分清；已紧螺母、堵头与未紧螺母、堵头分清；焊条牌号及焊接材料分清。

三除净：管道内结焦污物除净，水管内水垢、氧化物除净，试压试漏水除净。

（4）管道带压时，不能对主要受压管件、管材进行任何修理或紧固工作，以免发生意外事故。

（5）管道检修涉及的有关特殊工种，如起重、电工、焊工、架子工、吊车和运输车辆驾驶员等要经专业培训，并经考试合格后持证上岗，方可参与施工。

（6）严格执行现场动火制度，没有动火批准手续不准动火作业。

（7）严格执行现场动土制度，没有动土批准手续不准开挖土方，以免损伤地下其他隐蔽工程，酿成故障或事故。

（8）进入现场的人员必须正确佩戴安全帽，从事高处作业的人员必须正确佩戴使用安全带，架空管道有关通道应有相应护板、护栏等可靠防护措施。

（9）重大吊装工程应有专人指挥，有吊装方案，吊装区域设警示线，执行作业要制度化。

（10）射线探伤作业人员应穿戴好符合标准的防护用品，作业场所禁止饮食、吸烟，并设置警戒线，有明显标志，有专人监护。

（11）在紧急情况下进行有毒有害介质管道抢修时，应佩戴防毒面具进行作业，在地沟、管沟、室内、开挖的土方、窨井内作业需使用无缺陷的长管式防毒面具。

第三节　油库安全管理

油库是储存油料的基地。油料具有易燃易爆、易挥发和流动性等特点，如果管理不善，极易发生燃烧或爆炸事故。因此，加强油库安全管理，及时发现和消除油库安全工作中的不安全因素，杜绝各类事故的发生，具有相当重要的现实意义。

一、油库火灾的危险性

油库的火灾危险性主要有以下方面。

1. 油品的火险特性

（1）易燃烧。油品属有机物质，主要组成物质为碳氢化合物。油品遇火、受热以及与氧化剂接触时都有发生燃烧的危险，其危险性的大小与油品的闪点、自燃点有关，油品的闪点和自燃点越低，发生着火燃烧时的危险性越大。

（2）易爆炸。石油具有容易燃烧的特性，石油蒸气与空气混合，当达到一定混合比范围时，遇火即发生爆炸，因而具有很大的火灾危险性。

（3）易产生静电。石油是导电率极低的绝缘非极性物质。当石油沿管道流动与管壁摩擦和在运输过程中与车、船的罐、舱壁冲击以及油流的喷射、冲击都会产生静电。静电电位高于4V时，发生的静电火花达到了汽油蒸气点燃能量（油气最小点燃能量为 0.25×10^6 J），就会使汽油着火爆炸。

（4）易蒸发、易扩散、易流淌。油品在一定温度和密度下容易蒸发。油品的蒸发特性，取决于液体的分子结构与温度。1kg汽油大约能蒸发 $0.4m^3$ 的汽油蒸气，煤油、柴油的蒸发速度与温度、密度、蒸发面积、油品表面空气流动速度、油面承受的压力等因素有关。

油品蒸发的油气密度，除甲烷外，都比空气大，蒸发出的气体可随风飘散扩展，无风时，沿地面可扩散出50m以外，往往在储存场所的空间、地面弥漫飘荡，在低洼处积聚不散，这样就大大增加了火灾危险性。

油品液体密度均小于1，可沿水面和地面流淌，能在坑洼地带积聚。油品流动扩散的强弱取决于油品本身的黏度，黏度低的油品流动性强，如有渗漏会很快向四周扩散。重质油品虽然黏度较高，但随温度的升高亦能增加其流动性。

（5）易受热膨胀。油品受热后，温度升高，体积膨胀，若容器灌装过满，管道输油后不及时排空，又无泄压装置，便会破坏容器和管件；另一方面由于温度降低，体积收缩，容器内出现负压，也会使容器如油罐、油桶等被大气压瘪变形以至损坏报废。

（6）易沸溢喷溅。重质或含水分的油品着火燃烧时，可能发生沸溢喷溅。燃烧的油品大量外溢，甚至从罐内猛烈喷出，形成巨大的火柱（可高达70～80m），火柱顺风向喷射距离可达120m左右，不仅扩大火场的燃烧面积，而且严重威胁扑救人员的人身安全。

2. 油库的火灾原因

油库火灾主要是由于各种明火源或静电火花，以及雷击等原因引起的。其主要表现如下。

（1）油罐作业时，使用不防爆的灯具或其他明火照明，以及飞火引入罐内或油气集中场所；

（2）利用钢卷尺量油，铁器撞击等碰撞火花；

（3）进出油品方法或流速不当，或穿着化纤衣物产生静电火花，引起燃烧爆炸；

（4）遭受雷击，或库区内杂草或其他物品燃烧，引燃油品蒸气或加热储罐；

（5）维修前清理工作不合格而动火检修；

（6）油罐中沉积含硫物质的自燃性残留物等；

（7）油桶或油罐破裂泄漏，或装卸差错；

（8）灌装过量或日光曝晒；

（9）油泵故障或输油管路破裂等，造成泄漏、逸散。

由于油库具有上述火灾危险性，所以应高度重视油库的消防安全工作。油库的消防安全工作主要从油库防火措施和油罐的防火设施两个方面入手。

二、油库的防火措施

（一）库址选择

（1）油库的位置应尽量避开大中型城市、大型水库、重要的交通枢纽、机场、电站、重点工矿企业和其他军事战略目标，以免相互影响，增加各种不安全因素。

（2）油库的库址应选择在交通方便的地方，尽量便于消防车到达。以铁路运输为主的油库，应靠近有条件接轨的地方；以水运为主的油库，应靠近有条件建筑装卸油品码头的地方。

（3）油库的库址应选择在地势较为平坦的地方，库址的自然地形最好具有较为明显的坡度，自然地形坡度不宜小于千分之五，以便于油库排水和进行油品自流作业。若在丘陵地区建库，宜选择在地势较低又不被洪水淹没的地方。

（4）油库周围有明火时，库址宜选择在常年主导风向的侧风向，当设在侧风向有困难时，应根据明火有无飞火的可能来选择。若是无飞火可能的明火，可选择在明火的下风方位，若是有飞火可能的明火，应选择在明火的上风向，而且还应有足够的安全距离（一般不小于 30m）。

（5）油库位于岸边时，应与居民点、码头、桥梁等保持相应的安全距离，并应选择在江、河的下游地带，以免油品着火时顺流而下。

（6）在地震区建造油库时，应考虑抗震设施。

（7）库址应选择在地质条件较好的地方。不应建在有土崩、断层、滑坡、沼泽、流沙及泥石流的地区，也不宜建在 3 级湿陷性大孔土地区。

（8）油库与周围企业、居住区、交通线等处的安全距离应符合国家有关规定。

（二）油库布置的防火要求

1. 铁路收发区的位置选择

铁路收发区应尽可能地设在油库的边缘地区，避免与库内道路及油库的出入口相交，装卸油品作业中心线至库内道路（除消防道路外）的距离，不应小于 10m，并应布置在辅助作业区的上风向。为了防止静电和外部杂散电流导入库内引起火灾，作业线路与外部铁路应绝缘，可在铁路连接处的鱼尾板中夹一套石棉垫等绝缘材料，并采取路轨接地措施，每隔 100m 接地。

铁路油品收发区的两侧宜设消防道路，此道路应与库内道路相连成环状。当设环形道路有困难时，可采用尽头式消防车道，但应有 15m×15m 的回车场。

2. 装卸油码头与其他建筑构的间距

装卸油品码头与石油库内其他建（构）筑之间的防火距离，必须符合国家的规定标准。

3. 储油罐区

罐区内油罐的布置，必须考虑油气扩散、火焰辐射热、油品性质、油罐类型及消防力量和扑救条件等因素合理布置。具体要求如下所述。

（1）油库的地上油罐区，宜根据地形条件布置在比装卸区高的地区。油罐距油库内其他建筑物的距离应符合国家规定。

（2）油罐地区地坪应保持不小于 1：100 的坡度，坡向排水闸或水封井。凡铺砌夯筑的场地不应有裂缝和凹坑，裂缝要填实，沉降缝要用石棉水泥填实抹平，以防止渗水、渗油和油气积聚。

（3）油库的油罐，应按下列要求成组布置。

① 同一个油罐线内宜布置油品火灾危险性相同或相近的油罐。

② 地上油罐不宜与半地下、地下油罐布置在同一个油罐组内。

③ 一个油罐组内油罐的总容量，固定顶油罐单罐容量小于或等于 50000m³ 时，总容量不应大于 100000m³；浮顶油罐或内浮顶油罐单罐容量小于或等于 50000m³ 时，总容量不应大于 200000m³；单罐容量大于 50000m³ 的浮顶罐或内浮顶油罐不应大于 500000m³。

④ 一个油罐组内的油罐不应多于 12 座，但单罐容量小于 1000m³ 的油罐组和储存丙 B 类油品的油罐组内的油罐座数可不受此限。

（4）地上油罐组的布置，应符合下列规定。

① 地上油罐组内的油罐不应超过 2 排，单罐容量不大于 1000m³ 的储存丙 B 类油品的油罐不应超过 4 排。

② 立式油罐的排与排之间的防火距离，不应小于 5m；卧式油罐的排与排之间的防火距离，不应小于 3m。

4. 罐区防火堤

地上油罐与半地下油罐的油罐组，均应设防火堤。防火堤的基本要求如下。

（1）防火堤应为不燃材料建造；堤高 1.0～1.6m（比计算高度高出 0.2m 为宜）；土质防火堤堤宽不小于 0.5m。

（2）防火堤内平地应有 1‰～5‰ 的排水坡度，并应设带闸门的下水道和水封井。

（3）防火堤内所构成的空间容积，对于固定顶油罐，不应小于油罐组内一个最大油罐的容量；对于浮顶油罐或内浮顶油罐应不小于堤内地上一个最大油罐储量的一半。当固定顶油罐与浮顶或内浮顶油罐布置在同一油罐组内时，应取上述两种情况规定的较大值。

（4）罐组内，总容量大于 20000m³，且油罐多于 2 个时，防火堤应设隔堤，其堤顶应比防火堤低 0.2～0.3m。沸溢性油品储罐不论其容量大小，均应每 2 个油罐设一隔堤。

（5）防火堤不得开洞挖孔。

5. 罐油间

轻质油罐油间的耐火等级不应低于 2 级，其余油品罐油间不应低于 3 级。罐油间应为不发火的地坪，地面应沿下坡度方向开集油沟及集油井。罐油柱的相互距离应为 2m 以上。对于直接向汽车上空桶灌装的罐油间，应设置 1.1m 高的汽车停靠站台，并在灌装时先接好接线。灌装间的宽度应为 3m 左右，长度根据罐油柱数目确定，且罐油柱之间的间距不小于一辆车的宽度，保证灌装间内通风良好。轻质油品和重质油品，应分别设置在单独的罐油间内。设置在同一座建筑物内时，应用防火墙隔开。供灌装使用的计量油罐应与罐油间无门窗、孔的外墙相距 2m 以上，并围有防火堤。每只计量罐的容量应不超过 25m³，一组计量罐的总量不应超过 200m³，计量罐之间的距离应不小于 1m。当润滑油油罐间与润滑油桶装仓库设在一起时，两者之间应设置防火分隔墙。汽油、煤油、柴油等油品的灌装安全流速控制在 4.5m/s 之内。

6. 消防道路

油库内的道路应尽可能布置成环形道。对于库内有汽车往返交叉作业的地段，其路面宽度应为 6m 的双车道，对于较少行驶车辆的路段，其路面宽度应为不小于 3.5m 的单车道，但应在适当地段设会车道。油罐区消防道路，应尽量采用双车道，并且路肩宽度应小于 1m；路边距防火堤基脚不小于 3m。消防道路两侧不宜栽植树木。

（三）油罐的防火设施

（1）油罐的基本要求。油罐应采用钢油罐，并应建造在不燃材料的基础上，绝热层应为不燃材料。油罐上不准安装玻璃液面计和取样阀。

（2）立式金属油罐。浮顶罐顶的全部或部分用两层钢板焊接，其四周用耐油胶皮以弹簧压紧在内壁上保持封闭。内浮顶与罐体间必须设置静电引出线路，而且应在罐壁上部和拱顶开设足够数量的通气孔，使浮顶上部空间能形成气体对流。

（3）卧式金属油罐。卧式油罐支座应为非燃烧体，而且支座下面不得搭建建（构）筑物，或作其他用途。地下式卧罐上也不许建造房屋等。

（4）非金属油罐。非金属油罐有钢筋混凝土油罐、砖砌混凝土抹面油罐、石砌油罐、土油罐等数种，大多为地下或半地下式，一般只准用于储存重质油品。

（5）油罐附件。油罐的各种附件要齐全、可靠。油罐一般设有扶梯、平台、人孔、量油孔、透光孔、进出油口、保障活门、放水管、胀油管和进气支管、呼吸阀、通气孔、阻火器、加热（或冷却）装置，温度及液面测量装置、搅拌装置等附件。附件的主要材料一般应与罐体材料相同。

三、油库设备的安全管理

（一）油罐设备的管理

1. 油罐的类型及技术资料档案

油罐（图 4-1）是油库储存油料的重要设备。按照油罐的安装位置可分为地上油罐、地下油罐、半地下油罐和山洞油罐；按照建造油罐的材质可分为金属油罐和非金属油罐两大类。其中，根据其形状，金属油罐可分为立式钢制油罐、金属油罐、卧式钢制油罐和特殊形状油罐。而非金属油罐可分为土油罐、砖砌油罐、钢筋混凝土油罐、石砌油罐、耐油橡胶软体油罐、玻璃钢油罐、塑料油罐。在油库中，使用最广泛的是立式钢制油罐和卧式钢制油罐。

无论是新建油罐还是使用多年的旧油罐，都应具备如下完善的技术资料档案。

（1）油罐图纸、说明书、编号；

（2）油罐施工情况记载；

（3）油罐基础检查及沉降观察记录；

（4）油罐焊缝质量探伤记录及报告；

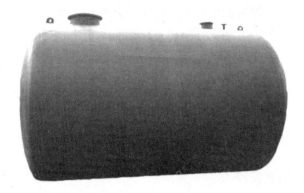

图 4-1　油罐

（5）油罐强度及严密性试验报告；

（6）油罐罐体几何尺寸检查报告；

（7）防雷防静电接地系统检查测试记录；

（8）油罐附件的检查及测试记录；

（9）油罐试压、试漏测试记录；

（10）附属设备性能一览表及其技术状况；

（11）每次清罐后检查、检修及验收记录。

2. 油罐的常见破坏形式和预防措施

油罐的破坏主要来自三个方面的影响：选材，制定焊接安装工艺、设计及使用，油罐的维护和管理。常见的破坏形式有吸瘪、翘底、胀裂以及浮盘下沉等。

（1）油罐吸瘪

① 原因。油罐内部的压力的调节是由呼吸阀进行的，若由于设计或使用方法的影响，造成油罐的呼吸不畅，则在油罐验收、发油或气温骤降时就会发生油罐吸瘪。吸瘪的部位多发生在油罐的顶部，轻则引起油罐变形，重则引起油罐严重凹瘪，不能继续使用，影响油库的正常工作。

② 可采取的预防措施

a. 油罐呼吸阀的呼吸量应与油罐进出油流量相匹配按照油罐的收发作业流量，选用相应的机械呼吸阀规格，见表 4-3。

表 4-3　机械呼吸阀选择

油罐的收发量/m³	呼吸阀数量/个	呼吸阀口径/mm
≤25	1	50
26～100	1	100
101～150	1	150
151～250	1	200
251～300	1	250
>300	2	200

b. 呼吸阀计算。机械呼吸阀负压阀盘的重量和检测油罐负压时，应考虑阻火器压降的影响，因为油罐上的机械呼吸阀与阻火器串联安装在一起。

c. 洞库油罐。对于洞库油罐，其承受的正负压力除与油罐的材质、结构、施工质量等有关外，还与收发油时呼吸管路的总摩擦阻力有关。如果呼吸管路总摩擦阻力增大，发油时油罐呼吸阻力增大，吸气量减少，就可能使油罐真空增大而吸瘪。

d. 设计与安装要求机械呼吸阀的阀盘椭圆度及导杆的偏心度，要求不应超过0.5mm，安装必须垂直，其水平倾斜误差为±1mm。

e. 放水阀设置要保证呼吸管路的设计坡度最小不少于3‰，并在最低处设置放水阀。

f. 附件。安装在呼吸管路上的所有附件，都要经过检查试压，呼吸管路不仅要做到强度、严密性试验，最后还应进行吹扫。呼吸阀、阻火器等设备的安装应在吹扫工作之后进行。

g. 日常管理工作在日常管理中，要保证呼吸管路的完好、畅通，并做好防护工作。除了防火防冻外，还要防止昆虫、禽、兽做巢堵塞。

h. 呼吸阀的维护保养在维护保养呼吸阀时，不得在机械呼吸阀的阀盘与阀座、导杆与导杆套加润滑油。

i. 校正。应定期对呼吸阀压力进行校正，特别是使用年限较长的油罐，呼吸阀的负压值应适度降低。

j. 其他。定期清理、吹扫呼吸阀、阻火器或呼吸管路，以防其堵塞；可在呼吸管路上安装真空度警报装置。

（2）油罐翘底、胀裂

① 原因。油罐翘底、胀裂的主要原因是由于油罐内部正压超过油罐所能承受的压力。导致油罐正压过高的原因主要是呼吸阀、阻火器及呼吸管路不善、操作不当，在收油过程中，造成油罐超压。

② 预防措施。防止油罐翘底、胀裂与防止油罐吸瘪的措施相同。

（3）油罐渗漏。油罐渗漏是油罐较为普遍的破坏形式。造成油罐渗漏的原因主要有裂纹、砂眼和腐蚀穿孔。油罐渗漏不仅造成油料的损失，而且轻油渗漏浸渍油罐外壁防腐层和罐底沥青砂垫层后，对油罐防腐不利，影响油罐的使用寿命。

① 油罐渗漏时的常见现象如下。

a. 没有收发油作业时，坑道、走道、罐室和操作间油气味道很浓；

b. 罐内油面高度有不正常下降；

c. 罐身底部漏气时，油罐压力计读数较同种油罐低，严重时有漏气声；

d. 罐身上部渗漏处往往黏结较多的尘土，罐体储油高度以下渗漏会出现黑色斑点，或有油附着罐壁向下扩散的痕迹，甚至冒出油珠；

e. 罐身下部沥青砂有稀释的痕迹，地面排水沟有不正常的油迹，埋地管在雨天更明显。

② 原因

a. 裂纹。经常出现在罐体下圈板竖、平焊缝的焊接接头和罐底弓形边缘板上。发生裂纹的常见原因有：

（a）严寒地区，地面油罐各部位温差引起的内应力以及钢板冷脆性能引起的裂纹；

（b）油罐焊接施工引起的裂纹。主要原因为焊接过于集中引起焊接热应力产生的裂纹；油罐结构尺寸偏差较大形成的附加应力产生的裂纹；焊接缺陷，如咬边、夹渣、气泡等，增加了应力集中产生的裂纹；

（c）油罐基础下沉，在罐底和罐体上产生了较大的应力，引起罐体的变形、折皱、裂纹等；

（d）由于呼吸阀失灵或调解不当，发油速度过快，以及油罐试压时超压等，使罐内压力或真空度过大，以至于超过了油罐的承受能力，直接造成裂纹。

b. 砂眼。通常发生在油罐上部圈体和罐底，绝大多数是由于钢板和焊缝受腐蚀形成的。

c. 腐蚀穿孔。油罐的腐蚀类型有大气腐蚀、渗漏水腐蚀、自然腐蚀、化学腐蚀、电化腐蚀。

③ 预防措施

a. 裂纹的预防

（a）正确选择油罐钢材型号；

（b）保证油罐焊接质量，减少油罐内应力防止油罐变形；

（c）防止油罐基础的不均匀下沉。

b. 预防砂眼的存在

（a）加强对钢板质量的检查。对采用的油罐钢板必须进行外观检查，表面不得有分层、气泡、结疤、裂纹、折痕、夹渣和压入的氧化皮，表面缺陷锈蚀深度与钢板实际负偏差之和不得超过标准规定的范围；

（b）加强焊接施工质量管理，选择技术素质高、设备齐全、具有合格证书的安装队伍，并明确质量标准；

（c）在油罐使用中做好防腐工作。

c. 腐蚀穿孔

（a）在油罐内外壁表面涂刷防腐涂料；

（b）采用牺牲阳极保护法；

（c）在油罐中投入少量缓释剂，可以防止和减轻油罐内壁的腐蚀；

（d）做好洞库防潮工作。影响洞库潮湿的因素很多，主要有洞内渗漏水；被覆层散湿；潮湿空气的进入；物质和人员带入洞库中的水分等，解决的办法是：排水堵漏、通风降湿、密闭防潮、吸湿、涂防潮涂料等。

（4）内浮顶油罐的浮盘沉没

① 原因

a. 浮盘变形。浮盘变形后，在运动中由于各处受到的浮力不同，以致出现一边浸油深，一边浸油浅，浮盘倾斜，浮盘导向管滑轮卡住，浮盘运动倾斜逐渐增大。当浮盘所受浮力不能克服其上升阻力时，油品就会从密封圈及自动呼吸阀孔跑漏到浮盘上面沉盘。

b. 浮盘立柱松落失去支撑作用。

c. 液泛问题。液泛是指油气夹带液沫喷溅到内浮盘上的过程。它之所以造成内浮盘沉盘，是因为：一方面油料输送到油罐中后压力降低，使原来的相平衡被破坏，在常压下为了达到新的平衡，就会产生大量的油气；另一方面，对于炼厂油库，由于油料进罐温度可能较高，或油料未经稳定脱气，致使一部分轻组分气化，产生大量气体，这些气体在罐内形成气泡，聚集在内浮顶下和密封装置处，而且在输油作业中，由于油料在罐内剧烈湍动，使得内浮顶倾斜、旋转，此时若在罐壁与密封装置处有一微小缝隙，气体就会夹带液沫从缝隙中喷出，并在内浮顶上聚积，从而造成浮盘沉没。

d. 浮盘密封圈损坏并撕裂翻转。出现这类事故的原因有：浮盘密封圈内的软填充物没有填充均匀；罐壁局部凸凹度超标；密封圈老化龟裂等。

e. 中央排水管升降不灵活。中央排水管在安装时尺寸不正确，导致排水管升降不灵活，浮盘运动受阻而沉盘。

f. 浮盘与船舱腐蚀。随着浮顶罐运行时间的增加，浮顶单盘就会出现腐蚀穿孔，严重时浮顶船舱进油，压沉浮盘。

g. 操作管理不当，责任心不够，维护不及时造成浮盘沉没。

h. 浮盘、罐体建造质量有缺陷。

i. 内浮顶油罐内静电接地软铜覆绞线缠绕浮顶支柱。

j. 浮舱与单盘角钢焊接连接处的疲劳破坏或单盘凹凸变形引起的积水过多。

② 预防措施

a. 改进浮盘和单盘的连接形式，增加其连接强度，提高其抗疲劳破坏的能力；

b. 采取有效措施，增加单盘的刚度，防止或减轻单盘的变形；

c. 增加浮顶导向管，避免浮顶运行时产生偏移、卡阻现象，确保浮顶上下自由运行；

d. 对于炼厂油库，降低进油温度，增加油料稳定和脱气设施，保证进油蒸气在 80kPa 以下；

e. 改进单盘立柱支撑套管的结构形式，加强其强度，提高其抗疲劳破坏能力；

f. 对安装浮顶的油罐应进行内壁防腐处理，避免罐壁铁锈落到浮顶上加重灌顶腐蚀以及增大浮顶运行阻力或产生不均匀阻力；

g. 内浮顶罐设外浮标，以便操作人员及时掌握浮盘的运行状况及油面高度；

h. 设内浮顶油罐高、低液位报警器，以便操作人员及时引起警觉，减少失误；

i. 在进油管上合理设置缓冲扩散管，以减少油品进罐时对浮盘的冲击，使浮盘平稳运行。

（二）油库设备的安全检查和维护管理

油库设备的安全检查和维护主要包括油罐基础、罐体、呼吸阀、阻火器、油罐呼吸管路、测量孔、人孔、光孔、消防泡沫室、人体防护装置、加热器、防火梯、防雷防静电等的检查维护。

油罐基础是油罐壳体和所储存油品重量的直接承载物，并将这些载荷传递给地基土壤。因此油罐基础的好坏，直接影响到坐落在其上的油罐能否正常运营。油罐基础的一般做法是最下层为素土，往上是灰土层、砂垫层和沥青防腐层。安全检查时应重点检查油罐基础是否牢固，有无不均匀下沉，有无裂缝、倾斜，有无稀沥青流出，油罐基础周围排水是否通畅。

1. 油罐罐体完好的标准

按照物油部（解放军总后勤部物资油料部）标准，油罐罐体完好的标准如下。

（1）罐体良好。罐体良好主要指罐体无严重变形，油罐承压达到设计要求，基础牢固，无不均匀下沉，周围排水通畅。

（2）附件完好

① 油罐进出油管、呼吸管、排污管、安全阀、阻火器、测量口、人孔、油面指示器、旋梯及消防设备附件齐全，安装位置准确，技术性能符合各项指标要求；油管加温装置的气、水管路通畅，不渗漏，无严重锈蚀；

② 防静电接地良好，连接坚固，接地极接地电阻不超过 100Ω；

③ 避雷装置安全准确；

④ 各部螺栓及螺母齐整、紧固、满扣。

（3）外观整洁。要求罐体内外壁及附件无锈蚀，防腐层完好，油漆无脱落；油管编号统一，标志清楚，字体正规。

（4）资料齐全。要有油罐安装设计图、容量表及洗罐、检修和检查记录。

2. 油罐罐体的检查内容

（1）油罐的温度、湿度及管内油温的变化情况，呼吸阀的压力是否适宜；

（2）油罐的焊缝、附属设备的连接是否渗漏；

（3）油气压力计的正压力是否超出规定；防火帽、阻火器、放水阀、油气管是否堵塞或冻结；

（4）油罐、管线阀门接头是否严密，有无渗漏；

（5）罐基有无下沉，掩体有无损坏，排水沟是否通畅；

（6）罐室有无积水、渗水现象；

（7）罐室、库房内的油气浓度是否超标；

（8）清除管区周围 5m 内的杂草及易燃物；

（9）检查消防设备是否齐全良好，配备的备用工具是否齐全，有无挪用；

（10）油罐体内外壁有无锈蚀、防腐层是否完好，油漆有无脱落，油罐体有无严重变形或倾斜，油罐壁（底、顶）钢板腐蚀深度有无超过标准，油罐壁（底、顶）有无漏油现象等。

3. 油罐呼吸系统

对管内存在气体空间的油罐，在进出油料及储存油料的过程中，气体空间的压力会发生变换，需要进行呼气和吸气，从而保证油罐不被吸瘪和胀裂。油罐呼吸系统一般由呼吸短管、阻火器和机械呼吸阀组成。其中，机械呼吸阀是油罐呼吸系统的核心部件，由压力阀和真空阀两部分组成，其作用是充分利用油罐本身的承压能力来减少油蒸气排放，其原理是利用阀盘的重量来控制油罐的呼气正压和吸气负压。

（1）机械呼吸阀常见的故障

① 漏气。一般是由于锈蚀、硬物划伤与阀盘的接触面、阀盘或阀座变形以及阀盘导杆倾斜等原因造成的。

② 卡死。多发生在由于呼吸阀安装不正确或油罐变形导致阀盘导杆斜歪，以及在阀杆锈蚀的情况下，阀盘沿导杆上下运动中不能到位，将阀盘卡死于某一位置。

③ 堵塞。主要原因是由于机械呼吸阀长期未进行保养与使用，致使尘土、锈渣等杂物沉积于呼吸阀内或呼吸管内，以及蜂类或禽鸟在呼吸阀口筑巢等原因，导致呼吸阀堵塞。

④ 冻结。通常是因气温下降，空气中的水分在呼吸阀的阀体、阀座、导杆等部位凝结，进而结冰，使阀难以开启。

（2）机械呼吸阀的检查维护。机械呼吸阀的检查维护包括日常检查维护和定期检查维护。其中日常检查维护的内容如下。

① 呼吸阀阀体有无异常变化；

② 阀前 U 形压力计压差是否正常；

③ 封口网是否破损或通畅；

④ 油罐进出口油作业时，呼吸阀的运行是否正常；

⑤ 洞库油罐管道式呼吸阀阀体和旁通闸阀有无漏气。

（3）机械呼吸阀的定期检查维护

① 打开顶盖，检查呼吸阀内部的阀盘、阀座、导杆、弹簧有无生锈、积垢，必要时进行清洗；

② 阀盘运行是否灵活，有无卡死现象，密封面是否良好，必要时进行修理；

③ 洞内管道式呼吸阀每半年打开顶盖一次，检查阀盘是否灵活；

④ 每年进行控制压力检验和清洗保养；

⑤ 每两年检验泄漏量和控制压力。

4. 阻火器

（1）阻火器的作用。阻火器又叫油罐防火器（图 4-2），是油罐的防火安全设施，也是油罐呼吸系统的重要部件。它装在机械呼吸阀或液压安全阀下面，内部装有许多铜、铝或其他高热容金属制成的丝网或皱纹板。当外来火焰或火星通过呼吸阀进入防火器时，金属网或皱纹板能迅速吸收燃烧物质的热量，使火焰或火星熄

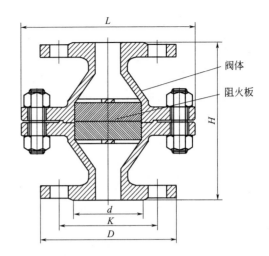

图 4-2　阻火器

灭，从而防止油罐着火。D、H、K、L、d 是阻火器的外形与安装尺寸。

（2）阻火器的构成与工作原理。阻火器由壳体和阻火芯两部分构成。壳体应具有足够的强度，以承受爆炸产生的冲击压力。阻火芯是阻止火焰传播的主要部件，常用的有金属网阻火芯和金属折带阻火芯。

阻火器是利用阻火芯吸收热量和产生器壁效应来阻止外界火焰向罐内传播的。火焰进入阻火芯的狭长通道后被分割成许多条小股火焰，一方面将散热面积增大，火焰温度降低；另一方面，在阻火芯通道内，活化分子自由基碰撞器壁的概率增加而碰撞气体分子的概率降低，由于器壁效应而使得火焰前锋的推进速度降低，在这两个方面的共同作用下，使火焰不能向管内传播。阻火器检查的内容有：阻火器是否清洁畅通，有无冰冻，垫片是否严密，有无腐蚀现象。维护内容：清洁阻火芯，用煤油洗去尘土和锈垢，给螺栓加油保护。

（3）测量孔。测量孔是为检尺、测温、取样所设的，安装在罐顶平台附近。每个油罐只装一个测量孔，它的直径为 150mm，距罐壁距离多在 1m。测量孔检查时要注意盖与座间密封垫是否严密，日常维护时板式螺帽及压紧螺栓活动关节处加油。

（4）人孔。人孔是供清洗和维修油罐时，操作人员进出油罐而设置的。一般立式油罐，人孔都装在罐壁最下层圈板上，且和罐顶上方采光孔相对。人孔直径多为 600mm，孔中心距罐底为 750mm。通常 3000m³ 以下油罐设 1 个人孔，3000～5000m³ 设 1～2 个人孔，5000m³ 以上油罐则必须设 2 个人孔。

（5）透光孔。透光孔又称采光孔，是供油罐清洗或维修时采光和通风所设的。它通常设置在进出油管上方的罐顶上，直径一般为 500mm，外缘距罐壁 800～1000mm，设置数量与人孔相同。人孔和透光孔每月至少要检查一次，检查内容包括是否渗油、漏气。

（6）消防泡沫室。消防泡沫室又称泡沫发生器，是固定于油罐上的灭火装置。泡沫发生器一端和泡沫管线相连，一端带有法兰焊在罐壁最上一层圈板上。灭火泡沫在流经消防泡沫室空气吸入口处，吸入大量空气形成泡沫，并冲破隔离玻璃进入罐内（玻璃厚度≤2mm），从而达到灭火的目的。消防泡沫室定期检查的内容有：玻璃是否破裂，有无油气泄漏，护罩是否完好。有以上异常时，应及时换装已损玻璃，调整密封垫，修理护罩。

（7）人体防护装置。人体防护装置是指那些把人体与生产活动中出现的危险部位隔离开来的设施和设备，包括人体防护装置和人体保护设施两部分。其中，施工活动中的危险部位主要有"四口""五临边"、机具、车辆、暂设电器、高温、高压容器及原始环境中遗留下来的不安全因素等，因此需要设置人体防护装置。

在施工用电中，要做到"四级"保险；遗留在施工现场的危险因素，要有隔离措施，如高压线路的隔离防护设施等。管理人员应经常检查并教育员工正确使用安全防护装置并严加保护。不得随意破坏，拆卸和废弃。

人体保护设施主要包括防护衣、防护围裙、防护背心、防护帽、铅胶脖套、铅胶手套、铅胶裤、铅眼镜以及绝缘鞋等。

（8）油罐加热器。油罐加热器的作用在于加热油罐内的油品，以便于发油作业时加速出罐油品的流动。有关加热器的常见失效形式为穿孔。

油罐加热器因穿孔失效而导致的清罐维修事例屡见不鲜。有的加热器在投用1年后便出现穿孔泄漏，3~4年后便达到穿孔失效的高峰期，严重地影响了油库生产的正常运行。一是影响油品的质量，如果穿孔泄漏发生在发油作业时，泄漏出的水分及杂质将严重污染油品。二是维修时必须先清罐，而清罐的损失将是巨大的。如清扫1台20000m³的原油罐，就会造成（1.5~2.0）×10⁵kg的原油难以回收。而频繁的清罐还会影响油库的效益。因此，解决加热器的穿孔泄漏，延长其使用寿命，是保证油罐正常运行的重要措施之一。

① 加热器穿孔失效的部位加热器易在下列部位出现穿孔失效：

a. 管线的弯头或弯管处；

b. 外盲板焊接处；

c. 在靠近管线低端的内下表面；

d. T形管的接头处；

e. 接管的焊接接口处。

② 穿孔原因分析主要有以下几种。

a. 电化学腐蚀——氧化腐蚀。油罐加热器的较低处常形成积水，管壁金属表面保护膜遭破坏后，露出的新生表面可形成阳极，而未被破坏的地方起到阴极作用，从而发生氧化还原反应，产生局部点蚀。

因此对于加热管内表面底部的穿孔失效主要是由氧化腐蚀（小孔腐蚀）造成的。同时，由于介质及介质中所含固体颗粒（铁锈、污物等）的流动，也造成了管底部的磨损腐蚀（均匀腐蚀）。

b. 磨损腐蚀。磨损腐蚀是对金属表面同时产生磨损和腐蚀的破坏形态，多发生在流体改变方向的地方，如在弯头处、管线的拐弯处或管线的 T 形接头处。在这些部位，介质的流动呈湍流状，气、液的动量变化较大，因此对加热管的磨损冲击也较大，从而加快了加热管的腐蚀。

c. 疲劳裂纹。在焊接接口处，由于存在焊接缺陷（如气孔、夹渣、未焊透等），当这些焊接缺陷在作压力试验时未被全部检测出来时，在加热器使用过程中，由于蒸汽压力的波动以及汽击、水击的作用，将产生交变应力，导致焊接缺陷不断扩展，再加上内部流体的磨损腐蚀和氧化腐蚀，最终在焊缝缺陷处出现裂孔而泄漏。

③ 防护措施主要措施如下所述。

a. 增加管壁厚度，将目前加热器的管壁厚度由 3～3.5mm 增大到 4～6mm。在选用弯头时，其壁厚要比管壁厚大 1～2mm。

b. 确保加热器的焊接质量，在作压力试验时最好用蒸汽并适当提高其压力，这样既可检验焊接缺陷，同时也可检验加热器的热变形程度。

c. 为了减少局部冲蚀，在加热管的 T 形接头处的下方加焊防冲挡板；在管线需要拐弯的地方尽可能增大弯曲半径，热弯时用力要均匀；管端盲板由外焊改为内焊，同时焊脚高度由通常的 4mm 提高到 6mm。

d. 减小盘管支架间的距离，在确定支架的高度时要根据加热器管束的坡度及所处罐底板的位置来综合确定。

e. 加热器在安装时要有适当的坡度，即加热器的蒸汽入口要比冷凝水排出口高，这样可使冷凝水顺利排出，可减少因局部积水造成的化学腐蚀，同时也可减少水击的发生。

f. 加热管束尽可能采用并联布置，对加热面积较大、管束较多的加热器可以采用多个蒸汽入口和冷凝水排出口，以减少蒸汽和冷凝水的流程，利于冷凝水的排放，减少汽击、水击的发生。

g. 在罐外蒸汽管的入口处增加一条通压缩空气的扫线管，这样设置有两个优点：一是在通入蒸汽之前先用压缩空气将管内的积水或杂质扫出管外，减少了水击的发生及杂质对管壁的冲蚀，同时也保护了管端密封盲板；其次在温暖季节蒸汽停用后可以用压缩空气将积液和杂质扫出管外，待管壁干燥后关闭阀门。这样可以减少积液及杂质对管底部造成的化学腐蚀。

(9) 油库自动化仪表

① 油库自动发油系统所用的发油控制器、静电溢油报警器（保护器）、流量计、电液阀、防爆接线箱、控制柜等；

② 油库自动计量系统所用的液位计、罐前处理器等。

a. 导致油库自动化仪表失效的主要原因为静电聚集。

(a) 静电作用原理。静电聚集是将导电性能差的导体与导电性能好的导体或另一个导电性能更差的导体进行物理分离的过程。当不同的物质相互接触时，电子通过界面从一个表面转移至另一个表面。分离后，一个表面剩余的电子比另一个表面的多；一种物质带正电，另一种物质带负电。当具有不同电压或极性的两种物质靠得很近，以至于产生电荷转移时，就会发生静电放电。

（b）可能产生的后果。油料在储运、装卸、加注等过程中，会与油罐、油管、油罐车、加油车、过滤器等接触、摩擦而产生静电。当静电积累到一定程度时，其周围产生的电场强度就可能超过空气介质的击穿强度而放电。若放电能量大于燃料最低的引燃能量，且燃料-空气混合气体达到一定的浓度，就会发生静电着火，引发火灾爆炸事故。这不仅会造成油料的巨大浪费和损失、人员伤亡和设备设施的毁坏，甚至可能造成整个油库的毁坏和大面积的环境污染。

b. 电荷累积过程分析油库中，与危险的静电放电有关的电荷累积过程有以下4 种。

（a）接触与摩擦带电。当两种物质接触时，若其中一种为绝缘体，在界面处将发生电荷分离。如果将这两种物质分开，那么电荷仍然维持分离状态，导致这两种物质带有极性相反、电量相等的电荷。

（b）双层带电。电荷分离常发生在任何界面处液相的微小尺度上（固-液、气-液、液-液），随着液体的流动，液体将电荷带走，并使极性相反的电荷留在另一个界面上，如罐壁。

（c）感应带电。这种现象仅发生在导电物质上。如穿有绝缘鞋的人可能接触到头顶上方带有正电荷的容器，人体上的电子（头部、肩膀和手臂）就向容器的正电荷移动，因此，在人体的另一端就积累了等量的正电荷，即人体的下部由于感应而带有正电荷。当碰到金属物质时，就会因电子的转移而产生火花。

（d）输送带电。当带电的液体液滴，或固体颗粒被置于绝缘的物质上时，该物体带电。转移的电荷是物体电容以及液滴、颗粒和界面电导率的函数。

c. 据统计，油库静电事故多发生在装车和油库收油过程中。

d. 可采取的防范措施防止油库静电事故的发生，其安全措施主要包括如下方面。

（a）降低电荷产生的速度和增加电荷释放的速度；

（b）防止电荷积累；

（c）防止爆炸性气体的形成，防止人体带电等。

要减少油料静电电荷的产生，应从控制油料流速，改进油料罐装方式；防止不同闪点的油料混合及避免杂质；保证流经过滤器的油料有足够的漏电时间；防止油料混入水分；减少管路上的弯头和阀门；选择合适的鹤管等方面来考虑。

防止电荷积累的措施有：在油料中添加抗静电添加剂、对设备和设施进行接地和跨接、在管路上设置消静电器和静电缓和器等。在油罐、油罐车中有导电物，如导线、量油器具等，均会因静电感应而充电，若与罐壁碰撞则易产生火花放电而构成静电危害，因此必须清除储油容器中的导电物。另外，为防止由于静电感应而造成金属尖端火花放电，制造、检修储油罐、储油车时，其内壁不应遗留突出物，特别应注意清除焊疤。

另外，由于油品具有的挥发性，不可避免地会产生油气-空气的可燃性混合气体。当可燃性混合气体浓度低于爆炸下限或高于爆炸上限时，均不会造成混合气的燃烧爆炸（见《压力容器与管道安全评价》一书）。因此，应加强通风或采用通风装置及时排除可燃性混合气体，尽可能避免其浓度在爆炸范围以内，从而防止静电火灾爆炸事故的发生，对于储油罐，也可采用充惰性气体的方法来防止可燃混合气体的形成。

（三）油库设备的检修技术

油罐是储存油料的重要设备，在油罐的使用过程中，由于制造、安装质量、介质腐蚀及环境等因素的作用，往往会出现渗漏、裂纹等故障，需要进行修理，以保持其良好的技术状态。

油罐的修理分为 3 类：大修、中修和小修。修理周期根据油罐结构各部件的实际腐蚀速率并结合使用特点来确定。

小修包括检查阀门的工作性能，卸下或装上防火器等；在不进行明火作业的情况下修理罐顶、罐壁上的圈板，修理安装在油罐外部的设备。

中修包括油罐的清洗和排空油气；应用焊接方法更换罐壁、罐顶、罐底的个别钢板；去除损坏的焊缝；修理或更换设备；平整油罐基座；各部件和整个油罐的强度和严密性试验；涂刷油罐防腐漆。

大修除包括中修中规定的全部工作外，其实施的规模更大一些，包括对罐壁、罐底、罐顶某些部分的更换；油罐基础防护坡的修理；设备的修理或更换；强度和严密性试验；油罐涂刷防腐漆等。

油罐技术人员应定期检测油罐的下沉量和几何形状的变化、焊缝的技术状况、罐体和罐顶厚度的变化。油罐技术检验的方法如下。

1. 油罐基础沉降观察方法

（1）设置基准点。可用预制混凝土短桩，埋置于空旷场所不易遭到碰撞的地方，距离油罐区或其他新建筑物不小于 50m，埋置深度应超过冰冻线，并深入老土，总深度不小于 1m。准确地方法是利用国家基准点获得 2、3 级基准点作为测量基础点。

（2）设置观测点。根据土壤压缩性沿油罐罐壁周围设置 4～8 个观察点。

（3）观测。投产前试水观测。可以使用各种相关仪器，如激光测距仪等，可连续进行加水-沉降过程观测，直至沉降稳定为止。加满水沉降稳定后，再分次卸水，卸水过程要记录卸水时间。在装、卸水沉降观察中，必须将每次读数记录下来，分别绘制时间-沉降和压力-沉降曲线图，以便观察沉降的稳定性。使用期间的观测步骤同上，观测周期以每月观测一次为佳，且每次暴雨后都要观测。

（4）沉降观测数据，必须整理清楚，记入专用的记录本，作为判断由于沉降是否影响油罐正常使用的依据。

2. 罐壁凹陷、鼓泡、折皱的测量方法

将重锤与线挂好，用钢直尺测量拉线与罐壁间的距离，即可得出鼓、凹度。每测一个位置后，将滑轮眼罐圈板移动 20～30cm 再测一次，直到罐壁没有凸、凹为止。根据所测结果确定是否拆换圈板。

（四）油库设备的管理信息系统

油库设备的管理信息化工程，是一个集计算机网络技术、PLC 控制技术、自动测量技术、视频监控技术、计算机软件、数据库技术为一体，使油库的监控、信息管理、收发油管理等实现自动化管理的完整解决方案。该系统包括罐区监控、自动收发油系统、油气浓度报警、管线泄漏监测、油库存储信息管理、入侵报警、出入口控制、门禁子系统、视频安防监控系统和监控管理中心等，实现了油罐的自动计量和监控、收发油过程的全自动化、罐区现场无人值守、出入口入侵报警控制和自动录像。

该系统能实时地监控测量及测算油罐的液位、储油量、进油量、出油量、流量、压力、轴承温度以及油水的高度、密度、温度、油品的体积、水体积、质量等各种参数，及时在液位和水位到达最低最高警戒线、压力和温度以及有其油气浓度到达警示位置时给出报警，特别是能及时监测到管线泄漏点，是一般油库系统所不具备的。同时还实现了油库的多线程自动发油，具备 IC 卡发油功能，可以指定货位发油和任意货位发油以及下位机多路同时发油；并具有静电接地，溢油保护检测功能；参数实时自动保存，不受电池和断电保护电路影响。

该系统集报警、巡更、门禁、视频监控 4 个主要子系统为一体的安防集成管理系统，可通过身份识别装置（读卡器）与机械电控装置（电控锁）配合，控制人员出入库区和作业区的权限；可以在界面上设置总图、楼层图、房间平面图等多级电子地图显示，在各级地图上设置用户、报警点、巡更点、摄像机、门禁、联动开关等，可在地图界面上直观显示各种设备的状态和直接控制；可任意设计巡更计划，可选择自动或手动执行，实时了解巡更员执行巡更情况，对巡更异常情况可及时发出警告；最终构成了一套防盗、防火、防气泄漏、紧急求助、周界防范、实时电子巡更、门禁、联动控制、考勤、停车场等管理系统为一体的智能安防的解决方案。

第四节　电气设备安全管理

一、电气作业安全管理基础知识

（一）电气作业安全管理的内容

电气作业安全管理措施的内容很多，主要可以归纳为以下几个方面的工作。

1. 管理机构和人员

电工既是特殊工种，又是危险工种，存在较多不安全因素。同时，随着生产的发展，企业电气化程度不断提高，用电量迅速增加，专业电工日益增多，且分散在全厂各部门，所以，电气安全管理工作是电气作业里非常重要的一环。为了做好电气安全管理工作，不仅技术部门应当有专人负责电气安全工作，就连动力部门和电力部门也应该要有专人负责用电安全工作。

2. 规章制度

规章制度是人们从长期生产实践中总结得出的操作规程，是保障安全、促进生产的有效手段。安全操作规程、电气安装规程，运行管理、维修制度以及其他规章制度都与安全有直接的关系。

3. 电气安全检查

电气设备长期带缺陷运行和电气工作人员违章操作是发生电气事故的重要原因。为了及时发现缺陷和排除隐患，电气工作人员除了遵守安全操作规程，还必须建立一套科学的、完善的电气安全检查制度并严格执行。

4. 电气安全教育

电气安全教育是为了使工作人员了解关于电的基本知识，认识安全用电的重要性，同时掌握安全用电的基本方法，从而能安全地、有效地进行工作。

（1）对新入厂的工作人员必须要接受厂、车间、生产小组等三级安全教育的培训。

（2）对一般职工应要求懂得电和安全用电的基本常识。

（3）对使用电气设备的一般生产工人不仅要懂得一般电气安全知识，还要懂得相关的安全规程。

（4）对独立工作的电气工作人员，除了要懂得电气装置在安装、使用、维护、检修过程中的安全要求，还要熟知电气安全操作规程、学会电气灭火的方法、掌握触电急救的技能、通过该方面的考试，取得合格证明。

（5）对新参加电气工作人员、实习人员和临时参加劳动人员，必须授予安全知识教育后，方可到现场随同参加指定的工作，但不得单独工作。

5. 安全资料

安全资料是做好安全工作的重要依据。平时应多收集和保存相关的技术资料，以备不时之需。

（1）建立高压系统图、低压布线图、全厂架空线路和电缆线路布置图等资料，有助于人们日常的工作和检查。

（2）重要设备应单独建立资料，每次检修和试验记录应作为资料保存，以便核对。

（3）设备事故和人身事故需一同记录在案，警惕他人。

（4）注意收集国内外电气安全信息，分类归档，推广宣传。

（二）电气安全作业的工作制度

在电气设备上工作，保证安全的制度措施有以下几个方面。

1. 工作票制度

（1）工作票的方式。在电气设备上工作，应填用工作票或按命令执行，其方式有下列三种。

① 第一种工作票。其工作内容为：高压设备上工作需要全部或部分停电的；高压室内的二次接线和照明等回路上的工作，需要将高压设备停电或采取安全措施的。

第一种工作票的格式见表4-4。

表4-4　第一种工作票

1. 负责人(监护人)：＿＿＿＿＿＿＿＿　　　班组：＿＿＿＿＿＿＿＿
2. 工作班人：共＿＿＿人
3. 工作内容和工作地点：＿＿＿＿＿＿＿＿＿＿＿＿＿＿＿＿
4. 计划工作时间：自＿＿＿年＿＿月＿＿日＿＿时＿＿分至＿＿＿年＿＿月＿＿日＿＿时＿＿分
5. 安全措施：＿＿＿＿＿＿＿＿＿＿＿＿＿＿＿＿＿
6. 许可开始工作时间：＿＿＿年＿＿月＿＿日＿＿时＿＿分
工作负责人签名：＿＿＿＿＿＿＿＿　　　工作许可人签名：＿＿＿＿＿＿＿＿
7. 工作负责人变动
原工作负责人：＿＿＿＿＿＿＿＿　　现工作负责人：＿＿＿＿＿＿＿＿
变动时间：＿＿＿年＿＿月＿＿日＿＿时＿＿分
工作票签发人签名：＿＿＿＿＿＿＿＿＿＿＿＿＿＿＿
8. 工作票有效期延长至：＿＿＿年＿＿月＿＿日＿＿时＿＿分
工作负责人签名：＿＿＿＿＿＿＿＿
值班长(值班负责人)签名：＿＿＿＿＿＿＿＿
9. 工作结束
工作班人员已全部撤离,现场已清理完毕
其结束时间：＿＿＿年＿＿月＿＿日＿＿时＿＿分
接地线共＿＿＿组已拆除。
工作负责人签名：＿＿＿＿＿＿＿＿　　　工作许可人签名：＿＿＿＿＿＿＿＿
值班负责人签名：＿＿＿＿＿＿＿＿
10.备注：＿＿＿＿＿＿＿＿

② 第二种工作票。其工作内容如下。

a. 在带电作业和带电设备外壳上的工作。

b. 在控制盘和低压配电盘、配电箱、电源干线上的工作。

c. 在二次接线回路上的工作。

d. 在高压设备停电的工作。

e. 在转动中的发电机，同期调相机励磁回路或高压电动机转子电阻回路的工作。

f. 在当值值班人员用绝缘棒，电压互感器定相或用钳形电流表测量高压回路电流的工作。

第二种工作票的格式见表4-5。

表 4-5　第二种工作票

编号：_____

1.工作负责人(监护人)：_____

班组：_____

工作人员：_____

2.工作任务：_____

3.计划工作时间：自_____年___月___日___分至_____年___月___日___时___分

4.工作条件(停电或不停电)：_____

5.注意事项(安全措施)：_____

工作票签发人签名：_____

6.许可开始工作时间：_____年___月___日___时___分

工作许可人(值班员)签名：_____

工作负责人名：_____

7.工作结束时间：_____年___月___日___时___分

工作许可人(值班员)签名：_____

工作负责人签名：_____

8.备注：_____

③ 口头或电话命令。口头或电话命令用于第一和第二种工作票以外的其他工作。口头或电话命令，必须清楚正确。值班员应将发令人，负责人及工作任务详细记入操作记录表中，并向发令人复诵核对一遍。

（2）工作票的填发要求

① 工作票一式两份，一份必须保存在工作地点，由工作负责人收执，另一份由值班员收执，按值移交。若在无人值班的设备上工作时，第二份工作票由工作许可人收执。

② 每项工作只能发一张工作票。

③ 工作票上所列的工作地点，以一个电气连接部分为限。如施工设备属于同一电压、位于同一楼层、同时停送电且不会触及带电导体时，可允许几个电气连接部分共用一张工作票。

④ 在几个电气连接部分上，依次进行不停电的同一类型的工作时，可以发给一张第二种工作票。

⑤ 若一个电气连接部分或一个配电装置全部停电，则所有不同地点的工作可以发给一张工作票，但要详细填明主要工作内容。

⑥ 几个班同时进行工作时，工作票可发给一个总的负责人。若在预定时间内仍未完成部分工作，则必须在不妨碍送电的情况下继续工作。在送电前，应按照送电后现场设备带电情况，办理新的工作票，待布置好安全措施后，方可继续工作。

⑦ 第一、二种工作票的有效时间以批准的检修期为限。第一种工作票在预定时间内尚未完成工作的，应由工作负责人办理延期手续。

2. 工作许可制度

（1）工作票签发人。工作票签发人应由车间或工区熟悉人员技术水平、设备情况和安全工作规程的生产领导人或技术人员担任。

工作票签发人的职责范围如下。

① 确认工作的必要性。

② 确认工作是否安全。

③ 确认工作票上所填安全措施是否正确完备。

④ 确认所派工作负责人和工作值班人员是否适当和足够，精神状态是否良好等。

（2）工作负责人。工作负责人由车间或工区主管生产的领导书面批准。工作负责人可以填写工作票。

（3）工作许可人。工作许可人不得签发工作票。

工作许可人的职责范围如下。

① 审查工作票所列安全措施是否正确完备，是否符合现场条件。

② 确认工作现场布置的安全措施是否完善。

③ 检查停电设备有无突然来电的危险。

④ 对工作票所列内容的任何疑问，大小巨细，都必须向工作票签发人询问清楚，必要时应要求做详细补充。

工作许可人在完成施工现场的安全措施后，还应会同工作负责人到现场检查所做的安全措施，证明检修设备确无电压，向工作负责人指明带电设备的位置和注意事项，并同工作负责人分别在工作票上签名。完成上述手续后，工作人员方能开始工作。

3. 工作监护制度

工作监护制度包含以下 6 种内容。

（1）完成工作许可手续后，工作负责人应向工作人员交代现场安全措施，带电部位和其他注意事项。

（2）工作负责人必须始终在工作现场，对工作人员的安全作业认真监护，及时纠正违反安全规程的操作。

（3）全部停电时，工作负责人可以参加工作班工作。

（4）部分停电时，工作人员只有在安全措施可靠不致误碰带电部分的情况下集中在同一地点工作。

（5）工作期间，工作负责人如果必须离开工作地点，应指定相关人员临时代替其监护职责，离开前应将工作现场交代清楚，并告知工作班人员。原工作负责人返回工作地点时，也应履行同样的交接手续。如果工作负责人需要长时间离开现场，应在原工作票上变更新工作负责人，两个工作负责人应做好必要的交接。

（6）值班员如发现工作人员违反安全规程或任何危及工作人员安全的情况时，应向工作负责人提出改正意见，必要时可暂停工作，并立即报告上级。

4. 工作间断、转移和终结制度

（1）工作间断时，工作班人员应从工作现场撤出，所有安全措施保持不动，工作票仍由工作负责人执存。每日收工时，必须将工作票交回值班员。次日复工时，应征得值班员许可，取回工作票。工作负责人必须先重新检查安全措施，确定符合工作票的要求后，方可工作。

（2）全部工作完毕后，工作班人员应清理现场。工作负责人应先进行仔细检查，待全体工作人员撤离工作现场后，再向值班人员说明所修项目、发现问题、试验结果和存在问题等，并与值班人员共同检查设备状况、有无遗留物件、是否清洁等，然后在工作票上填明工作终结时间。经双方签字后，工作票方告终结。

（3）只有在同一停电系统的所有工作票结束后，拆除所有接地线、临时遮拦和标志牌，恢复常设遮栏，并得到值班调度员或值班负责人的许可命令后，方可合闸送电。

（三）电气安全标志

1. 安全色

安全色是指表达安全信息的颜色，表示禁止、警告、指令、提示等。国家规定的安全色有红、蓝、黄、绿4种颜色。红色表示禁止、停止；蓝色表示指令、必须遵守的规定；黄色表示警告、注意；绿色表示指示、安全状态、通行。

在电气上用黄、绿、红三色分别代表L1、L2、L3等3个相序。红色的电器外壳表示其外壳有电；灰色的电器外壳表示其外壳接地或接零；线路上蓝色代表工作零线；黑色代表明敷接地扁钢或圆钢；黄绿双色绝缘导线代表保护零线。直流电中红色代表正极；蓝色代表负极；白色代表信号和警告回路。

2. 安全标志

安全标志是提醒人员注意或接标志上注明的要求去执行，保障人身和设施安全的重要记号。安全标志一般设置在光线充足、醒目、稍高于视线的地方。

（1）对于隐蔽工程（如埋地电缆等），在地面上要有标志桩或依靠永久性建筑挂标志牌，注明工程位置。

（2）对于容易被人忽视的电气部位（如封闭的架线槽、设备上的电气盒等），要用红漆画通电气箭头。

（3）另外在电气工作中还常用标志牌，以提醒工作人员不得接近带电部分，不得随意改变刀闸的位置等。

（4）移动使用的标志牌要用硬质绝缘材料制成，上面要有明显标志，均根据规定使用。其有关资料见表4-6所示。

（四）生产用电基本常识

在企业生产中，每个人都应自觉遵守有关安全用电方面规程制度，学会基本安全用电常识，其主要内容如下。

（1）拆开的、断裂的、裸露的带电接头，必须及时用绝缘物包好并放在人不易碰到的地方。

（2）在工作中要尽量避免带电操作，尤其是手打湿时，必须进行带电操作，应尽量用一只手工作，另一只手可放在袋中或背后，同时最好有人监护。

表 4-6　标志牌的资料

名称	悬挂位置	尺寸/mm×mm	底色	字色
禁止合闸 有人工作	一经合闸即可送电到施工设备的开关和刀闸操作手柄上	200×100 80×50	白底	红字
禁止合闸 线路有人工作	一经合闸即可送电到施工设备的开关和刀闸操作手柄上	200×100 80×50	白底	红字
在此工作	室内和室外工作地点或施工设备上	250×250	绿底,中间有直径210mm的白圆圈	黑字,位于白圆圈中
止步 高压危险	工作地点临近带电设备的遮栏上 室外工作地点附近带电设备的构架横梁上 禁止通行的过道上 高压试验地点	250×200	白底红边	黑色字,有红箭头
从此上下	工作人员上下的铁架梯子上	250×250	绿底中间有直径210mm的白圆圈	黑字,位于白圆圈中
禁止攀登 高压危险	工作临近可能上下的铁架上	250×200	白底红边	黑字
已接地	看不到接地线的工作设备上	200×100	绿底	黑字

（3）当有几个人进行电工作业时，应在接通电源前通知其他人。

（4）由于绝缘体的性能有时不太稳定，因此不要依赖绝缘体来防范触电。

（5）如果发现高压线断落时，千万不要靠近，至少要远离它 8～10m，并及时报告有关部门。

（6）如发现电气故障和漏电起火时，要立即切断电源开关。在未切断电源之前，不要用水或酸、碱泡沫灭火器灭火。

（7）发现有人触电时，应马上切断电源或用干木棍等绝缘物挑开触电者身上的电线，使触电者及时离开电源。如触电者呼吸停止，应立即施行人工呼吸，并马上送医院抢救。

二、电气设备操作安全规程

（一）安全用电需要注意的常规措施

1. 火线必须进开关

火线进开关后，当开关处于分断状态时，用电器不带电，这样不但利于维修，还可减少触电事故。

2. 照明电压的合理选择

一般工厂和家庭的照明灯具多采用悬挂式，人体接触的机会较少，可选用

220V 的电压供电。在潮湿、有导电灰尘、有腐蚀性气体的情况下，则采用 24V、12V，甚至是 6V 的电压来供照明电。

3. 导线和熔断器的合理使用

导线通过电流时不允许过热，所以导线的额定电流应比实际电流输出稍大。

熔断器是当电路发生短路时能迅速熔断以作保护的，所以不能选额定电流很大的熔丝来保护小电流电路。

4. 电气设备要有一定的绝缘电阻

通常要求固定电气设备的绝缘电阻不低于 $500k\Omega$。可移动电气设备应更高些，一般在使用电气设备的过程中必须保护好绝缘层，以防止绝缘层老化变质。

5. 电气设备的安装要正确

电气设备应根据说明书进行安装，不可马虎从事，带电部分应有防护罩，必要时应用连锁装置以防触电。

6. 采用各种保护用具

保护用具是保证工作人员安全操作的工具，主要有绝缘手套、绝缘鞋、绝缘棒和绝缘垫等。

7. 电气设备的保护接地和保护接零

正常情况下，电气设备的外壳是不带电的。为防止绝缘层破损老化漏电，电气设备应采用保护接地和保护接零等措施。

（二）电气安全用具管理

1. 电气安全用具类别

（1）起绝缘作用的安全用具，如绝缘夹钳、绝缘杆、绝缘手套、绝缘靴和绝缘垫等。

（2）起验电或测量用的携带式电压和电流指示器的安全用具，如验电笔、钳型电流表等。

（3）防止坠落的登高作业的安全用具，如梯子、安全带和登高板等。

（4）保证检修的安全用具，如临时接地线、遮栏、指示牌等。

（5）其他安全用具，如防止灼伤的护目眼镜等。

2. 电气安全用具保管制度

（1）存放用具的地方要干净、通风良好、无任何杂物堆放。

（2）凡橡胶制品类的，不可与油类接触，并小心损伤。

（3）绝缘手套、靴、夹钳等，应存放在柜内。使用中应防止受潮、受污等。

（4）绝缘棒应垂直存放，验电器用过后应存放于盒内，并置于干燥处。

（5）无论任何情况，电气安全用具均不可作为他用。

（三）绝缘工具的正确使用

绝缘是指利用不导电的物质将带电体隔离或包装起来，防止人体触电。绝缘通常分为气体绝缘、液体绝缘和固体绝缘。

1. 绝缘工具的检查

绝缘工具在使用前应详细检查是否有损坏,并用清洁干燥毛巾擦净。如不确定时,应用 2500V 摇表进行测定。其有效长度的绝缘值不低于 10000MΩ,分段测定(电极宽 2cm)则绝缘电阻值不得少于 700MΩ。

2. 使用绝缘操作棒的注意事项

(1)使用绝缘操作棒时,工作人员应戴绝缘手套和穿绝缘靴,以加强绝缘操作棒的保护作用。

(2)在下雨、下雪或潮湿天气时,室外使用绝缘棒时应装设防雨的伞形罩,以使伞下部分的绝缘棒保持干燥。

(3)使用绝缘棒时要防止碰撞,以免损坏表面的绝缘层。

(4)绝缘棒应存放在干燥的地方,以免受潮。绝缘棒一般应放在特别的架子上或垂直悬挂在专用挂架上,以免变形弯曲。

3. 使用绝缘手套和绝缘靴的注意事项

使用绝缘手套和绝缘靴时,应注意 3 个问题。

(1)绝缘手套和绝缘靴每次使用前应进行外部检查,要求表面无损伤、磨损、划伤、破漏等,砂眼漏气时严禁使用。绝缘靴的使用期限是大底磨光为止,即当大底漏出黄色胶时,就不能再使用了。

(2)绝缘手套和绝缘靴使用后应擦净、晾干。绝缘手套还应撒上些许滑石粉,避免黏结,保持干燥。

(3)绝缘手套和绝缘靴不得与石油类的油脂接触。合格的不能与不合格的混放在一起,以免错拿使用。

(四)常用电气设备安全操作事项

1. 手持电动工具的日常检查

手持电动工具日常检查,有以下几个内容。

(1)检查外壳、手柄有否裂缝和破损。

(2)检查保护接地或接零线是否正确、牢固可靠。

(3)检查软电缆或软线是否完好无损。

(4)检查开关动作是否正常、灵活,有无缺陷、破损。

(5)检查电气保护装置是否安装良好。

(6)检查工具转动部分是否转动灵活且无障碍。

2. 使用三相短路接地线的注意事项

使用三相短路接地线时,应注意以下问题。

(1)接地线的连接器接触必须安装良好方可使用,并保持足够的夹持力,防止短路电流幅值较大时,由于接触不良而熔断或因动力作用而脱落。

(2)应检查接地铜线和短路铜线的连接是否牢固。一般应用螺钉紧固后,再加焊锡,以防熔断。

(3)接地线的装设和拆除应进行登记,并在模拟盘上标记。

3. 使用高压验电器的注意事项

使用高压验电器时，应注意5个问题。

（1）必须使用和被验设备电压等级相一致的合格验电器。

（2）验电前应先在有电的设备上进行试验，以验证验电器是否良好工作。

（3）验电时必须戴绝缘手套，手必须握在绝缘棒护环以下的部位，不准超过护环。

（4）对于发光型高压验电器，验电时一般不装设接地线，除非在木梯、木杆上验电，不接地不能指示时，才可装接地线。

（5）每次使用完验电器后，应将验电器擦拭干净放置在盒内，并存放在干燥通风处，避免受潮。为保安全，验电器应按规定周期进行试验。

4. 使用低压配电柜内的带电工作的注意事项

低压带电工作的安全要求如下。

（1）工作中应有专人监护，使用的工具必须带绝缘柄，严禁使用锉刀、金属尺和带有金属物的毛刷、毛弹等工具。

（2）工作时应站在干燥的绝缘物上进行，并戴手套、安全帽和穿长袖衣。低压接户线工作时，应随身携带低压试电笔。

（3）工作前应分清火线、地线、路灯线，选好工作位置。断开导线时，应先断火线，后断地线。搭设导线时的顺序与上述相反，人体不得同时接触两根线头。

（4）在低压配电柜内的带电工作时，应当采取防止相同短路和单相接地的隔离措施。

5. 停电操作程序

停电操作通常容易发生带负荷拉隔离开关和带电挂接地线，为防止事故的发生，应采取以下措施。

（1）检查有关表计指示是否允许拉闸，断开断路器。

（2）拉开负荷侧隔离开关和电源侧隔离开关。

（3）切断断路器的操作能源。

（4）拉开断路器控制回路的保险器。

（5）停电操作和验电挂接地线必须两个人进行，一个人操作，另一个人监护。

6. 送电操作程序

送电操作通常容易发生带地线合闸事故，为了防止其发生，应采取以下措施。

（1）检查设备上装设的各种临时安全措施接地线是否已完全拆除。

（2）检查有关的继电保护和自动装置确已按规定投入。

（3）检查断路器是否在断开位置。

（4）合上操作电源与断路器控制直流熔断器。

（5）台通电源侧隔离开关、断路器开关和负荷侧隔离开关。

（6）检查送电后的负荷电压应正常。

7. 使用隔离开关的注意事项

操作隔离开关应注意以下问题。

（1）操作之前，应先检查短路器是否已经断开。

（2）操作时应站好位置，动作要果断。拉、合开关后必须检查是否在适当位置。

（3）合开关时，在合开关终了的一段行程中，不要用力过猛，以免发生冲击而损伤瓷件。

（4）严禁带负荷拉、合隔离开关。

（5）停电时，应先拉负荷侧隔离开关，后拉电源侧隔离开关；送电时，应先合电源侧隔离开关，后合负荷侧隔离开关。

8. 使用万用表的注意事项

万用表的选择开关与量程开关多，用途广泛，所以在具体测量不同的对象时，除了要将开关指示尖头对准要测取的挡位外，还要注意以下几点。

（1）万用表使用时一定要放平，放稳。

（2）使用前调整零点。如果指针不指零应转动调零旋钮，使指针调至 0 位。

（3）使用前选好量程，拨对转换开关的位置，每次测量都一定要根据测量的类别，将转换开关拨到正确的位置上。养成良好的使用习惯，决不允许拿测棒盲目测试。

（4）测量电压或电流，如对被测的数量无法准确估计时，应选用最大量程测试，如发现太小，再逐步转换到合适量程进行实测。

（5）测量电阻时，先将转换开关转到电阻挡位上（Ω），把两根表棒短接一起，再旋转调零旋钮使指针指至 0 位。

（6）测量直流电压或电流时，要注意测棒红色为"＋"，黑色为"－"。一方面插入表孔要严格按红、黑插入表孔的"＋"、"－"，另一方面接入被测电路的正、负极要正确。如发现指针顺转，说明接入是正确的，反之，则应将两表棒极性调换。

（7）在测量 500～2500V 电压时，特别注意量程开关要转换到 2500V，先将接地棒接上负极，后将另一测棒接在高压测点，要严格检查测棒、手指是否干燥，采取绝缘措施，以保安全。

（8）测量读数时，要看准所选量程的标度线。特别是测量 10V 以下小量程电压挡，读取刻度读数要仔细。

（9）不要带电拨动转换开关。尽量训练一只手操作测量，另一只手不要触摸被测物。

（10）每次测量完毕，应将转换开关转拨到交流电压最大量程位置，避免将转换开关拨停在电流或电阻挡，以防下次测电压时忘记改变转换开关而将表烧毁。

（五）电气安全检查

1. 电气安全检查制度

电气安全检查制度的内容如下。

（1）定期组织安全检查。

（2）检查操作规程是否属违章现象、有无保护接地或保护接零。

（3）查配电盘上的仪表是否齐全和指示正确。

（4）查设备及线路的绝缘性能，室内外线路是否符合安全要求。

（5）查电气用具、灭火器材等是否齐全，且保管妥当。

2. 接地装置的维护与检查

接地装置每年应进行1～2次的全面性维护检查，内容如下。

（1）接地线有否折断、损伤或严重腐蚀。

（2）接地支线与接地干线的连接是否牢固。

（3）接地点土壤是否因受外力影响而松动。

（4）所有的连接处连接是否装好。

（5）检查引下线（0.5m）的腐蚀程度，若严重应立即换。

（6）做好接地装置的变更、检修、测量的记录。

3. 变压器的现场检查

电力变压器应定期进行外部检查。经常有人值班的，每天至少检查一次，每星期进行一次夜间检查；有固定值班人员的至少每2个月检查一次。在有特殊情况或气温急剧变化时，要增加检查次数或即时检查。

变压器的检查应包括以下内容。

（1）上层油温是否正常，是否超过85℃；对照负载情况，是否有因变压器内部故障而引起过热。

（2）储油柜上的油位是否正常，一般应在油位表指示的1/4～3/4处。油面过低，散热不良，将导致变压器过热；油面过高，温度升高，油将膨胀而溢出箱外；同时，还要检查有无渗油或漏油现象，充油式套管的油位是否正常、油色是否有变质现象、套管有无损坏漏油现象等。

（3）变压器有无异常响声或响声较以前更大。

（4）出线套管、瓷瓶的表面是否清洁，有无破损裂纹及放电的痕迹。

（5）母线的螺栓接头有无过热现象。

（6）防爆管上的防爆膜是否完好，有无冒油现象。

（7）冷却系统的运转情况是否正常，散热管的温度是否均匀。

（8）呼吸器的干燥剂有无失效、箱壳有无渗油或漏油现象、外壳接地是否良好。

（9）变压器室内的通风情况是否良好、室内设备是否完整良好、保护设备是否良好。

（10）变压器常见的故障有异常响声、油面不正常、油温过高、防爆管薄膜破裂、气体继电器动作、变压器着火等。

4. 继电器一般性检查

继电器的一般性检查有以下内容。

（1）继电器外壳用毛利或干布擦干净，检查玻璃盖罩是否完整良好。

（2）检查继电器外壳与底座结合得是否牢固严密，外部接线端钮是否齐全，原铅封是否完好。打开外壳后，内部如果有灰尘，可用皮老虎吹净，再用干布擦干。

（3）检查所有接点与支持螺钉、螺母有否松动现象，螺母不紧最容易造成继电器误动作。

（4）检查继电器各元件的状态是否正常，元件的位置必须正确。有螺旋弹簧的，平面应与其轴心严格垂直。各层弹簧之间不应有接触处，否则由于摩擦加大，可能使继电器动作曲线和特性曲线相差很大。

5. 电压互感器的巡视检查

电压互感器的巡视检查有以下内容。

（1）一次侧引线和二次回路的连接部分是否过热，熔断器是否完好。

（2）外壳及二次回路一点接地是否良好。

（3）有无强烈的振动和异常声音及异味。

（4）互感器是否过载运行。

6. 电流互感器在运行中的巡视检查

电流互感器在运行中的巡视检查有以下内容。

（1）有无放电、过热现象和异常声味。

（2）一次侧引线、线卡及二次回路上各部件应接触良好。

（3）外壳接地及二次回路的一点接地要良好。

（4）定期对互感器进行耐压实验。

7. 断路器运行中巡视检查

断路器运行中巡视检查有以下内容。

（1）检查所带的正常最大负荷电流是否超过短路器的额定值。

（2）检查触头系统和导线连接点处有无过热现象，对有热元件保护装置的更要特别注意。

（3）检查电流分合闸状态、辅助触头与信号指示是否符合要求。

（4）监听断路器在运行中有无异常响声。

（5）检查传动机构有无变形、锈蚀、销钉松脱现象，弹簧是否完好。

（6）检查相间绝缘，主轴连杆有无裂痕，表面剥落和放电现象。

（7）检查脱扣器工作状态，整定值指示位置与被保护负荷是否相符，有无变动，电磁铁表面及间隙是否正常、清洁，短路环有无损伤，弹簧有无腐蚀，脱扣线圈有无过热现象和异常响声。

（8）检查灭弧室的工作位置有无震动而移动，有无破裂和松动情况，外观是否完整，有无喷弧痕迹和受潮现象，是否有因触头接触不良而发出放电响声。

（9）当灭弧室损坏时，无论是多相还是一相，都必须停止使用，以免在断开时造成飞弧现象，引起相间短路而扩大事故范围。

（10）当发生长时间的负荷变动时，应相应调节过电流脱扣器的整定值，必要时可更换开关和附件。

（11）检查绝缘外壳和操作手柄有无裂损现象。

（12）检查电磁铁机构及电动机合闸机构的润滑情况，机件有无裂损现象。

（13）在运行中发现过热现象，应立即设法减少负荷，停止运行并做好安全措施。

8. 交流接触器的巡视检查

交流接触器的巡视检查有以下内容。

（1）通过接触器的负荷电流应在额定电流值之内，可观察电流表和钳形电流表测量。

（2）接触器的分、合信号指示与电路所处状态是否一致。

（3）灭弧室内有无接触不良，且产生放电声，灭弧室有无松动和裂损。

（4）电磁线圈有无过热现象，电磁铁上的短路环有无断裂和松脱。

（5）与导线连接点有无过热现象，辅助触头是否有烧蚀现象。

（6）铁芯吸合是否良好，有无过大的噪声，返回位置是否正常，绝缘杆确无损伤和断裂。

（7）周围环境有无不利于正常运行的情况，如有无导电粉尘，过大振动神通风是否良好。

三、电气事故与火灾的紧急处置

（一）触电事故如何紧急处置

因人体接触或接近带电体，所引起的局部受伤或死亡的现象称为触电。

1. 触电事故的类型

触电事故的类型见表 4-7。

表 4-7　触电事故的类型

分类依据	类型	说明
按人体受害的程度不同	电伤	是指人体的外部受伤，如电弧烧伤，与带电体接触后的皮肤红肿以及在大电流下的熔化而飞溅出的金属粉末对皮肤的烧伤等
	电击	是指人体内部器官受伤。电击是由电流流过人体而引起的，人体常因电击而死亡，所以它是最危险的触电事故
引起触电事故的类型	单相触电	单相触电是指人体在地面或其他接地导体上，人体某一部分触及一相带电体的触电事故
	两相触电	是指人体两处同时触及两相带电体的触电事故
	跨步电压触电	当带电体接地有电流流入地下时电流在接点周围土壤中产生电压降，人在接地点周围，两脚之间出现电压即跨步电压，因此引起的触电事故称为跨步电压触电

2. 常见的电气设备触电事故

电气设备的种类很多，发生触电事故的情况是各种各样的，这里只把常见的、多发性的电气设备触电事故归纳见表4-8。

表4-8　常见的电气设备触电事故

序号	事故设备	触电情形
1	配电	这类触电事故主要发生在高压设备上,事故的发生大都是在进行工作时,由于没有办理工作票、操作票和实行监护制度,没有切除电源就扫清绝缘子、检查隔离开关、检查油开关或拆除电气设备等而引起的
2	架空线路	架空电路发生的事故较多,情况也各不相同。例如,导线折断触到人体,人体意外接触到绝缘已损坏的导线,爬杆工作没有用腰带和脚扣,发生高空摔下
3	电缆	由于电缆绝缘受损或击穿,带电拆装移动电缆,电缆头发生击穿等原因而引起的触电事故
4	闸刀开关	这类触电事故主要由于敞露的闸刀开关、电气启动器没有护壳。带电维修这类设备,这类设备外壳没有接地等引起的
5	配电盘	这类事故主要是电气设备制造和结构上有缺点,屏前屏后的带电部分容易触碰等问题
6	熔断器	这类事故主要是带电裸手更换熔体、修理熔断器等引起的
7	照明设备	这类触电事故往往发生在更换灯泡、修理灯头时金属灯座、灯罩、护网意外带电、吊灯安装高度不够等
8	携带式照明灯	我国规定采用 36V、24V、12V 作为行灯的安全电压。如果将 110V、220V 使用在行灯上,尤其是在锅炉、金属筒、横烟道、房屋钢结构、铸造工使用高于安全电压的行灯,容易发生触电事故
9	电钻	主要是电钻的外壳没有接地,插头座没有接地端头,导线中没有专用一股接地或接零导线;其次是接线错误,把接地或接零线误接在火线上等引起触电事故
10	电焊设备	这类事故是电焊变压器反接产生高压或错接在高压电源上,电焊变压器外壳没有接地等原因造成
11	电炉	由于电阻炉进料时误接及热元件,电弧炉进线导电部分没有防护;电焊变压器外壳没有接地等原因造成
12	未接地或接触不良	电气设备的外壳(金属),由于绝缘损坏而意外呈现电压,引起触电事故

3. 常见的触电原因

（1）违章冒险。如在严禁带电操作的情况下操作，而冒险在无必要保护措施下带电操作，结果是触电受伤或死亡。

（2）缺乏电气知识。如在防爆区使用一般的电气设备，当电气设备开关时产生火花，而发生爆炸。又如发现有人触电时，不是及时切断电源或用绝缘物使触电者脱离电器电源，而是用手去拉触电者等。

（3）输电线或用电设备的绝缘损坏。当人体无意触着因绝缘或带电金属时，就会触电。

4. 触电的紧急救护

当进行触电急救时，要求动作迅速，使用正确救护方法，切不可惊慌失措、束手无策。电压对人体的影响及可接近的最小距离见表4-9。

表 4-9　电压对人体的影响及可接近的最小距离

接触时的情况		可接近的距离	
电压/V	对人体的影响	电压/kV	设备不停电时的安全距离/m
10	全身在水中时跨步电压界限为10V/m	10以下	0.7
20	湿手安全界限	20～35	1.0
30	干燥手安全界限	44	1.2
50	对人体生命没有危险的安全界限	60～110	1.5
100～200	危险性急剧增大	154	2.0
200以上	对人体生命发生危险	220	3.0
3000	被带电体吸引	330	4.0
10000以上	有被弹开脱离危险的可能	500	5.0

（1）触电者急救。凡遇到有人触电，必须用最快的方法使触电者脱离电源，千万不能赤手空拳拉还未脱离电源的触电者，另外，在解救中，还应注意防止高处的触电者坠落受伤。

（2）紧急救护。在触电者脱离电源后，应立即进行现场紧急救护工作，并及时报告医院，应将他抬到空气流通、温度适宜的地方休息，千万不能将触电者抬来抬去，更不可盲目地给假死者注强心针。

（二）电气火灾的紧急处置

引起电气设备发热及发生电气火灾的原因主要是短路、过载、接触不良，具体见表4-10。

表 4-10　电气火灾发生的原因

序号	引起火灾的原因	情形
1	短路	(1)电气设备绝缘体老化变质,受机械损伤,高温、潮湿或腐蚀作用下,绝缘体遭受破坏 (2)由于雷电等过电压的作用,使绝缘体击穿 (3)安装或维修工作中,由接线或操作错误所致 (4)管理不善,有污物聚集或小动物钻入等
2	过载	(1)设计选用的线路、设备不合理,以致在额定负载下出现过热 (2)使用不合理,如超载运行,连接使用时间过长,超过线路的设计能力,造成过热 (3)设备故障造成的设备和线路过载,如三相电动机断相运行,三相变压器不对称运行,均可造成过热

序号	引起火灾的原因	情形
3	接触不良	(1)不可拆卸的接头连接不牢，焊接不良或焊头处混有杂物 (2)可拆卸的接头不紧密，或由于震动而松动 (3)活动铡头，如刀开关的触点、接触器的触点、插入式短路器的触点、插销的触点，如果没有足够的接触压力或接触粗糙不平，都会导致过热 (4)对于铜铝接头，由于两者性质不同，接头处易受电解作用而腐蚀，从而导致过热

1. 电火警发生时的处理

发生电火警时，最重要的是必须首先切断电源后救火，并及时报警。

应选用二氧化碳灭火剂、1211 灭火剂或黄沙灭火，但应注意不要将二氧化碳喷射到人体的皮肤和脸上，以防冻伤和窒息。在没有确知电源已被切断时，决不允许用水或普通灭火器来灭火，因为万一电源没被切断，就会有触电的危险。

2. 电气灭火的注意事项

(1) 为了避免触电，人体与带电体之间应保持足够的安全距离。

(2) 对架空线路等设备灭火时，要防止导线断落伤人。

(3) 电气设备发生接地时，室内扑救人员不得进入距故障点 4m 以内，室外扑救人员不得接近故障点 8m 以内距离。

第五章
石油与化工装置安全检修

Chapter 05

第一节　检修作业安全技术

一、检修作业危险分析

检修就是对机器进行检查和维修，以确保机器的正常运行和企业的安全生产。由于检修作业项目多，任务重，时间紧，人员多，涉及面广，又是多工种同时作业，故而危险性比较大，存在火灾爆炸、中毒窒息、触电、高处坠落和物体打击、机械伤害等危险。

火灾爆炸是检修作业中常遇到的危险之一。检修作业中，特别是化工企业中，其原料和产品大多数具有易燃易爆、高温高压的特性，在检修时容易出现化学危险物品泄漏或在设备管道中残存，在试车阶段则可能在设备中残存或混入空气，形成爆炸性混合气体，一旦发生火灾往往火势迅猛，损失严重。

中毒窒息也是检修作业中经常遇到的危险。检修作业中，人员进入各类塔、球、釜、槽、罐、炉膛、锅筒、管道、容器地下室、阴井、地坑、下水道或其他封闭场所的情况较多，检修前没有制定相关设施、设备检修安全操作规程，也未制定安全防护措施，也没有对转岗和新上岗员工进行安全技术教育，员工对突发事故不能正确处理，从而引起事故甚至造成扩大。

触电是检修作业中最危险的因素。

在检修作业中，由于安全预防措施没有做到位，引发的事故也是非常多的。如不做临时接地线，电线绝缘损坏，作业人员进入禁区而失去了间隔屏障，作业人员不穿绝缘鞋、不戴电焊手套等导致触电事故发生，或是检修电气设备、设施、排除电气故障作业，必须办理停电申请，有双路供电的要同时停电，停电后还要当场验电，做临时接地线、挂警示牌；带电作业或在带电设备附近工作时，应设监护人，监护人的安全技术等级应高于操作人，工作人员应服从监护人的指挥，监护人在执行监护时，不应兼做其他工作等，这些措施没有做或没有做到位，从而引发检修出点触电事故的发生。

二、检修作业前的准备要求

加强对检修的管理，在检修前做好相关的准备工作是非常重要的。制定好检修的方案和必要的安全措施是保障检修安全的重要环节。项目进行检修作业前必须严格按规定办理和规范填写各种安全作业票证。坚持一切按规章办事，一切凭票证作业，是控制检修作业的重要手段。检修前，加强对参加检修作业的人员进行安全教育是保障安全检修的重要工作。要重点对检修人员进行有关检修安全规章制度、检修作业现场和检修过程中可能存在或出现的不安全因素及对策、检修作业过程中个体防护用具和用品的正确佩戴和使用以及本检修作业项目、任务、检修方案和检修安全措施等方面内容的教育。

检修前的准备工作是非常重要的，主要包括以下几方面。

（1）根据设备检修项目的要求，制定设备检修方案，落实检修人员、检修组织、安全措施。

（2）检修项目负责人必须按检修方案的要求，组织检修任务人员到检修现场，交代清楚检修项目、任务、检修方案，并落实检修安全措施。

（3）检修项目负责人对检修安全工作负全面责任，并指定专人负责整个检修作业过程的安全工作。

（4）设备检修如需高处作业、动火、动土、断路、吊装、抽堵盲板、进入设备内作业等，必须按规定办理相应的安全作业证。

（5）设备的清洗、置换、交出由设备所在单位负责，设备清洗、置换后应有分析报告。检修项目负责人应会同设备技术人员、工艺技术人员检查并确认设备、工艺处理及盲板抽堵等符合检修安全要求。

三、检修前的安全检查

检修前进行安全检查是保障作业条件和环境符合作业要求、发现和消除存在的危险因素的重要步骤。检查的重点内容如下。

（1）对设备检修作业用的脚手架、起重机械、电气焊用具、手持电动工具、扳手、管钳、锤子等各种工器具认真进行检查或检验，不符合安全作业要求的工器具一律不得使用。

（2）对设备检修作业用的气体防护器材、消防器材、通信设备、照明设备等器材设备应经专人检查，保证完好可靠，并合理放置。

（3）对设备检修现场的固定式钢直梯、固定式钢斜梯、固定式防护栏杆、固定式钢平台、算子板、盖板等进行检查，确保安全可靠。

（4）对设备检修用的盲板应按规定逐个进行检查，高压盲板必须经探伤合格后方可使用。

（5）对设备检修现场的坑、井、洼、沟、陡坡等应填平或铺设与地面平齐的盖板，设置围栏和警告标志，夜间应设警示红灯。

（6）对有化学腐蚀性介质或对人员有伤害介质的设备检修作业现场，确保作业人员在沾染污染物后有冲洗水源。

（7）夜间检修的作业现场，应保证设有足够亮度的照明装置。

（8）需断电的设备，在检修前应确认是否切断电源，并经启动复查，确定无电后，在电源开关处挂上"禁止启动，有人作业"的安全标志并锁定。

（9）对检修所使用的移动式电气工器具，确保配有漏电保护装置。

（10）对有腐蚀性介质的检修场所必须备有冲洗用水源。

（11）将检修现场的易燃易爆物品、障碍物、油污、冰雪、积水、废弃物等影响检修安全的杂物清理干净。

（12）检查、清理检修现场的消防通道、行车通道，保证畅通无阻。

四、检修作业现场的防火防爆要求

（1）作业区域严禁吸烟。

（2）动火作业必须按危险等级办理相应的《动火作业安全许可证》。动火证只能在批准的期间和范围内使用，严禁超期使用。不得随意转移动火作业地点和扩大动火作业范围，严格遵守一个动火点办一个动火证的安全规定。

（3）如需进入设备容器内或需在高处进行动火作业，除按规定办理动火证外，还必须按规定同时办理《进塔入罐安全作业许可证》或《高处作业安全许可证》。

（4）动火作业前，应检查电、气焊等动火作业所用工器具的安全可靠性，不得带病使用。

（5）使用气焊切割动火作业时，乙炔气瓶、氧气瓶不得靠近热源，不得放在烈日下暴晒，并禁止放在高压电源线及生产管线的正下方，两瓶之间应保持不小于5m的安全距离，与动火作业点明火处均应保持10m以上的安全距离。

（6）乙炔气瓶、氧气钢瓶内气体均不得用尽，必须留有一定的余压。乙炔气瓶严禁卧放。

（7）需动火作业的设备、容器、管道等，应采取可靠的安全隔绝措施，如加上盲板或拆除一段管线，并切断电源，清洗置换，分析合格，符合动火作业的安全要求。

（8）动火作业时，必须遵守有关动火作业的安全管理规定。

（9）在高处进行动火作业应采取防止火花飞溅的措施，5级以上大风天气，应停止室外高处动火作业。

（10）严禁用挥发性强的易燃液体，如汽油、橡胶水等清洗设备、地坪、衣物等。

（11）禁止用氧气吹风、焊接，切割作业完毕后不得将焊（割）炬遗留在设备容器及管道内。

（12）动火作业结束后，动火作业人员应消除残火，确认无火种后方可离开作业现场。

五、检修作业防中毒、窒息安全要求

（1）凡进入各类塔、釜、槽、罐、炉膛、管道、容器以及地下室、窨井、地坑、下水道或其他封闭场所作业，均必须遵守有关进入有限空间作业的相关规定。

（2）未经处理的敞开设备或容器，应当作密闭容器对待，严禁擅自进入，严防中毒窒息。

（3）在进入设备、容器之前，该设备、容器必须与其他存有有毒有害介质的设备或管道进行安全隔绝，如加盲板或断开管道，并切断电源，不得用其他方法如水封或阀门关闭的方法代替，并清洗置换，安全分析合格。

（4）若检修作业环境发生变化，检修人员感觉异常，或有可能危及作业人员人身安全时，必须立即撤出设备或容器。若需再进入设备或容器内作业，必须对设备或容器重新进行处理，重新进行安全分析，分析合格，确认安全后，检修项目负责人方可通知检修人员重新进入设备或容器内作业。

（5）进入设备或容器内作业应加强通风换气。必要时按规定配备防护器材。

（6）谨防设备或容器内逸出有毒有害介质，必要时应增加安全分析项数，加强监护工作。

（7）作业人员必须会正确使用气体防护器材。

六、检修作业防触电安全要求

（1）电气设备检修作业必须遵守有关电气设备安全检修规定。

（2）电气工作人员在电气设备上及带电设备附近工作时，必须认真执行工作票等制度，认真做好保证安全的技术措施和组织措施。

（3）不准在电气设备、线路上带电作业，停电后，应将电源开关处熔断器拆下并锁定，同时挂上禁动牌。

（4）在停电线路和设备上装设接地线前，必须放电、验电，确认无电后，在工作地段两侧挂上接地线，凡有可能送电到停电设备和线路工作地段的分支线，也要挂接地线。

（5）一切临时安装在室外的电气配电盘、开关设备，必须有防雨淋设施，临时电线的架设必须符合有关安全规定。

（6）手持电动工具必须经电气作业人员检查合格后，贴上标记，方能投入使用，在使用中必须加设漏电保护装置。

（7）电焊机应设独立的电源开关和符合标准的漏电保护器。电焊机二次线圈及外壳必须可靠接地或接零，一次线路与二次线路必须绝缘良好，并易辨认。一次线路中间严禁有接头。

（8）各单位应指定专人负责停送电联系工作，并办理停送电联系单。设备交出检修前必须联系电气车间彻底切断电源，严防倒送电。

（9）一切电气作业均应由取得特种作业证的电工进行，无证人员严禁从事电气作业。

（10）作业现场所用的风扇、空压机、水泵等的接地装置、防护装置必须齐全良好。

七、检修作业防高处坠落安全要求

（1）高处作业前，必须按规定办理《高处作业安全许可证》，采取可靠的安全措施，指定专人负责，专人监护，各级审批人员严格履行审批手续。审批人员应赴高处作业现场检查确认安全措施后，方可批准。

（2）严禁患有"高处作业职业禁忌症"的职工参与高处作业。

（3）高处作业用的脚手架的搭设必须符合规范，按规定铺设固定跳板，必要时跳板应采取防滑措施，所用材料必须符合有关安全要求，脚手架用完后应立即拆除。

（4）高处作业所使用的工具、材料、零件等必须装入工具袋内，上下行动时手中不得持物，输送物料时应用绳袋起吊，严禁抛掷。易滑动或易滚动的工具、材料堆放在脚手架上时，应采取措施，防止坠落。

（5）登石棉瓦等轻型材料作业时，必须铺设牢固的脚手架，并加以固定，脚手架应有防滑措施。

（6）高处作业与其他作业交叉进行时，必须按指定的路线上下，禁止上下垂直作业，若必须垂直进行时，应采取可靠的隔离措施。

八、检修作业防机械伤害安全要求

（1）所有机械的传动、转动部分及机械设备易对人员造成伤害的部位均应有防护装置，没有防护装置的不得投入使用。

（2）机械设备启动前应事先发出信号，以提醒他人注意。

（3）打击工具的固定部位必须牢固，作业前均应检查其紧固情况，合格后方可投入使用。

九、检修起重作业安全要求

（1）起重机械、器具必须事先检查合格，起重作业过程中有滑动倾斜现象。

（2）当重物起吊悬空时，卷扬机前不得站人。

（3）正在使用中的卷扬机，如发现钢丝绳在卷筒上的绕向不正，必须停车后方可校正。

（4）卷扬机在开车前，应先用手扳动机器空转一圈，检查各零部件及制动器，确认无误后再进行作业。作业中严禁超载使用。

十、防中暑安全要求

（1）各单位应备足防暑降温用品，以供检修人员使用，严防中暑。

（2）各单位所供防暑降温饮料等应符合食品卫生标准，防止食物中毒或肠道疾病发生。

（3）在确保大修项目任务完成的前提下，各单位可自行调整作息时间，以避开高温。

十一、检修结束后的安全要求

（1）检修项目负责人应会同有关检修人员检查检修项目是否有遗漏，工器具和材料等是否遗漏。

（2）检修项目负责人应会同设备技术人员、工艺技术人员根据生产工艺要求检查盲板抽堵情况。

（3）因检修需要而拆移的盖板、篦子板、扶手、栏杆、防护罩等安全设施要恢复正常。

（4）检修所用的工器具应搬走，脚手架、临时电源、临时照明设备等应及时拆除。

（5）设备、屋顶、地面上的杂物、垃圾等应清理干净。

（6）检修单位会同设备所在单位和有关部门对设备等进行压、试漏，调校安全阀、仪表和连锁装置，并做好记录。

（7）检修单位会同设备所在单位和有关部门，对检修的设备进行单体和联动试车，验收交接。

第二节　检修作业安全管理

一、建立检修安全管理制度

由于检修作业的特殊性，加强对检修作业的管理是日常安全管理工作的重要内容。企业应建立检修安全管理制度，检修项目均应在检修前办理检修任务书，明确检修项目负责人，并履行审批手续，检修项目负责人必须按检修任务书要求，亲自或组织有关技术人员到现场向检修人员交底，落实检修安全措施，检修项目负责人对检修工作实行统一指挥、调度，确保检修过程的安全。只有把检修工作纳入到日常安全管理工作中，才能有效地控制事故的发生。

《检修安全作业证》制度是检修作业一项有效的管理制度。《检修安全作业证》一般由企业的设备管理部门负责管理，设备所在单位提出设备检修方案及相应的安全措施，并填写《检修安全作业证》相关栏目，检修项目负责单位提出施工安全措施，并填写《检修安全作业证》相关栏目。设备所在单位、检修施工单位对《检安全作业证》进行审查，并填写审查意见，企业设备管理部门对《检修安全作业证》进行终审审批。

二、实行"三方确认"制度

"三方确认"制度，是一种保证检修作业过程安全的工作方法，是对作业现场的设备状况采取静态控制、动态预防，切断、制止有可能诱发事故根源的工作程序。

> "三方"是指生产岗位员工、电工、检修工。

生产人员即生产班组的班组长或岗位设备主操作工，负责对检修方进行生产情况、作业环境的安全要求交底，主动联系、关闭或切断与待修设备相连通的电、水、气（汽）、料源，确认后悬挂"有人工作、禁止操作"的警示标牌；作业电工负责切断动力电源和操作电源，并分别挂上"有人工作、禁止合闸"的警示标牌，确保清理、检修设备处于无电状态；检修作业的负责人组织所有清理、检修人员根据现场作业环境，做好清理、检修前的安全准备，即危险预知、事故应急预案、事故防范措施、应急处理等。"三方确认"制度主要包括以下几方面内容。

清理、检修作业人员在接到清理、检修任务后，应持"三方确认"空白单，至被清理、检修岗位进行联络，被清理、检修岗位即生产运行岗位，接到需要清理、检修的部位后，联系电工对所要清理、检修的设备进行停电；三方同时确认确实已经停电，由电工挂上停电标志牌。

以岗位为主，检修作业人员为副，针对需要检修的设备，根据生产实际流程和各种物料，即水、气（汽）、料的来龙去脉，共同查找有可能存在的串料、串水、串气（汽）等问题，采取与有关人员联系，停料、水、气（汽），挂牌，必要时加隔离板等预防措施。措施执行以后，双方共同确认所做的措施是否完善，有无差错和遗漏，并做好记录。对于大型的检修作业，单位第一负责人要亲自组织确认。

确认后，三方必须在"三方确认"单上填写确认时间、工作人员姓名等。

三方安全确认结束，即清理、检修作业前的防范措施到位后，清理、检修作业区的安全作业由清理、检修方负责。

需要返工时，必须重新进行三方联络挂牌确认，重新制定安全防范措施，且措施到位后方可返工。

三方确认完毕，措施到位，分别由生产人员、停电人员和清理、检修负责人，填写《检修作业三方安全确认单》（表5-1），签字生效。工作结束，清理、检修负责人通知生产岗位人员验收，验收合格，由生产岗位人员通知电工送电，并依次签写工作完毕确认单，存档备案。"三方确认"制度的实施，不管从职工的操作安全上，还是在设备的维护上，都起到了很好的推进作用。明确了作业者的责任，实现了作业之间互保和联保，降低了事故的发生率。

表 5-1 检修作业三方安全确认单

作业名称			作业地点					
参加人员								
作业时间		年 月 日 时至 年 月 日 时						
安全确认内容		1.现场作业环境已安全交底;切断与待修设备相连通的水、料、气(汽)、电源,挂警示标牌,必要时要加装盲板						
		2.检修方已做好危险预知,开展好危险预案,制定作业方案,落实安全措施;待修设备已处于安全状态						
		3.其他需要补充的内容						
工作前	生产人员	岗位: 签字:				月 日 时 分		
	停电人员	停电: 签字:				月 日 时 分		
	检修负责人	单位: 签字:				月 日 时 分		
工作完	检修负责人	单位: 签字:				月 日 时 分		
	验收人员	单位: 签字:				月 日 时 分		
	送电人员	送电: 签字:				月 日 时 分		
备注								

第六章
石油与化工企业消防管理

Chapter 06

第一节　防火安全平面布置

在石油与化工厂内，设备设施的安全设置方位、安全设置距离和同地设置禁忌，对于实现生产防火安全来说，是十分重要的，必须做到尊重科学，符合规范要求。

一、防火安全平面布置

1. 全厂防火安全总平面布置

（1）石油与化工企业生产区，宜位于邻近城镇或居住区全年最小频率风向的上风侧。

（2）在山区或丘陵地区，石油化工企业生产区，应避免布置在窝风地带。

（3）地区架空电力线路严禁穿越生产区。

（4）电力线路进出厂区，采用架空的电力线路的总变电所，应布置在厂区边缘。

（5）可能散发可燃气体的工艺装置、罐组、装卸区或全厂性污水处理场等设施，宜布置在人员集中场所、明火地点或散发火花地点的全年最小频率风向的上风侧。

（6）在山区或丘陵地区，可能散发可燃气体的工艺装置、罐组、装卸区或全厂性污水处理场等设施，应避免布置在窝风地带。

（7）液化烃罐组、可燃液体罐组，不应毗邻布置在高于工艺装置、全厂性重要设施或人员集中场所的阶梯上。但是，受条件限制或有工艺要求时，可燃液体原料储罐可毗邻布置在高于工艺装置的阶梯上。

（8）空气分离装置，应布置在空气清洁地段，位于散发乙炔、其他烃类气体、粉尘等场所的全年最小频率风向的下风侧。

（9）全厂性高架火炬，宜位于生产区全年最小频率风向的上风侧。

（10）汽车装卸站、液化烃灌装站、甲类物品仓库等，有机动车辆频繁进出的设施，应布置在厂区边缘或厂区外，并宜设置围墙，独立成区。

（11）工艺装置、可燃液体罐组、可燃气体罐组或液化烃罐组，与周围消防道路之间，不宜种植绿篱或茂密的灌木丛。

（12）工厂主要出入口不应少于两个，并宜位于不同方向。

（13）两条或两条以上的工厂主要出入口道路，应避免与同一条铁路平面相交；若必须平面相交，其中至少有两条道路的间距，不应小于所通过的最长列车的长度；若小于所通过的最长列车的长度，应另设消防车道。

（14）厂内主干道及其厂外延伸部分，应避免与调车频繁的厂内铁路平面相交，也应避免与调车频繁的邻近厂区的厂外铁路平面相交。

（15）生产区的道路，宜采用双车道；若为单车道，应满足错车要求。

（16）沿地面或低支架敷设的管道，不应围绕工艺装置或罐组四周布置。

2. 工艺装置防火安全平面布置

（1）工艺装置内建筑物的防火安全平面布置

① 当同一建筑物内，布置有不同火灾危险性类别的房间时，其中间隔墙应为防火墙。

② 在同一建筑物内，应将人员集中的房间布置在火灾危险性较小的一端。

③ 装置的控制室、变配电室、化验室、办公室和生活间等，应布置在装置的一侧，并应在爆炸危险区域范围以外、甲类设备全年最小频率风向的下风侧。

④ 在可能散发比空气重的可燃气体的装置内，控制室、变配电室、化验室的室内地面，应至少比室外地坪高 0.6m。

⑤ 在控制室或化验室的室内，不得安装可燃气体、可燃液体、液化烃的在线分析一次仪表。当在与控制室或化验室相邻的房间内安装可燃气体、可燃液体、液化烃的在线分析一次仪表时，中间隔墙应为防火墙。

⑥ 2个及2个以上装置所共用的控制室或者2个及2个以上联合装置所共用的控制室，即中央控制室，距离甲类设备、乙类设备或者明火设备，不应小于 25m；距离丙类设备，不应小于 15m。

⑦ 装置的控制室不得与设有甲类、乙A类设备的房间布置在同一建筑物内；若必须布置在同一建筑物内，控制室与上述房间之间，应用防火墙隔开，且防火墙的耐火等级，应为一级。

⑧ 控制室的外墙外侧，如果设置有具有火灾危险性的设备，则该堵外墙应为用非燃烧材料建成的实体墙，在墙体上不应设置门窗、洞口。

⑨ 操作温度等于或高于自燃点的可燃液体泵房的门窗，与操作温度低于自燃点的甲B类、乙，类可燃液体泵房的门窗或液化烃泵房的门窗的距离，不应小于 4.5m。

（2）工艺装置内设备的防火安全平面布置

① 明火加热炉，宜集中布置在装置的边缘，且位于可燃气体、液化烃、甲B类液体设备的全年最小频率风向的下风侧。

② 装置内烷基金属化合物、有机过氧化物等甲类危险化学品的装卸设施、储

存室等，应布置在装置的边缘。

③ 可燃气体、助燃气体的钢瓶，应分别存放在位于装置边缘的敞棚内，并应远离明火或操作温度等于或高于自燃点的设备。

④ 正压通风设施的取风口，宜位于甲类、乙A类设备的全年最小频率风向的下风侧，并应高出地面9m以上或爆炸危险区1.5m以上，两者中取较大值。

⑤ 压缩机或泵等的专用控制室或不大于10kV的专用配电室，可与该压缩机房、泵房等共用一幢建筑物，但其中的专用控制室、专用配电室的门窗，应位于爆炸危险区范围之外。

⑥ 单机驱动功率等于或大于150kW的甲类气体压缩机厂房，不宜与其他甲、乙、丙类房间共用一幢建筑物，压缩机的上方，不得布置甲、乙、丙类设备，但自用的高位润滑油箱不受此限。

⑦ 液化烃泵、操作温度等于或高于自燃点的可燃液体泵，操作温度低于自燃点的可燃液体泵，应分别布置在不同的房间内，各房间之间隔墙应为防火墙。

⑧ 甲、乙A类泵房的地面，不宜设置地坑或地沟。

⑨ 在液化烃泵房以及等于或高于自燃点的可燃液体泵房的上方，不应布置甲、乙、丙类缓冲罐等容器。

⑩ 液化烃泵房不超过2台时，可与操作温度低于自燃点的可燃液体泵同厂房布置。

⑪ 操作压力超过3.5MPa的压力设备，宜布置在装置的一端或一侧。

⑫ 高压、超高压有爆炸危险的反应设备，宜布置在防爆构筑物内。

⑬ 空气冷却器不宜布置在操作温度等于或高于自燃点的可燃液体设备上方；若确要布置在其上方，应用非燃烧材料的隔板隔离保护。

3. 储运设施防火安全平面布置

（1）液化烃储罐、可燃气体储罐、助燃气体储罐，应实行成组布置，各自为一组，不可混同，符合以下要求：在同一罐组内，宜布置火灾危险性类别相同或相近的储罐；沸溢性液体的储罐，不应与非沸溢性液体的储罐同组布置。

（2）在全压力式液化烃储罐罐组、全冷冻式液化烃储罐罐组、可燃液体地上储罐罐组内，布置储罐不应超过两排，以便于扑救火灾。

二、消防道路安全规定

（一）储罐区消防道路

（1）液化烃储罐区，应设环形消防车道路。道路的路面宽度，不应小于6m；路面内缘转弯半径，不宜小于12m；路面上净空高度，不应低于5m。

（2）在液化烃储罐区内，任何一个储罐的中心，至不同方向的两条消防车道的距离，均不应大于120m。

（3）甲、乙、丙类可燃液体储罐区，应设环形消防车道路，但是，当受地形条件限制时，也可设有回车场的尽头式消防车道。道路的路面宽度，不应小于6m；路面内缘转弯半径，不宜小于12m；路面上净空高度，不应低于5m。

（4）在甲、乙、丙类可燃液体储罐区内，当设环形消防车道路时，任何一个储罐的中心，至不同方向的两条消防车道路的距离，均不应大于 120m；当采用回车场的尽头式消防车道路，仅是在一侧有消防车道路时，任何一个储罐的中心，至消防车道路的距离，不应大于 80m。

（二）工艺装置区消防道路

（1）工艺装置区应设环形消防车道路。道路的路面宽度，不应小于 6m；路面内缘转弯半径，不宜小于 12m；路面上净空高度，不应低于 5m。

（2）在装置内的道路，如果是可供消防车通行的道路，应设贯通式道路，且道路的路面宽度，不应小于 4m，路面上的净空高度，不应低于 4.5m。

（三）铁路罐车装卸区消防道路

液化烃铁路罐车，以及甲、乙、丙类可燃液体铁路罐车，装卸区的消防道路，应满足如下要求。

（1）应设与铁路股道平行的消防车道路。

（2）当只在装卸区的一侧设消防车道路时，车道至最远的铁路股道的距离，不应大于 80m。

（3）当在装卸区的两侧都设有消防车道路时，车道至最远的铁路股道的距离，不应大于 200m。

第二节　防火安全距离

石油与化工生产，既存在大量的易燃易爆物质，又遍布有为数不少的、能产生火源的机械设备和设施。企业的消防安全，应立足以防为主。因此，易燃易爆物质与能产生火源的机械设备和设施之间，应保持防火安全距离。

一、厂内部设施与厂外部设施的防火距离

1. 厂内液化烃罐组与厂外部设施的防火距离

（1）距离相邻工厂围墙，不小于 120m；

（2）距离国家铁路中心线，不小于 55m；

（3）距离厂外企业铁路中心线，不小于 45m；

（4）距离国家或工业区铁路编组站，不小于 55m；

（5）距离厂外公路路边缘，不小于 25m；

（6）距离变配电站围墙，不小于 80m；

（7）距离架空电力线路中心线，不小于 1.5 倍塔杆高度；

（8）距离Ⅰ、Ⅱ级国家架空通信线路中心线，不小于 50m。

2. 厂内甲、乙类工艺装置与厂外部设施的防火距离

（1）距离相邻工厂围墙，不小于 50m；

（2）距离国家铁路中心线，不小于 45m；

（3）距离厂外企业铁路中心线，不小于35m；

（4）距离国家或工业区铁路编组站，不小于45m；

（5）距离厂外公路路边缘，不小于20m；

（6）距离变配电站围墙，不小于50m；

（7）距离架空电力线路中心线，不小于1.5倍塔杆高度；

（8）距离Ⅰ、Ⅱ级国家架空通信线路中心线，不小于40m；

（9）如果是丙类装置，距离可相应减少25%。

3. 厂内可能携带可燃液体的高架火炬与厂外部设施的防火距离

高架火炬的防火距离，应根据辐射热计算确定。对于可能携带可燃液体的高架火炬，防火距离除应符合辐射热计算结果要求外，还不能小于以下数值。

（1）距离相邻工厂围墙，不小于120m；

（2）距离国家铁路中心线，不小于80m；

（3）距离厂外企业铁路中心线，不小于80m；

（4）距离国家或工业区铁路编组站，不小于80m；

（5）距离厂外公路路边缘，不小于60m；

（6）距离变配电站围墙，不小于120m；

（7）距离架空电力线路中心线，不小于80m；

（8）距离Ⅰ、Ⅱ级国家架空通信线路中心线，不小于80m。

二、石油化工厂内部设施的防火间距

1. 工艺装置之间的防火间距

（1）甲类的石油化工工艺装置之间的防火距离不能小于30m；甲类的炼油工艺装置之间的防火距离不能小于25m。

（2）甲类的石油化工工艺装置与乙类的石油化工工艺装置之间的防火距离不能小于25m；甲类的炼油工艺装置与乙类的炼油工艺装置之间的防火距离不能小于30m。

（3）乙类的石油化工工艺装置之间的防火距离不能小于20m；乙类的炼油工艺装置之间的防火距离不能小于15m。

（4）甲类的石油化工工艺装置与丙类的石油化工工艺装置之间的防火距离不能小于20m；甲类的炼油工艺装置与丙类的炼油工艺装置之间的防火距离不能小于15m。

（5）乙类的石油化工工艺装置与丙类的石油化工工艺装置之间的防火距离不能小于15m；乙类的炼油工艺装置与丙类的炼油工艺装置之间的防火距离不能小于10m。

（6）丙类的石油化工工艺装置之间的防火距离不能小于10m；丙类的炼油工艺装置之间的防火距离不能小于10m。

（7）当一个工艺装置的成品直接进入另一个装置时，两个工艺装置之间的防火间距，可以根据实际情况适当减小，但不能小于15m，如果两个都是丙类的工艺装置，就不能小于10m。

（8）甲类的工艺装置与另一个工艺装置的明火加热炉或其他能散发火花的地点相邻，防火间距应不小于35m；乙类的工艺装置与另一个工艺装置的明火加热炉或其他能散发火花的地点相邻，防火间距应不小于30m；如果是丙类的工艺装置与另一个装置的明火加热炉或其他能散发火花的地点相邻，防火间距应不小于20m。

2. 罐区与工艺装置之间的防火间距

（1）容积大于5000m³的甲B类和乙类液体固定顶储罐，与甲、乙、丙类的装置之间的防火距离，应分别不小于50m、40m、35m；容积大于1000m³，又小于或等于5000m³的甲B类和乙类液体固定顶储罐，与甲、乙、丙类的装置之间的防火距离，应分别不小于40m、35m、30m；容积大于500m³，又小于或等于1000m³的甲B类和乙类的液体固定顶储罐，与甲、乙、丙类的装置之间的防火距离，应分别不小于30m、25m、20m。

（2）容积大于5000m³的浮顶储罐和丙类的液体固定顶储罐，与甲、乙、丙类的装置之间的防火距离，应分别不小于35m、30m、25m；容积大于1000m³，又小于或等于5000m³的浮顶储罐和丙类的液体固定顶储罐，与甲、乙、丙类的装置之间的防火距离，应分别不小于30m、25m、20m；容积大于500m³，又小于或等于1000m³的浮顶储罐和丙类液体固定顶储罐，与甲、乙、丙类的装置之间的防火距离，应分别不小于25m、20m、15m。

（3）液化烃储罐，属全冷冻式储存的，与甲、乙、丙类的装置之间的防火距离，应分别不小于60m、55m、50m。

（4）液化烃储罐，属全压力式储存的，容积大于1000m³，与甲、乙、丙类的装置之间的防火距离，应分别不小于60m、55m、50m；容积大于100m³，又小于或等于1000m³，与甲、乙、丙类的装置之间的防火距离，应分别不小于50m、45m、40m。

3. 装卸储运设施与工艺装置之间的防火间距

（1）液化烃、甲B类液体及乙类液体码头装卸油区，与甲、乙、丙类的装置之间的防火距离，应分别不小于35m、30m、25m。

（2）液化烃、甲B类液体及乙类液体汽车装卸站，与甲、乙、丙类的装置之间的防火距离，应分别不小于25m、20m、15m。

（3）液化烃、甲B类液体及乙类液体铁路装卸设施、槽车洗罐站与甲、乙、丙类的装置之间的防火距离，应分别不小于30m、25m、20m。

（4）液化烃灌装站，与甲、乙、丙类的装置之间的防火距离，应分别不小于30m、25m、20m。

（5）甲B类液体、乙类液体、可燃气体、助燃气体灌装站，与甲、乙、丙类的装置之间的防火距离，应分别不小于25m、20m、15m。

（6）甲类储存物仓库，与甲、乙、丙类的装置之间的防火距离，应分别不小于30m、25m、20m。

（7）铁路走行线的中心线，与甲、乙、丙类的装置之间的防火距离，应分别不小于15m、10m、10m。

（8）原料及产品运输用道路的路面边缘，与甲、乙、丙类的装置之间的防火距离，应分别不小于15m、10m、10m。

4. 污水处理设施与工艺装置的防火距离

（1）污水处理场的无盖隔油池，与甲、乙、丙类的装置之间的防火距离，应分别不小于30m、25m、20m。

（2）事故存液池，与甲、乙、丙类的装置之间的防火距离，应分别不小于30m、25m、20m。

5. 可能携带可燃液体的高架火炬与厂内装置设施的防火距离

（1）与甲、乙、丙类的装置之间的防火距离，应不小于90m。

（2）与储罐、码头装卸油区、汽车装卸站、铁路装卸设施、槽车洗罐站、灌装站、甲类的储存物仓库及其他全厂性重要设施之间的防火距离，都是不能小于90m。

（3）与铁路走行线的中心线之间、与原料及产品运输用道路的路面边缘之间的防火距离，都是不能小于50m。

（4）与明火或其他能散发火花的地点之间的防火距离，都是不能小于60m。

6. 明火及散发火花地点与厂内设施的防火距离

（1）与容积大于5000m³的甲B类、乙类液体固定顶储罐之间的防火距离，不能小于40m；与容积大于1000m³，又小于或等于5000m³的甲B类、乙类液体固定顶储罐之间的防火距离，不能小于35m；与容积大于500m³，又小于或等于1000m³的甲B类、乙类液体固定顶储罐之间的防火距离，不能小于30m。

（2）与容积大于5000m³的浮顶储罐或丙类液体固定顶储罐之间的防火距离，应不小于30m；与容积大于1000m³，又小于或等于5000m³的浮顶储罐或丙类液体固定顶储罐之间的防火距离，应不小于25m；与容积大于500m³，又小于或等于1000m³的浮顶储罐或丙类液体固定顶储罐之间的防火距离，应不小于20m。

（3）与全冷冻式液化烃储罐之间的防火距离，应不小于60m。

（4）与容积大于1000m³，全压力式储存的液化烃储罐之间的防火距离，应不小于60m；与容积大于100m³，又小于或等于1000m³，全压力式储存的液化烃储罐之间的防火距离，应不小于50m。

（5）与液化烃、甲B类液体及乙类液体的码头装卸油区之间的防火距离，应不小于35m。

（6）与液化烃、甲B类液体及乙类液体的汽车装卸站之间的防火距离，应不小于25m。

（7）与液化烃、甲B类液体及乙类液体的铁路装卸设施、槽车洗罐站之间的防火距离，应不小于30m。

（8）与液化烃灌装站之间的防火距离，应不小于30m。

（9）与甲B类液体、乙类液体、可燃气体及助燃气体灌装站之间的防火距离，应不小于25m。

（10）与甲类储存物仓库之间的防火距离，应不小于30m。

（11）与污水处理场无盖隔油池之间的防火距离，应不小于30m。

7. 其他安全距离

（1）全厂围墙的中心线，与甲、乙、丙类的装置之间的防火距离，应分别不小于10m、8m、6m。

（2）污水处理场的无盖隔油池，与可能携带可燃液体的高架火炬之间的防火距离，不能小于90m；污水处理场的无盖隔油池，与全厂围墙的中心线之间、与铁路走行线的中心线之间、与原料及产品运输用道路的路面边缘之间的防火距离，都是不能小于10m。

8. 几种特殊情况

（1）当甲B类液体、乙类液体铁路装卸采用密闭装卸时，装卸设施与周围工艺装置等设施的防火距离可减少25％，但是不应小于10m。

（2）当液化烃汽车装卸采取能防止液化烃就地排放的措施时装卸设施与周围工艺装置等设施的防火距离可减少25％，但是不应小于10m。

（3）当固定顶可燃液体储罐采用氮气密封时，其防火距离可按浮顶罐处理。

（4）污水处理场的隔油池加盖，且设有半固定式灭火蒸气系统时，其防火距离可减少25％。

（5）在加热炉等明火设备周围，若设有可燃气体浓度报警与蒸气幕连锁设施时，其防火距离可减少25％。

三、储罐区内地上可燃液体储罐之间的防火距离

1. 固定顶罐的防火距离

（1）容积小于或等于1000m³，介质为甲B类、乙类可燃液体，用固定式消防冷却水系统，与邻罐的防火距离应不小于0.6D（D是相邻罐的直径；单罐容积大于1000m³的储罐，如果储罐的高度值大于其直径值，D值应取高度值）；用移动式消防冷却水系统，与邻罐的防火距离应不小于0.75D。

（2）容积小于或等于1000m³，介质为丙A类可燃液体，与邻罐的防火距离应不小于0.4D，但不宜大于15m。

（3）容积小于或等于1000m³，介质为丙B类可燃液体，与邻罐的防火距离应不小于2m。

（4）容积大于1000m³，介质为甲B类、乙类可燃液体，与邻罐的防火距离应不小于0.6D。

（5）容积大于1000m³，介质为丙A类可燃液体，与邻罐的防火距离应不小于

$0.4D$，但不宜大于 15m。

（6）容积大于 $1000m^3$，介质为丙 B 类可燃液体，与邻罐的防火距离应不小于 5m。

2. 浮顶罐、内浮顶罐的防火距离

介质为甲 B 类、乙类可燃液体，与邻罐的防火距离应不小于 $0.4D$。

3. 卧罐的防火距离

介质为甲 B 类、乙类、丙 A 类、丙 B 类可燃液体的卧罐，与邻罐的防火距离应不小于 0.8m。

4. 高架罐的防火距离

高架罐的防火距离不应小于 0.6m。

5. 盘式内浮顶罐的防火距离

浅盘式内浮顶罐的防火距离，同固定顶罐。

6. 罐组的防火距离

（1）罐组的事故存液池，距离储罐不应小于 30m。

（2）罐组的事故存液池和导油沟，距离明火地点不应小于 30m。

第三节　设备设施耐火保护

设备设施如果采用耐火材料，当发生火灾时，能有效阻止火势剧烈燃烧。对于钢结构，采取耐火保护措施，当发生火灾时，能有效防止金属材料受火场高温影响，以免造成强度降低、钢结构失稳、坍塌，导致介质泄漏，引发更大的次生事故。

一、耐火等级

耐火等级，是就建筑物而言的。建筑物的耐火等级，分为一、二、三、四级，其中四级是最低级，一级是最高级。

（一）相关概念

1. 耐火极限

对任一建筑构件，按时间—温度曲线进行耐火试验，从受到火的作用时起，到失去支持能力，或完整性被破坏，或失去隔火作用时止的这段时间，用小时表示。

2. 非燃烧体

非燃烧体就是用非燃烧材料做成的构件。非燃烧材料是指在空气中受到火烧或高温作用时，不起火、不燃烧、不炭化的材料，如建筑中采用的金属材料和天然或人工的无机矿物材料。

3. 难燃烧体

难燃烧体是指用难燃烧材料做成的构件，或用燃烧材料做成而用非燃烧材料做保护层的构件。难燃烧材料是指在空气中受到火烧或高温作用时，难起火、难微燃、难碳化，当火源移走后，燃烧或微燃立即停止的材料。如沥青混凝土、经过防火处理的木材、用有机物填充的混凝土等。

4. 燃烧体

燃烧体是指用燃烧材料做成的构件。燃烧材料是指在空气中受到火烧或高温作用时，立即起火或微燃，且火源移走后，继续燃烧或微燃的材料，如木材。

（二）建筑物的耐火等级及其构件的耐火极限

建筑物的耐火等级分为 4 级，其构件的耐火极限，见表 6-1。

表 6-1　建筑构件耐火等级分级表

分类	一级	二级	三级	四级
防火墙	4（非燃烧体）	4（非燃烧体）	4（非燃烧体）	4（非燃烧体）
承重墙 楼梯间墙 电梯井墙	3（非燃烧体）	2.5（非燃烧体）	2.5（非燃烧体）	0.5（非燃烧体）
非承重外墙 疏散道隔墙	1（非燃烧体）	1（非燃烧体）	0.5（非燃烧体）	0.25（非燃烧体）
房间隔墙	0.75（非燃烧体）	0.5（非燃烧体）	0.5（非燃烧体）	0.25（难燃烧体）
支承多层的柱	3（非燃烧体）	2.5（非燃烧体）	2.5（非燃烧体）	0.5（难燃烧体）
支承单层的柱	2.5（非燃烧体）	2（非燃烧体）	2（非燃烧体）	燃烧体
梁	2（非燃烧体）	1.5（非燃烧体）	1（非燃烧体）	0.5（难燃烧体）
楼板	1.5（非燃烧体）	1（非燃烧体）	0.5（非燃烧体）	0.25（难燃烧体）
屋顶承重构件	1.5（非燃烧体）	0.5（非燃烧体）	燃烧体	燃烧体
疏散楼梯	1.5（非燃烧体）	1（非燃烧体）	1（非燃烧体）	燃烧体
吊顶	0.25（非燃烧体）	0.25（非燃烧体）	0.15（难燃烧体）	燃烧体

（三）厂内建筑物的耐火等级要求

（1）装置控制室与设有甲、乙 A 类设备的房间，布置在同一建筑物内（一般不要出现这种情况）时，控制室应用防火墙与这些房间隔开，防火墙的耐火等级应为一级。

（2）合成纤维、合成橡胶、合成树脂、塑料、袋装硝酸铵及尿素等产品的库房，耐火等级应不低于二级。

（3）合成纤维、合成橡胶、合成树脂、塑料等包装产品的高架仓库等，耐火等级不宜低于二级。

（4）消防水泵房耐火等级不应低于二级。

（5）特殊贵重的机器、仪器、仪表，应设在耐火等级为一级的建筑内。

（6）锅炉房应为一、二级耐火等级的建筑。

（7）可燃油油浸电力变压器室耐火等级不应低于二级。

（8）高压配电装置室耐火等级不应低于二级。

（9）生产火灾危险性为甲类、乙类的厂房，应为一、二级耐火等级。

（10）面积不超过300m²，生产火灾危险性为甲类、乙类的独立厂房，可采用三级耐火等级，但要是单层结构。

（11）储存物品类别为甲类的库房，应为一、二级耐火等级，且应为单层结构。但是，储存常温下能自行分解，或在空气中氧化即能导致自燃或爆炸的物质，以及常温下受到水或水蒸气的作用能产生可燃气体并引起燃烧或爆炸的物质，库房必须为一级耐火等级。

二、耐火保护

> 耐火保护，就是在钢结构，如框架、支架、裙座、立柱、横梁部位，涂上防火涂料，形成防火保护层。

很多钢结构，在没有耐火保护层的情况下，耐火极限仅有0.25小时，在火灾中，容易因高温作用，导致强度降低而坍塌；但是，如果是有耐火保护层的钢结构，其耐火极限可达到1.5小时，在火灾中保持强度的时间就会得到大大延长。

在石油化工厂内，一是应使用厚型无机防火涂料。厚型无机防火涂料遇到火焰，容易发泡，即使是在潮湿状态下，也不会影响发泡效果，防护性能好。另外，厚型无机防火涂料，在遇到火焰发泡过程中，产生的烟雾和有毒气体都比较少。二是应使用适于烃类火灾的防火涂料。用升温曲线进行比较，一般的建筑火灾，在30分钟时，火焰温度为700～800℃，而烃类的火灾，在10分钟时，火焰温度就达到1000℃，使用的防火涂料，应满足相应要求。

（一）设备设施应覆盖耐火保护层的几种情况

（1）单个容积等于或者大于5m³，且介质为甲类、乙A类可燃液体的设备的承重钢框架、支架、裙座。

（2）单个容积等于或者大于5m³，且介质为乙B类、丙类可燃液体，同时介质温度又等于或高于自燃点的设备的承重钢框架、支架、裙座。

（3）在爆炸危险区范围内，介质为非可燃性介质，且高径比等于或者大于8，同时总重量等于或者大于25t的设备的承重钢框架、支架、裙座。

（4）在爆炸危险区范围内，主管廊的钢管架。

（5）加热炉的钢支架。

（二）覆盖耐火层的具体部位

（1）设备的承重钢框架，应覆盖耐火层的部位为：

单层框架的梁、柱；多层框架，当楼板为透空的箅子板时，地面以上10m范围内的梁、柱；多层框架，当楼板为封闭式楼板时，该层楼板面以上的梁、柱。

（2）设备的承重钢支架，应覆盖耐火层的部位为全部梁、柱。

（3）加热炉的钢支架，应覆盖耐火层的部位为全部梁、柱。

（4）设备的钢裙座外侧未保温部分及直径大于 1.2m 的裙座内侧。

（5）钢管架，以及底层主管架的梁和柱，其高度 4.5m（或根据具体情况大于 4.5m）以下的部位，应覆盖耐火层；上部设有空气冷却器的管架，其全部梁、柱及斜撑，应覆盖耐火层。

（6）液化烃储罐的承重钢支柱，耐火极限不应低于 1.5 小时。

（7）涂有耐火层的其他构件，耐火极限不应低于 1.5 小时。

第四节　灭火剂与灭火器

灭火剂，是用来灭火的一种物质。当出现燃烧，或者发生火灾时，喷射到着火物质表面或者燃烧区内的灭火剂，就会通过物理作用和化学作用，使燃烧区内的氧含量降低、燃烧物与空气相隔离、燃烧物被冷却、燃烧连锁反应中断，导致着火物质失去燃烧条件，最终火灾被扑灭。以下着重介绍水、泡沫、干粉、二氧化碳 4 种灭火剂。

在石油化工厂内使用的灭火器，主要有手提式干粉灭火器、手提式二氧化碳灭火器和推车式干粉灭火器、推车式二氧化碳灭火器。将这些移动式灭火器分布在生产装置区域及生产管理区域内，对扑灭初期火灾可以起到重要的作用。

一、灭火剂

（一）水

1. 水的灭火原理

（1）冷却作用。水的气化热和热容量都很大，当水与燃烧物接触时，水在被加热和气化的过程中，会大大地吸收燃烧物的热量，使燃烧物温度急剧降低，燃烧停止。

（2）阻隔氧作用。当水与燃烧物接触时，水会大量急速气化，产生水蒸气，水蒸气将燃烧物与空气和氧相隔离，燃烧减弱或停止。

（3）稀释水溶性可燃液体作用。水溶性可燃液体，发生火灾，在可以用水扑救的情况下，如果用水灭火，水与水溶性可燃液体相混合，就降低了可燃液体和可燃蒸气的浓度。随着灭火水量增加，可燃液体浓度低至可燃浓度之下，燃烧停止。

（4）水力冲击作用。通过水枪的高压水流，激烈冲击燃烧物或火焰，降低燃烧强度，或使燃烧停止。

2. 灭火出水形式

（1）直流水。由直流水枪喷出的柱状水，称为直流水。主要用于扑救一般固体物质的火灾。

（2）开花水。由开花水枪喷出的滴状水流，称为开花水。开花水的水滴直径大于 $100\mu m$，用于扑救一般固体物质的火灾。

（3）雾状水。由喷雾水枪喷出，水滴直径小于 $100\mu m$ 的水流，称为雾状水。用于扑救粉尘火灾、带电设备火灾。但是，雾状水的射程比较小。

3. 水的灭火禁忌

（1）着火物质，如果能与水产生化学反应，不能用水灭火。

碱金属、碱土金属，以及其他轻金属，着火时，能产生高温，如果用水灭火，水在高温后就会分解，产生氢气，且大量放热，导致氢气自燃或爆炸。

电石，着火时，如果用水灭火，水与电石就会发生化学反应，产生乙炔气，且大量放热，导致乙炔气爆炸。

由熔化的铁水或钢水引起的火灾，如果用水灭火，水在高温铁水或钢水作用下会快速分解，产生氢气和氧气，氢气和氧气在高温下产生爆炸。

（2）非水溶性可燃液体的火灾，一般不能用水灭火。

非水溶性可燃液体着火，如果用水灭火，应容易产生暴沸，同时，可燃液体随水而流动，并伴随着燃烧，扩大了火灾的范围。

但是，非水溶性可燃液体，如果其密度大于水，可用雾状水扑救火灾。

特别地，对于苯类、醇类、醚类、醛类、酮类、酯类及丙烯腈等储罐，如果用水扑救，水的密度相对较大，水就会沉到罐底，在罐底部的水受热作用，出现暴沸，引起储罐内可燃液体与水飞溅、溢出，导致发生爆炸，火灾蔓延。

（3）精密仪器、贵重设备、图书、档案着火，不能用水灭火。

水能使精密仪器、贵重设备、图书、档案等着火物质造成损坏，或者出现污渍。

（4）带电设备，特别是高压带电设备，不能用水灭火。

用水灭火时，水流、水枪、人体相结合，能形成电气通路，容易导致消防人员发生触电。但是，如果用雾状水，并且保持相当安全距离，可以保证安全。

（5）在可燃性粉尘聚集处，发生火灾，不能用直流水扑救。在直流水的作用下，会产生更多扬尘，加剧火灾。

（6）高温设备，发生火灾，不能用直流水扑救。直流水会使高温设备受急冷，引起设备变形、爆裂，损坏设备。

（7）浓硫酸等强酸发生火灾时，不能用直流水扑救。

浓硫酸与水的混合，放出大量热量，使混合液暴沸、飞溅。

浓硝酸、浓盐酸，受水流冲击，酸液飞溅、溢流、挥发，易引起爆炸。但是可用雾状水扑救此类火灾。

（二）泡沫

1. 泡沫灭火剂

泡沫灭火剂是扑救可燃易燃液体的有效灭火剂。泡沫灭火剂分为空气泡沫灭火剂和化学泡沫灭火剂。泡沫液和水混合后形成混合液，混合液与空气一起，在泡沫产生器中再进行机械混合，变成空气泡沫灭火剂，又称为机械泡沫灭火剂。通过化学反应生成的灭火泡沫，称为化学泡沫灭火剂；化学泡沫灭火剂主要由硫酸铝和碳酸氢钠两种化学药剂组成。企业的泡沫灭火系统，一般使用空气泡沫灭火剂。

2. 空气泡沫灭火剂的分类

空气泡沫灭火剂分为抗溶性泡沫灭火剂与非抗溶性泡沫灭火剂。

（1）非抗溶性泡沫灭火剂。动物或植物的蛋白质类物质，经水解作用形成非抗溶性泡沫液，它是普通蛋白质泡沫液。

非抗溶性泡沫液、水、空气，经过机械作用，以一定的比例相混合，形成膜状泡沫群，为非抗溶性泡沫灭火剂。

非抗溶性泡沫灭火剂，其构成中含有水分，不能被用于扑救醇、醚、酮等水溶性有机溶剂，也不能被用于扑救忌水物质的火灾。

（2）抗溶性泡沫灭火剂。在普通蛋白质水解液中，加入有机酸金属铬合盐，形成抗溶性泡沫液。

抗溶性泡沫液、水、空气，经过机械作用，以一定的比例相混合，形成抗溶性泡沫灭火剂。

抗溶性泡沫液与水作用，生成有不溶于水的有机酸金属皂，有机酸金属皂在泡沫层上能组成致密的固体薄膜，固体薄膜能阻止醇、醚、酮、醛等水溶性有机溶剂吸收泡沫中的水分，保护了泡沫，使泡沫能持续覆盖在液面上，发挥灭火作用。

抗溶性泡沫灭火剂既能扑灭一般液体烃类的火灾，又可以扑灭醇、醚、酮、醛等水溶性有机溶剂的火灾。

（3）空气泡沫灭火剂的发泡倍数。低倍数泡沫，发泡倍数为 20 倍以下；中倍数泡沫，发泡倍数为 20～500 倍；高倍数泡沫，发泡倍数为 500～1000 倍。

3. 空气泡沫灭火剂的适用范围

（1）抗溶性泡沫灭火剂，用于扑救水溶性可燃液体火灾。

（2）非抗溶性泡沫灭火剂，用于扑救非水溶性可燃液体火灾，也用于扑救一般固体的火灾。

4. 空气泡沫灭火剂的灭火原理

（1）泡沫在燃烧物表面形成厚厚的泡沫覆盖层，覆盖层使燃烧物表面与空气隔绝，起到窒息灭火的作用。

（2）覆盖在燃烧物表面的泡沫层，阻挡了火焰的热辐射，防止了可燃物受热蒸发而气化为可燃气。

（3）燃烧物表面的泡沫覆盖层受热蒸发产生的水蒸气，可以降低燃烧物表面附近的氧浓度，从而限制燃烧。

（4）覆盖层泡沫析出的液体，对燃烧物表面有较好的冷却作用。

5. 空气泡沫灭火剂的灭火禁忌

（1）不宜在高温下使用空气泡沫灭火剂。空气泡沫灭火剂主要是靠堆积的气泡群灭火。在高温下，气泡会受热膨胀，受到破坏，失去或降低灭火作用。

（2）非抗溶性泡沫灭火剂，不能用于扑救水溶性可燃、易燃液体的火灾。醇、醚、醛、酮类等有机溶剂，易溶于水，使泡沫遭到破坏。这种情况，应用抗溶性泡沫灭火剂灭火。

（3）忌水的化学物质，发生火灾，不能用空气泡沫灭火剂灭火。

（4）高倍数泡沫灭火剂，不能用于扑救油罐火灾。高倍数泡沫密度很小，着火油罐的热气流升力很大，使泡沫无法覆盖到油面上。

6. 化学泡沫灭火剂的灭火原理

（1）硫酸铝与碳酸氢钠起化学作用，生成二氧化碳气体，二氧化碳气体与发泡剂作用，产生大量气泡。

（2）气泡泡沫的密度小，且有黏性，覆盖在燃烧物表面，实现燃烧物与空气阻绝。

（3）灭火产生的二氧化碳气体是一种惰性气体，不助燃。

7. 化学泡沫灭火剂的灭火禁忌

（1）化学泡沫灭火剂不能用于扑救忌水化学物质的火灾。

（2）化学泡沫灭火剂不能用于扑救忌酸化学物质的火灾。

（3）化学泡沫灭火剂不能用于扑救电气设备的火灾。

（三）干粉

1. 干粉灭火剂

在干粉灭火系统、手提式干粉灭火器、推车式干粉灭火器中，使用干粉灭火剂。干粉灭火剂分为碳酸氢钠干粉灭火剂和磷酸铵盐干粉灭火剂，碳酸氢钠干粉灭火剂，用于扑灭易燃液体、可燃气体和带电设备火灾。磷酸铵盐干粉灭火剂，用于扑灭可燃固体、可燃液体、可燃气体和带电设备火灾。

2. 干粉灭火剂的灭火原理

（1）大量干粉粉粒喷向火焰，吸收了火焰中的活性基团，从而中断燃烧的连锁反应，燃烧停止。

（2）干粉在火焰作用下，分裂为更小颗粒，增加了干粉与火焰接触的表面积，提高了灭火效力。

（3）粉雾喷向火焰，降低了火焰对燃烧物的热辐射。

（4）干粉在高温作用下，会放出结晶水或发生分解，除可以吸收火焰热量外，分解生成的不活泼气体还可稀释燃烧区的氧浓度。

3. 干粉灭火剂的灭火禁忌

（1）干粉灭火剂灭火后会留下残余物，因此干粉灭火剂不适用于扑救精密仪器设备的火灾。

（2）碳酸氢钠干粉灭火剂灭火后产生的二氧化碳会与轻金属和碱金属发生化学反应，因此它不适用于扑救木材、轻金属和碱金属的火灾。

（四）二氧化碳

1. 物理性质

二氧化碳不燃烧、不助燃，密度为空气的 1.5 倍，1L 液态二氧化碳，蒸发变为气态，体积扩大 460 多倍，同时温度下降至 $-78.5℃$。

液态二氧化碳，转变为固态，此时称为干冰，干冰吸热，升华，转变为气态。在空气中，二氧化碳的含量达20％，会致人窒息死亡。

2．灭火原理

（1）气体二氧化碳，压缩液化，装入瓶内；灭火时喷出，变为固体二氧化碳，再转变为气体二氧化碳，气体二氧化碳能起稀释燃烧区氧含量的作用，致使火焰因氧含量低而熄灭。

（2）气体二氧化碳比空气重，主要沉在下部空间，更有利于稀释燃烧区氧含量，同时有利于隔绝空气。

（3）二氧化碳从瓶中喷出后，经过由液体变为固体，再转变为气体的过程，这些过程，要吸收大量热量，对燃烧物起冷却作用，减缓燃烧。

3．适用范围

（1）适用于扑救可燃液体、精密仪器、贵重设备、图书档案的火灾。

（2）适用于扑救600V以下电气设备火灾。

（3）适用于扑救固体物质火灾，有不留污损痕迹的优点。

4．灭火禁忌

（1）不宜用于扑救钾、钠、镁、铝等金属火灾。

（2）不宜用于扑救过氧化钾、过氧化钠等金属过氧化物的火灾。

（3）不宜用于扑救有机过氧化物、氯酸盐、高锰酸盐、重铬酸盐、硝酸盐、亚硝酸盐等氧化剂的火灾。

二、灭火器

（一）手提式干粉灭火器

1．手提式干粉灭火器（图6-1）**的分类**

（1）按充装灭火剂的重量大小分类。按充装灭火剂的重量大小，分为1kg、2kg、3kg、4kg、5kg、6kg、8kg、10kg手提式干粉灭火器。在工厂内，多用4kg、6kg、8kg手提式干粉灭火器。

（2）按充装灭火剂的类别分类。按充装灭火剂的不同类别，分为BC型手提式干粉灭火器、ABC型手提式干粉灭火器。

（3）按加压方式分类。按加压方式，分为储气瓶式手提干粉灭火器和储压式手提干粉灭火器。

储气瓶式手提干粉灭火器分为外置式和内置式两种，外置式是作为动力源的二氧化碳（或氮气）小钢瓶安装在灭火器筒体的外侧，灭火剂在筒体内部；内置式是作为动力源的二氧化碳（或氮气）小钢瓶安装在灭火器筒体的内部，灭火剂位于二氧化碳（或氮气）小钢瓶外壁与灭火器筒体内壁之间的空间。

在厂内，储气瓶式手提干粉灭火器使用不多，而其中的外置式灭火器使用更少。

图6-1 手提式
干粉灭火器

储压式手提干粉灭火器，结构与储气瓶式手提干粉灭火器大致相同，不同点主要有：一是储压式手提干粉灭火器既没有外置二氧化碳（或氮气）小钢瓶，也没有内置二氧化碳（或氮气）小钢瓶；二是储压式手提干粉灭火器的驱动气体被直接充入灭火器筒体内，与筒体内干粉混合在一起，因而在灭火器的器盖上特设一块压力表，用于测量、显示筒体内驱动气体的压力。在正常情况下，压力表的指示压力应为1.2MPa左右。在厂内，一般使用储压式手提干粉灭火器。

2. 手提式干粉灭火器用灭火剂

（1）BC型手提式干粉灭火器使用的灭火剂主要为碳酸氢钠干粉，占90％以上，还含有硅化物作为防潮剂，含有云母粉作为保持灭火器内干粉疏松的物质。在碳酸氢钠干粉中加入硅化物和云母粉，目的是防止干粉结块，增强干粉的流动性。

在灭火器内，除装入碳酸氢钠干粉、硅化物及云母粉外，还充入带压力的干燥氮气或干燥二氧化碳气体。当打开灭火器开关时，带压力的干燥氮气或干燥二氧化碳就作为动力源，在气体压力的作用下，干粉喷出，进行灭火。

（2）ABC型手提式干粉灭火器使用的灭火剂主要为磷酸铵盐（磷酸三铵、磷酸二铵、磷酸二氢铵）干粉。在灭火器内，除装入磷酸铵盐干粉等外，还充入带压力的干燥氮气或干燥二氧化碳气体。当打开灭火器开关时，带压力的干燥氮气或干燥二氧化碳就作为动力源，在气体压力的作用下，干粉喷出，进行灭火。

3. 手提式干粉灭火器适用灭火的范围

（1）BC型手提式干粉灭火器适用于扑灭B类火灾（可燃液体火灾）、C类火灾（气体或蒸气火灾）和火涉及带电的电气设备类的火灾。

（2）ABC型手提式干粉灭火器适用于扑灭A类火灾（普通的固体材料火灾）、B类火灾（可燃液体火灾）、C类火灾（气体或蒸气火灾）和带电的电气设备类的火灾。ABC型手提式干粉灭火器，又被称为通用干粉灭火器。

ABC型手提式干粉灭火器能够用于扑灭A类火灾（普通固体材料火灾），而BC型手提式干粉灭火器不适于扑灭A类火灾（普通固体材料火灾），原因是ABC型手提式干粉灭火器使用的灭火剂主要组成为磷酸铵盐干粉，这种干粉喷射到着火物质上，具有抗复燃性；若使用BC型手提式干粉灭火器，扑灭普通固体材料火灾，易导致已扑灭的火灾，在1～2分钟内再燃烧起来。

但是，ABC型手提式干粉灭火器比BC型手提式干粉灭火器价格要高一些。

使用干粉灭火器进行灭火后，根据火灾严重程度等具体情况，对燃烧点及时采取冷却降温措施，认真检查，防止复燃。

（3）BC型手提式干粉灭火器、ABC型手提式干粉灭火器不适宜扑救轻金属燃烧的火灾；对贵重物品、精密设备、机械、仪器、仪表灭火，会造成水渍、污染、腐蚀；对易扩散的易燃气体，如乙炔、氢气，由于没有稀释作用，效果也不好。

4. 手提式干粉灭火器的应用场所

（1）BC型手提式干粉灭火器。主要应用于装置区、罐区、气体及液体装卸站、污水处理场、循环水场、码头。

（2）ABC 型手提式干粉灭火器。主要应用于办公楼、食堂、倒班休息楼、会议室、门岗、招待所、仓库、停车场。

5. 手提式干粉灭火器的型号

（1）BC 型手提式干粉灭火器。如果是储气瓶式的，用"MF＋灭火剂千克数"表示，例如型号 MF6；如果是储压式的，用"MFZ＋灭火剂千克数"表示，例如型号 MFZ6。其中"M"代表灭火器；"F"代表干粉灭火剂；"Z"代表储压式，如果型号中不带"Z"字母，就为储气瓶式灭火器；"6"代表充装干粉重量，数字可以为"1、2、3、4、5、6、8、10"8 种。

（2）ABC 型手提式干粉灭火器，如果是储气瓶式的，用"MFL＋灭火剂千克数"表示，例如型号 MFL6；如果是储压式的，用"MFZL＋灭火剂千克数"表示，例如型号 MF－ZL6。其中"M"代表灭火器；"F"代表干粉灭火剂；"Z"代表储压式，如果型号中不带"Z"字母，就为储气瓶式灭火器；"L"代表 ABC 型干粉灭火器，如果型号中不带"L"字母，就为 BC 型干粉灭火器；"6"代表充装干粉重量，数字可以为"1、2、3、4、5、6、8、10"8 种。

6. 手提式干粉灭火器的使用方法

拔掉保险销→一只手握住带喷嘴的橡胶管，另一只手抓起提把（下鸭嘴）→到达着火点→将喷射口对准火焰根部→压下压把（上鸭嘴）→喷出干粉→摆动摇摆喷嘴扑救油面火灾，要采取平射方式，由近及远进行。

7. 手提式干粉灭火器的维护管理

（1）放置环境要求

① BC 型干粉灭火器、ABC 型干粉灭火器的使用温度范围：储气瓶式干粉灭火器，－10～55℃；储压式干粉灭火器，－20～55℃。灭火器设置点的环境温度，不能超出其允许使用的温度范围。若放置灭火器环境温度过低，就有可能会影响到灭火器的喷射性能和灭火效率，甚至会出现瓶内灭火剂冻结，不能喷出灭火干粉的情况；若放置灭火器环境温度过高，会引起瓶内压力剧增，直接影响到灭火器的使用寿命，导致喷射压力过高，也易发生操作事故，甚至会出现瓶体爆炸事故。

② 放置在通风干燥，且不易受到酸、碱等腐蚀的地方。

③ 放置在避免日光曝晒，避免受到强辐射热或其他加热的地方。

④ 放置在既易于为人发现，又能够方便快速取用的场所，更重要的是，灭火器要放在当发生火灾时，人员既能够安全地靠近，又能够安全地取到并使用的场所。

（2）储压式干粉灭火器压力表指示值要求

① 当压力表指针指在黄色区域，表示瓶内压力已大于 1.4MPa，属超压灭火器，应停止使用，查明原因，妥善处理，立即更换。

② 当压力表指针指在红色区域，表示瓶内压力已小于 1.0MPa，属欠压灭火器，应停止使用，查明原因，立即更换。

③ 当压力表指针指在绿色区域，表示瓶内压力在 1.0～1.4MPa 范围内，属压

力合格的灭火器。

（3）使用灭火器的其他要求

① 灭火器经过启用喷射，无论是否喷完干粉，都要立即更换，不得留下继续使用。

② 在室外放置的灭火器，要放入灭火器箱内，以使灭火器得到妥善保护。一个灭火器箱，一般应放置有 2 个灭火器。无论是在室内还是在室外，每个放置点，至少应放置有 2 个灭火器。

③ 灭火器箱应为红色，没有严重腐蚀，箱门要关闭完好，箱内不能有进水。灭火器箱的放置要平稳，必要时应有防止受台风影响而倾翻或从高处吹落的固定措施。

④ 灭火器本体不能有腐蚀现象，喷射软管不能有明显老化开裂现象。

⑤ 轻拿轻放，防止灭火器受到撞击。

⑥ 选择所放置灭火器的种类，如 ABC 干粉灭火器或者 BC 干粉灭火器，应根据灭火器的性能、放置场所特点、可能着火介质等情况，做到互相匹配。

⑦ 灭火剂不相容的灭火器，如碳酸氢钠灭火器与磷酸氨盐灭火器，不得在同一场所配置。

⑧ 每一个灭火器，都要明确有责任人，应在现场放置有检查记录卡片，至少每月检查记录一次。

⑨ 已到检验期，没有检验的灭火器，不能再使用。灭火器在出厂前，要先进行水压试验，后充装干粉，再出厂使用。从充装日期（又称生产日期）算起，达到 5 年时间，要更换干粉，并将灭火器再作水压试验；在满 5 年以后，每 2 年又要作水压试验等方面的检验。灭火器的水压试验、检验、维修，必须由具有专门资质的单位及人员进行。

考虑检验成本因素，新生产的灭火器也可以在使用 5 年后，即更换，不再进行水压试验。

⑩ 强制报废。储气式干粉灭火器，从生产日期算起，满 8 年，不能再进行水压试验和检验，不能再使用，必须强制报废。储压式干粉灭火器，从生产日期算起，满 10 年，不能再进行水压试验和检验，不能再使用，必须强制报废。

（二）推车式干粉灭火器

推车式干粉灭火器，在各方面，同手提式干粉灭火器相比，都有很多相同之处，下面只阐述不相同部分的内容。

（1）在外形方面，推车式干粉灭火器带有车架、车轮等行走机构，灭火器筒体支承在车架、车轮上。当发生火灾时，用手推动小车并运载灭火器行走，到达着火点，实施灭火。每个月要对运载灭火器的小车进行检查，确保小车能够运动自如，转向灵活，与灭火器筒体连接牢固，附件没有欠缺。

（2）按灭火剂装填量分类，有 20kg、25kg、35kg、50kg、70kg、100kg 6 种规格，通常使用 25kg、35kg 装 2 种。

（3）型号表达方法，同手提式干粉灭火器相比，多一个字母 T，表示为推车式干粉灭火器。如 MFT25 表示为储气式推车干粉灭火器，灭火剂装填量是 25kg；MFTZ35 表示为储压式推车干粉灭火器，灭火剂装填量是 35kg。

（4）在存放点附近，要保持小推车的运行通道畅通无阻。

（5）储气瓶式推车干粉灭火器（图 6-2），从生产日期算起，满 10 年，不能再进行水压试验和检验，不能再使用，必须强制报废；储压式推车干粉灭火器，从生产日期算起，满 12 年，不能再进行水压试验和检验，不能再使用，必须强制报废。

图 6-2 储气瓶式推车
干粉灭火器

（三）手提式二氧化碳灭火器

1. 手提式二氧化碳灭火器的分类

（1）按充装灭火剂重量分类。按充装灭火剂的重量大小，分为 2kg、3kg、5kg、7kg 4 种规格。通常情况下，手提手轮式二氧化碳灭火器，一般有 2kg、3kg 2 种规格，手提鸭嘴式二氧化碳灭火器，一般有 5kg、7kg 2 种规格。

（2）按结构特点分类。按结构特点，分为手轮式和鸭嘴式 2 种。手轮式二氧化碳灭火器的手轮和鸭嘴式二氧化碳灭火器的压把，都是作为开启灭火器之用。

手提鸭嘴式二氧化碳灭火器、手提手轮式二氧化碳灭火器如图 6-3 和图 6-4 所示。

2. 手提式二氧化碳灭火器用灭火剂

手提式二氧化碳灭火器，是在其内部充入高压液化二氧化碳作为灭火剂，依靠喷出的二氧化碳来进行灭火。

3. 手提式二氧化碳灭火器适用灭火的范围

适用于扑救仪器仪表、贵重设备、图书资料、600V 以下的电器以及一般可燃液体的火灾。

4. 手提式二氧化碳灭火器的应用场所

适宜于配置在仪表间、配电室、化验分析室、研究分析室、图书室、资料室、档案室、计算机室、控制室。

5. 手提式二氧化碳灭火器的型号

手提式二氧化碳灭火器，如果是手轮式的，用"MT＋灭火剂千克数"表示，例如型号 MT2、MT3；如果是鸭嘴式的，用"MTZ＋灭火剂千克数"表示，例如型号 MTZ5、MTZ7。其中 M 代表灭火器；T 代表二氧化碳灭火剂；Z 代表鸭嘴

图 6-3　手提鸭嘴式二氧化碳灭火器

图 6-4　手提手轮式二氧化碳灭火器

式，如果型号中不带 Z 字母，就为手轮式灭火器；2、3、5、7 代表充装二氧化碳灭火剂重量。

6. 手提式二氧化碳灭火器的使用方法

（1）手提手轮式二氧化碳灭火器的使用方法。握紧灭火器喷嘴→将喷嘴对准着火部位→拔掉铅封→按逆时针方向旋转手轮→喷射出二氧化碳灭火剂进行灭火

（2）手提鸭嘴式二氧化碳灭火器的使用方法。左手抓住压把和提把→右手拔去保险插销→右手握紧灭火器喷嘴对准着火部位→左手压下压把→喷射出二氧化碳灭火剂进行灭火

（3）在室外，不能逆风喷射；喷射急速，要注意防止冻伤手；为了防止复燃，应作连续喷射，同时喷完后，要做进一步检查，确认火灾已熄灭；二氧化碳是窒息性气体，要先撤出人员，才能在带封闭性空间内大量喷射二氧化碳，同时使用者也

应注意自身安全，不能多人同时在封闭性空间内大量喷射二氧化碳。

7. 手提式二氧化碳灭火器的维护管理

（1）放置环境要求。应配置在阴凉、干燥、通风的环境，使用温度为－10～55℃，储存温度为－10～45℃，不能靠近热源、火源放置。

应放置在既易于为人发现，又能够方便快速取用的场所，更重要的是，灭火器要放在当发生火灾时，人员既能够安全地靠近，又能够安全地取到并使用的场所。

（2）定期称重检查要求。使用前，应称重检查一次，称得的实际重量值，应与瓶身上用钢印标明的重量值相一致。以后每半年称重检查一次，称得的实际重量值，比在瓶身上用钢印标明的重量值少50g以上时，应更换灭火器，不能再使用。每次称重，都应做出记录。

（3）水压试验和检验要求。从充装日期（又称生产日期）算起，每5年时间，应进行水压试验和检验，重新充装二氧化碳，再投入使用。已到检验期，没有检验的灭火器，不能再使用。

灭火器经过启用喷射，无论是否喷完干粉，都要立即更换，或者进行水压试验和检验，重新充装二氧化碳，再投入使用。

灭火器的水压试验、检验、维修，必须由具有专门资质的单位及人员进行。

考虑试验、检验成本因素，也可以是新生产的灭火器，在使用5年后，即更换，不再进行水压试验。

（4）其他要求

① 在室外放置的灭火器，要放入灭火器箱内，以使灭火器得到妥善保护。1个灭火器箱，一般应放置有2个灭火器。无论是在室内还是在室外，每个放置点，至少应放置有2个灭火器。

② 灭火器箱应为红色，没有严重腐蚀，箱门要关闭完好，箱内不能有进水。灭火器箱的放置要平稳，必要时应有防止受台风影响而倾翻或从高处吹落的固定措施。

③ 灭火器本体不能有腐蚀现象，喷射软管不能有明显老化开裂现象。

④ 轻拿轻放，防止灭火器受到撞击。

⑤ 每一个灭火器，都要明确有责任人，应在现场放置有检查记录卡片，至少每月检查记录一次。

⑥ 干粉灭火器的维护和使用管理，如生产厂家有特别要求的，应严格执行产品的有关说明。

（四）推车式二氧化碳灭火器

推车式二氧化碳灭火器（图6-5），在各方面，同手提式二氧化碳灭火器相比，都有很多相同之处，下面只阐述不相同部分的内容。

（1）在外形方面，推车式二氧化碳灭火器带有车架、车轮等行走机构，灭火器筒体支承在车架、车轮上。当发生火灾时，用手推动小车并运载灭火器行走，到达着火点，实施灭火。每月要对运载灭火器的小车进行检查，确保小车能够运动自如，转向灵活，与灭火器筒体连接牢固，附件没有欠缺。

图 6-5　推车式二氧化碳灭火器

（2）按灭火剂装填量分类，有 20kg、25kg 两种规格。

（3）型号表达方法，同手提式二氧化碳灭火器相比，多一个字母 T，表示为推车式干粉灭火器。如 MTT20、MTT25 都表示为推车式二氧化碳灭火器，灭火剂装填量分别是 20kg、25kg。

（4）在存放点附近，要保持小推车的运行通道畅通无阻。

第五节　消防供配电系统

在厂内，应设置一个向消防用电设备供给电能的独立系统，这就是消防供配电系统。如果是消防检测、报警用电源不能正常供电，有火情发生，就不能实施火情检测并报警；如果是消防灭火设备用电源不能正常供电，有火灾发生，就不能紧急有效实施灭火。因此，消防供配电系统的运行必须十分安全可靠。

一、消防供配电系统的组成

消防供配电系统由供电电源、配电装置和用电设备三部分组成。

（一）供电电源

供电电源有主电源和应急电源。主电源是指电力系统电源；应急电源是指自备柴油发电机组、蓄电池、UPS 电源。

在厂内，主要使用两种应急电源：一是蓄电池；二是 UPS 电源。

应急电源是不停电电源，对于停电时间控制要求特别严格的用电设备，使用这种不停电应急电源进行连续供电。

（二）配电装置

配电装置的作用是对电源进行保护、监视、分配、转换、控制，并向消防用电设备输配电。

配电装置有低压开关柜、动力配电箱、照明配电箱、应急电源切换开关箱、配电线路干线和支线。

配电装置应设在不燃区域内；如设在防火区，要有一级耐火结构。

（三）用电设备

消防用电设备主要有消防水泵，消防控制室、变配电室及消防水泵房的照明灯具，火灾时人员疏散照明灯具和方向指示标志灯具。

二、消防水泵房设备电源安全要求

消防水泵房用电设备用的电源，应满足现行国家标准《供配电系统设计规范》所规定的一级负荷供电要求。

（一）独立电源

一级负荷，应由两个独立电源供电。

独立电源是指若干电源向用电点供电，任一电源发生故障或停止供电，其他电源将能保证继续供电。这若干电源中的任何一个电源，都算作是一个独立电源。

独立电源应同时满足以下两个条件。

（1）每段母线的电源，来自不同的发电机。

（2）母线段之间没有联系，或者虽然有联系，但是当其中一段母线发生故障时，能自动断开联系，不影响其余母线供电。

（二）独立电源点

特别重要的一级负荷，应由两个独立电源点供电。

独立电源点是指重点强调几个独立电源来自不同的地点，当其中任一个独立电源点因故障而停止供电时，并不影响其他电源点继续供电。

以下情况，属于两个独立电源点供电：2个发电厂；1个发电厂和1个地区变电所；电力系统中的2个地区变电所。

在企业内，如果只有1个总变电所，对一级消防负荷供电，这种情况，就只能作为是1个独立电源点对一级负荷供电。作为一级负荷供电之用，这个总变电所必须要有2个独立电源。

如果企业内有2个总变电所，对一级消防负荷供电，这种情况，就可作为是2个独立电源点对一级负荷供电。

如果企业内只有1个总变电所对一级消防负荷供电，同时企业内部还有自备发电厂，这种情况，也可作为是2个独立电源点对一级负荷供电。

在企业内可以设置柴油发电机，作为消防应急电源。柴油发电机可作为一个独立电源点。

三、厂区消防负荷等级的安全选择

电力网上消防用电设备消耗的功率，就是消防负荷。根据厂内装置、设施的使用性质、发生火灾扑救的难易程度及其重要性，将装置、设施内消防用电设备应采用的消防用电负荷等级分为三级。消防用电设备采用的供电电源和配电系统的负荷等级，必须符合其相应要求，不得降低负荷级别。

（一）一级负荷

以下消防用电设备，应按一级负荷要求供电：建筑高度超过50m，且是属于乙类厂房、丙类厂房或丙类库房，其中的消防用电设备，应按一级负荷要求供电。

（二）二级负荷

以下消防用电设备，应按二级负荷要求供电：室外消防用水量超过30L/s的工厂、仓库；室外消防用水量超过35L/s的甲类和乙类液体储罐或储罐区；室外消防用水量超过35L/s的可燃气体储罐或储罐区；室外消防用水量超过25L/s的其他厂内公共建筑。以上情况，其消防用电设备，应按二级负荷要求供电。

体积大于5000m³的甲类、乙类、丙类厂房；体积大于2000m³的丙类库房；体积大于5000m³的干式可燃气体储罐或储罐区。以上情况，其消防用电设备，也应按二级负荷要求供电。

二级负荷应由二回路线路供电，两个回路要引自不同的变压器或母线段，在最末级的配电箱，要能实现两个回路自动切换使用。

（三）三级负荷

除应按一级负荷、二级负荷要求供电的消防用电设备外，其余消防用电设备，可按三级负荷要求供电。

四、消防主电源供电方式的安全选择

消防主电源的供电方式，有单回路放射式、双回路放射式、树干式和环式。单回路放射式、树干式属于无备用系统；双回路放射式、环式属于有备用系统。

（一）无备用系统单回路放射式

无备用系统单回路放射式供电方式，就是从电源点母线上引出的每一个专用回路，直接只向一个用户供电，在这个回路上再没有分支负荷，且用户受电端之间也没有联系。

无备用系统单回路放射式，当电源进线、变压器、母线或者开关发生故障时，都会使全部负荷供电中断，电源的可靠性差，这种方式只适用于对三级负荷供电，不能用于对一级、二级负荷供电。

（二）无备用系统树干式

无备用系统树干式，就是由电源点引出每回路干线，沿干线再接出分支线给各

用户，如图 6-6 所示。

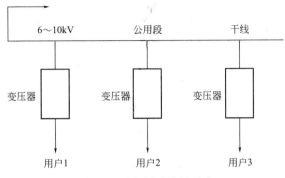

图 6-6　无备用系统树干式

无备用系统树干式，出线前段线路为公用，导致线路上的干线或任一支线路发生故障，都会引起全线供电中断，电源的可靠性差，这种方式只适用于对三级负荷供电，不能用于对一级、二级负荷供电

（三）有备用系统双回路放射式

有备用系统双回路放射式分为单电源双回路放射式和双电源双回路交叉放射式两种。

1. 单电源双回路放射式

单电源双回路放射式，因为是双回路，所以当一条线路发生故障或检修时，另一条线路可继续供电，不致停电。但是，因为是单电源，所以如果属电源本身故障，就仍然会导致停电。因此，这种供电方式适于二级负荷，不能用于一级负荷，如图 6-7 所示。

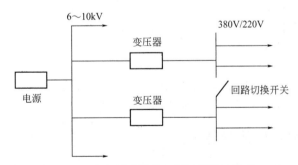

图 6-7　有备用系统单电源双回路放射式

2. 双电源双回路交叉放射式

双电源双回路交叉放射式，因为两个回路放射式线路连接在不同电源母线上，所以，即使是任一线路、任一电源发生故障，也能保证做到供电不中断。这种双电源、双回路、双负载，交叉放射式的供电方式，可靠性高，适于一级负荷，如图 6-8 所示。

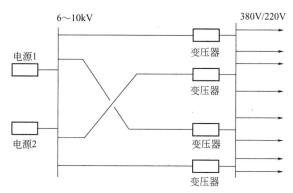

图 6-8　有备用系统双电源双回路交叉放射式

（四）有备用系统环式

有备用系统环式，就是将两路串联型树干式线路的末端连接起来，构成环状。从电源点引出干线，先进入一个受电点（用户）的高压母线，然后引出，再进入另一个受电点（用户）的高压母线，适于二、三级负荷，如图 6-9 所示。

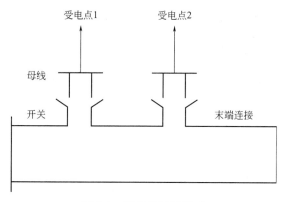

图 6-9　有备用系统环式

有备用系统供电方式比无备用系统供电方式的可靠性高，备用回路投入运行的切换方式有手动、自动和经常投入等几种。

五、消防用电设备应急电源

在厂内处于火灾应急状态时，向消防用电设备供电的独立电源，为应急电源。应急电源主要有蓄电池组、不停电电源（UPS）和柴油发电机组等几种。

（一）蓄电池组

火灾时，当电网电源一旦不能供电，蓄电池组就向火灾探测、变送转换、弱电控制、事故照明等设备提供直流电。同时也可利用逆变器，将直流电转变为交流电，作为交流应急电源，给不允许间断供电的交流负荷供电。蓄电池额定电压较低，当消防用电设备需要电压相对较高时，可串接蓄电池。

（二）不停电电源（UPS）

不停电电源共分为三部分，即整流器、蓄电池组、逆变器。整流器，是将电网电压380V/220V三相或单相交流电转变成直流电；蓄电池组，是与整流设备并接在消防负载上，当电网停电时，提供直流电源；逆变器，是直流与交流的变流装置。在火灾应急照明或疏散指示标致的光源处，需要获得交流电时，可增加把蓄电池直流电变为交流电的逆变器。

（三）柴油发电机组

柴油发电机组，就是由柴油机与发电机组成的机组，是一种发电设备。柴油发电机组的运行，不受电力系统运行状态的制约，启动时间短，便于自动控制，是独立可靠的应急电源。

（四）主电源与应急电源的连接

（1）消防用电设备，正常由主电源供电，主电源在火灾中停电，应急电源应能自动投用，保证消防用电设备需要。同时，消防用电设备，如消防水泵电动机也应具有自启动功能。

（2）主电源与应急电源应有电气连锁，主电源运行，应急电源不允许工作；主电源中断，应急电源在规定时间投入运行。

（3）当应急电源用柴油发电机，不能在规定时间投入运行，就应设置有蓄电池或UPS电源作为过渡。主电源中断，柴油发电机又不能马上启动发电接上供电，在这个时间间隙，应自动投用蓄电池或UPS电源，在柴油发电机启动发电后，自动撤出蓄电池或UPS电源。主电源正常后，再手动或自动复位，由主电源供电。

（五）应急电源的供电时间

应急电源要保证有一定的持续供电时间，其中火灾应急照明为20分钟、疏散指示标志为20分钟、水喷淋灭火设备为60分钟、火灾自动报警装置为20分钟、防排烟设备为30分钟。

六、消防用电线路安全要求

（一）双回路配电线路

双回路配电线路，要在末端配电箱处，进行电源切换。因为切换开关平时很少用，所以要定期对其检查、保养，防止锈蚀。

（二）消防用电线路

消防用电线路，包括以应急母线或主电源低压母线为起点，直到消防用电设备这个范围内的配线，应采用耐热配线和耐火配线。

当配线采用埋设方式时，可用普通电线电缆，但是，应将电线电缆穿金属管或阻燃塑料管保护，并埋入不燃烧体内。

当受条件限制，不能埋设，需要要明设时，应将保护电线电缆金属管、金属线槽应涂上防火涂料。

第六节 消防给水与喷淋系统

一、消防给水系统

消防给水系统的作用是给全厂提供消防水源，它主要包括消防水源、消防水泵、消防给水管网、水消防栓、消防水炮和装置平台用消防竖管、消防水泵接合器7个部分，对其中的部分设施介绍如下。

（一）消防给水管网

消防给水管网，就是给消防栓、消防水炮、水喷淋系统、泡沫灭火系统以及消防车提供消防水源的管网系统，如图 6-10 所示。

（1）在消防用水由工厂水源直接供给时，工厂给水管网的进水管不应少于 2 条，当其中一条发生事故时，另一条应能通过 100% 的消防用水量和 70% 的生产、生活用水总量。在图 6-10 中，工厂给水管网的进水管，有从河流 A 和河流 B 引来的两条进水管，且 A、B 都设有主泵和备用泵。

（2）在消防用水由消防水池供给时，工厂给水管网的进水管，应能通过消防水池的补充水和 100% 的生产、生活用水总量。在图 6-10 中，管道 a 和管道 b 可以分别给消防水池 7 和消防水池 8 补水。管道 a 和管道 b 是低压消防水，压力为 0.4～0.5MPa。

（3）石油化工企业宜建消防水池，并应符合下列规定。

① 水池的容量，应满足火灾延续时间内消防用水总量的要求，当发生火灾能保证向水池连续补水时，其容量可减去火灾延续时间内的补水量；

② 水池的容量小于或等于 1000m³ 时，可不分隔，大于 1000m³ 时，应分隔成 2 个，并设带阀门的连通管；

③ 水池的补水时间，不宜超过 48 小时；

④ 当消防水池与全厂性生活或生产安全水池合建时，应有消防用水不作他用的技术措施；

⑤ 在寒冷地区建设的水池，应有防冻措施。

（4）大型石油化工企业的工艺装置区、罐区等，应设独立稳高压消防给水系统，其压力宜为 0.7～1.2MPa，其他场所采用低压消防给水系统时，其压力应确保灭火时最不利点消防栓水压，不低于 0.15MPa。

在图 6-10 中，工艺装置 18、20、21 及罐区 22、23 的周边，都设置有稳高压消防给水管道。在正常情况下，稳压泵 11、12 和稳压泵 15、16 工作，分别给管道 e、f、g、h 提供稳压消防水，最后进入工艺装置 18、20、21 及罐区 22、23 周边的稳高压消防给水管道，此时消防水为稳压状态，压力为 0.7～0.8MPa。在灭火情况下，开动了水炮、消防栓、水喷淋等设施，管道消防水压力降低，高压消防泵 9、10 和高压消防泵 13、14 接收到管道消防水压力降低信号后，自动启动，此时

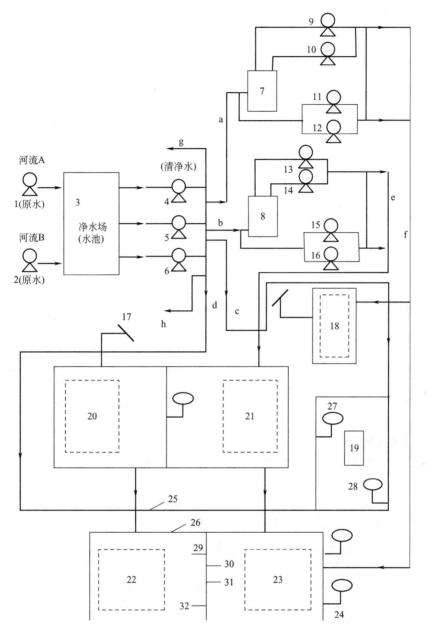

图 6-10　消防给水系统简图

a~h—管道；1，2—原水；3—净水场；4~6，9~16—消防水泵；7，8—消防水池；17—水炮；
18，20，21—工艺装置；19—生产管理区；22，23—罐区；24—高压消防栓；25—低压消防水线；
26—高压消防水线；27—低压消防栓；28—最不利点消防栓；29~32—接罐区喷淋水系统管接

消防水为高压状态，压力为 1.2~1.3MPa。

在图 6-10 中，在工艺装置区、罐区道路及一般生产管理区 19 周边设有低压消防水管道，依靠管道 c、d 供给消防水，压力为 0.4～0.5MPa，并应确保灭火时最不利点消防栓 28 的水压不低于 0.15MPa。

低压消防给水系统不应与循环冷却水系统合并。

（5）消防给水管道应环状布置。对于环状管道，其进水管数量，不应少于 2 条；环状管道应用阀门分成若干独立管段，每段消防栓的数量不宜超过 5 个。

在图 6-10 中，在工艺装置区、罐区的稳高压消防给水环状管道，都有多条供水管道；在工艺装置区、罐区道路及一般生产管理区 19 的环状低压消防给水管道，有两条管道 c、d 供给消防水。

（6）地下独立的消防给水管道，应埋设在冰冻线以下，距冰冻线不应小于 150mm。

（7）工艺装置区或罐区的消防给水干管的管径，应经计算确定，最小不宜小于 200mm。

（8）每季度要实际测试一次消防给水的实际流量和压力，发现问题，查明原因，实施整改。

（9）消防给水泵，每班盘车 1 次，每周试泵 1 次，定期润滑并做好记录。

（10）不能擅自停供消防水或将消防水降压，停供消防水、将消防水降压或把消防水作非灭火使用，要经主管部门审批。

（二）装置平台用消防竖管

消防竖管的作用，是给装置高层框架平台提供消防水源或泡沫混合液。消防竖管为半固定式，当需要用于供给消防水时，从消防栓或消防车接水源；当需要用于供给泡沫混合液，则从泡沫消防车或泡沫消防栓接泡沫混合液。

1. 消防竖管的设置要求

在工艺装置内，甲、乙类设备的框架平台，如果高度高于 15m，宜沿梯子从地面至平台顶层，垂直敷设半固定式消防给水竖管。

（1）在各层平台梯口的竖管处，接出快速接头。要求快速接头前要安装阀门，快速接头应设在靠近各层梯口的位置，以便于着火时灭火人员快速连接水带和喷枪进行扑灭平台上的大火。如果将快速接头设在平台内部边角处，着火时灭火人员难于发现接头，或受大火影响，无法安全靠近接头进行连接水带和喷枪扑救火灾。

（2）当平台面积小于或等于 50m² 时，竖管管径不宜小于 80mm；当平台面积大于 50m² 时，竖管管径不宜小于 100mm。

（3）如果框架平台大于 25m，宜沿另一侧的平台梯子再增设消防竖管。

（4）消防竖管的间距不宜大于 50m。

2. 消防竖管的管理要求

（1）在每层平台的快速接头处，应配备消防器材箱，箱内装有两端连接好接头的水带，配备水枪（根据需要，配备泡沫枪）。

配备水带的压力等级应达到 1.3MPa，因为使用时，可能会出现先开前阀，后开后阀的情况，这样水带会出现短时憋压，如果水带的压力等级低，就会导致水带破裂。灭火时，稳高压泵启动增压，稳高压消防水系统压力一般为 1.2MPa 左右。

消防器材箱的箱门要关闭完好，箱体没有严重腐蚀。放在高处的消防箱，如果有受台风吹落可能的，要有紧固措施，以防止物件坠落，损坏设备或伤及人员。

至少每季度要检查一次水带，按期限更换。配置使用时间较长的水带，易出现内衬里或表层老化的问题，在这种情况下，加上水压，水带就会穿孔，大量漏水；两端连接好接头的水带，是依靠钢丝、紧扎钢带进行连接的，易出现钢丝、钢带没有绑扎牢固，或者绑扎用钢丝、钢带严重锈蚀的问题，在这种情况下，加上水压，水带即会在接头处甩出。

（2）在平台底层消防竖管的总阀处，要配备开阀扳手（如是蝶阀，则带有开阀手柄）。

（3）每层平台用的快速接头，要盖上扣盖，加以保护；快速接头要求接口完好，管牙没有变形、断裂。

（4）总阀、快速接头前阀门开关要灵活，至少每季度要检查一次。

（5）要使用管箍，将消防竖管固定在平台框架立柱上。

（6）消防竖管应刷为红色。

（7）水带、水带接头、消防竖管上的快速接头、枪头、消防栓接口、消防车接口等在规格、类型方面，要相互匹配，配套使用，能够实现快速、牢固、无泄漏连接。

要注意，消防竖管，无论是用于供给泡沫混合液，还是用于供给消防水，一般来说，都是给专职消防队员使用的。原因有二：一是专职消防队员训练有素，穿有防火服，他们到平台上灭火，相对较为安全，如果是装置操作人员到平台上灭火，危险性会大得多；二是在灭火状态下，已启动了消防水泵，平台上水带出水或出泡沫液的压力已由常态稳压 0.7～0.8MPa 升高至 1.2～1.3MPa，此时，专职消防队员可以把握住水带和喷枪，而装置操作人员就很难握紧水带和喷枪，容易被水带、喷枪、水柱击伤或击倒。可以根据具体情况，在现场不配备水带、水枪，只由消防队员随车配备。

（三）水消防栓

水消防栓的作用是给火灾现场提供消防水源。可以用消防车连接好水带，从水消防栓出口处接水灭火；也可以用消防水带，一端接水消防栓出口，另一端接水喷枪，直接喷水灭火。图 6-11 所示是自动控制的水消防栓系统。

1. 水消防栓的规格要求

（1）在厂内用的水消防栓，公称直径主要有两种，分别是 100mm 和 150mm。

（2）公称直径为 100mm 的水消防栓，有 3 个出水口，其中 1 个出水口径为 100mm，供消防车取水用，另外 2 个出水口径都为 65mm，供连接水带（水带连有水喷枪）用，规格表示为 100mm×65mm×65mm。公称直径为 150mm 的水消防栓，有 3 个出水口，其中 1 个出水口径为 150mm，供消防车取水用，另外 2 个出水口径，可以都为 65mm，也可以都为 80mm，供连接水带（水带连有水喷枪）

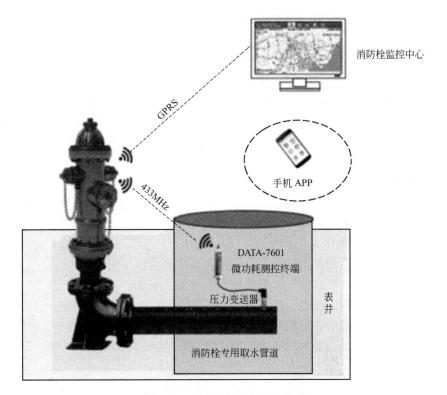

图 6-11　自动控制的水消防栓系统

用，规格表示为 100mm×65mm×65mm 或 100mm×80mm×80mm。

2. 水消防栓的压力等级要求

在厂内用水消防栓的压力等级，一般有两种，分别为 1.6MPa 和 1.0MPa。

3. 水消防栓的设置要求

（1）在工艺装置区、罐区宜用公称直径为 150mm 的水消防栓；在其他场所，可用公称直径为 100mm 的水消防栓。

（2）水消防栓与消防水管网的安装连接。从管网上引水要注意，1.6MPa 的水消防栓要接在稳高压消防水管线上，也可以用在低压消防水管线上。稳高压消防水管线，平时是稳压状态，压力为 0.7～0.8MPa，当在定期试验消防泵或正处于灭火的时间内，启动了消防泵，此时管线则为高压状态，压力达到了 1.2～1.3MPa。也正因如此，1.0MPa 的水消防栓不能接在稳高压消防水管线上，要接在低压消防水管线上，低压消防水管线，压力为 0.4～0.5MPa。

（3）在工艺装置区、罐区、装卸设施等重要场所，应设置稳高压水消防栓，出水压力达到稳压 0.7～0.8MPa，高压 1.2～1.3MPa；一般场所，至少要设置低压水消防栓，出水压力达到 0.4～0.5MPa，灭火时最不利点消防栓的水压不低于 0.15MPa。

（4）水消防栓应沿道设置，且距离路面边不宜大于 5m，距离城市型道路路面边不得小于 0.5m，距离公路型双车道路肩边不得小于 0.5m，距离单车道中心线不得小于 3m，距离建筑物外墙，不宜小于 5m。

（5）工艺装置区的水消防栓，应在工艺装置区四周设置，水消防栓的间距，不宜超过 60m；当在装置内设有消防通道时，也应在通道边设置消防栓。

（6）水消防栓的数量及位置，应按其保护半径以及被保护对象的消防用水量等经综合计算确定，但是水消防栓的保护半径，不能超过 120m。

（7）工艺装置区、罐区的消防给水干管的管径，应经过计算确定，且不宜小于 200mm。

（8）独立的消防给水管道的流速，不宜大于 5m/s。

（9）地下独立的消防给水管道，应埋设在冰冻线以下，距离冰冻线不应小于 15mm。

（10）低压消防给水系统不应与循环冷却水系统合并使用。

（11）消防栓大口径出水口，应面向道路。

（12）消防栓安装在可能受到车辆等机械伤害的位置时，要设置坚固的防护栏，保护消防栓。防护栏的高度和宽度，以用消防扳手开消防栓时，不影响扳手的转动为宜。

（13）在可燃液体罐区、液化烃罐区，距离罐壁 15m 以内的水消防栓，不应计算在该储罐可使用的数量之内。

4. 水消防栓的管理要求

如同消防竖管，水消防栓也主要是供专职消防队员使用的。其他要求如下。

（1）不能被障碍物阻挡、隔离水消防栓，防止紧急灭火时影响接水带取水使用。

（2）启闭杆要能够启闭灵活，要加黄油做防锈保护。

（3）3 个出水口的扣盖齐全，密封胶垫完好不老化，快速接头的牙接完好。

（4）3 个出水口的扣盖，用扳手定期试验启闭，要既能够灵活开启，又能够很好闭合。扣盖丝扣加黄油做防锈保护。

（5）不能有漏水现象。

（6）每次用完消防栓，要利用排水口，将其内部的消防水排尽，防止产生冰冻和腐蚀。

（7）逐个挂牌编号。

（8）建立责任人制度、定期检查和保养制度、维修和更换制度。

（四）消防水炮

消防水炮如图 6-12 所示，既可以用于直接喷水灭火，也可以依靠形成水喷淋、水喷雾，用于水喷淋、水喷雾保护。它的使用方法十分简便，不需要连接其他附件，在紧急情况下，只要扳动开关扳手，即可喷水。有的消防水炮，还可以实现远程控制。

图 6-12　消防水炮

1. 消防水炮的规格要求

（1）工作压力一般有 1.0MPa、1.2MPa、1.4MPa、1.6MPa 四种，选用工作压力 1.4MPa、1.6MPa 的消防水炮为好。

（2）公称口径一般为 DN100。

（3）流量为可调节，一般有 60L/s、70L/s、80L/s、100L/s；30L/s、40L/s、50L/s、60L/s；50L/s、40L/s、30L/s、20L/s 三种。

（4）最大射程一般为 70～80m。

2. 消防水炮的设置要求

（1）可燃气体、可燃液体量大的甲、乙类设备的高大框架和设备群宜设置消防水炮保护。

（2）消防水炮的安装位置，与保护对象的距离，不宜小于 15m，以保证灭火状态下消防水炮操作人员的安全。在一般情况下，灭火人员是要在消防水炮处，根据火情，对消防水炮不断作出操作调整的。

（3）消防水炮与被保护对象之间，不能有遮挡物阻隔。消防水炮的安装点，要有足够的供人员操作的空间和供水炮转动的空间。

（4）消防水炮的喷嘴，应选用直流－喷雾型。

（5）消防水炮应接到稳高压消防水管线上，从稳高压消防水管线取得水源。

（6）在寒冷地区设置的消防水炮，应有防冻措施。

3. 消防水炮的管理要求

（1）在消防水炮的开关阀门处，必须配有开阀扳手。

（2）转动相应操作手轮，应能自如地实现消防水炮的水平、上下转动，转动机构需加黄油做防锈保护。

（3）扳动开阀扳手，能实现阀门启闭灵活，阀门需加黄油做防锈保护。

（4）喷嘴的直流、喷雾切换装置，能够实现顺利切换。

（5）流量大小设定装置，要设定在较大值处，并能定位牢固。

（6）不能有漏水现象。

（7）逐个挂牌编号。

（8）消防水炮的转向、启闭、喷嘴切换要作定期试验操作。

（9）建立责任人制度、定期检查和保养制度、维修和更换制度。消防水炮可供装置操作人员安全使用，是理想的水灭火设备。

（五）消防水泵接合器

消防车通过接合器的接口及相连管道，向建筑物的消防供水系统管道加压、送水，使高层建筑得到足够压力的消防水源。

使用厂内消防供水管网，向高层建筑供水，会显得压力不足。在这种情况下，应用消防车的压力泵，通过消防水泵接合器供水，如图 6-13 所示。

图 6-13　消防水泵接合器

消防水泵接合器及其相连的管道，与装置内消防竖管不同，消防竖管是从消防供水管网的消防栓接水，不是从消防车接水。

1. 设置要求

在整套消防水泵接合器上应达到如下要求。

（1）应设置闸阀，闸阀要保持为常开阀，作开关用途；

（2）应设置安全阀，防止消防给水管超压，给操作消防水枪的人员造成危险，给消防水管、水带、设备造成破坏；

（3）应设置止回阀，防止停泵时消防水逆流；

（4）应设置排水阀，在使用完成消防水泵接合器后，要排尽积水，防止内部产生腐蚀、冰冻，位于止回阀的两侧，应分别设有排水阀，同时，排水阀的管段、进出口要在低点处，以保证能够排出消防水管低点积水。

2. 接口要求

在地面上安装的消防水泵接合器，其接口应安装在显眼、容易被人发现的位置。在接口周围，不能有影响使用和操作的障碍物。同时，通往接口的道路上没有阻塞，能保证消防车顺利通行。

3. 安装要求

（1）在寒冷地区，消防水泵接合器应安装在地面冰冻线以下。

（2）与消防水泵接合器相连的消防水管，不能与建筑物内的生活水管以及其他无关管线相接通，应专管专用。

（3）安装完成的消防水泵接合器及其系统管线，应进行水压试验。要由设计人员确定试验压力的取值和试验规范。

4. 操作要求

（1）在操作时，关闭排水阀，打开消防水泵接合器接口扣盖，接上消防车用水带，即可启动消防车水泵，由消防车供水。要注意，应使用消防车用水带，若用一般水带，在使用中容易出现因压力等级不足，而造成水带破裂的情况，也容易出现水带与水带接头连接断开的问题，不仅影响消防供水，而且会给操作人员带来危险。

（2）使用完成消防水泵接合器后，要注意利用排水阀，排尽内部积水。

5. 管理维护要求

老化的密封件要及时更换；管道系统出现腐蚀，要防腐刷漆；消防水泵接合器的扣盖要齐全，能够正常开启，接口要完好，能够与消防车用水带实现快速连接。

二、泡沫喷淋系统

用喷头喷洒泡沫的固定式灭火系统称为泡沫喷淋系统，系统是由固定泡沫混合液泵（或水泵）、泡沫比例混合器、泡沫液储罐、单向阀、闸阀、过滤器、泡沫混合液管、喷头、水源以及探测器等组成的。

（一）喷头类型

1. 吸气型泡沫喷头

这种喷头上有吸气孔，在一定的压力驱动下，吸入空气进行机械搅拌，形成良好的泡沫液洒向保护对象。

吸气型泡沫喷头有顶喷式泡沫喷头、水平式泡沫喷头和弹射式泡沫喷头 3 种类型。顶喷式泡沫喷头安装在被保护物的上方，从上往下喷泡沫；水平式泡沫喷头安装在被保护物的侧面，从侧面水平喷射泡沫；弹射式泡沫喷头安装在被保护物的下方地面上，垂直和水平喷射泡沫。

2. 非吸气型泡沫喷头

这种喷头上没有吸气孔，与水雾喷头相同，喷出来的是雾状的混合液滴，不具有一定倍数的泡沫液。该种喷头只限用于水成膜泡沫液，而且可用现有的水雾喷头代替。

（二）技术特点

（1）泡沫喷淋灭火系统适用于甲、乙、丙类液体可能泄漏和消防设施不足的场所。泡沫喷淋系统除能起到灭火作用外，还能起到如下作用。

① 对保护物体有冷却作用；

② 对着火以外的其他设施有降低热辐射作用；

③ 对流散到地面的液体初期火灾起扑灭和控制作用。

泡沫喷淋灭火系统不适于深度超过 25mm 的水溶性液体。

（2）泡沫喷淋系统一般分吸入空气型（简称吸气型）和非吸入空气型（简称非吸气型）。当采用吸气型泡沫喷头时，应采用蛋白泡沫液 YE、氟蛋白泡沫液 YEF、水成膜泡沫液 YEQ 或氟蛋白抗溶性泡沫液 YEDF6 等，当采用非吸气型泡沫喷头时，必须采用水成膜泡沫液。

（3）当采用蛋白泡沫液或氟蛋白泡沫液保护非水溶性甲、乙、丙类液体时，其泡沫混合液供给强度不应小于 $6L/(min \cdot m^2)$，连续供给时间不应小于 10 分钟。

（4）泡沫喷淋系统应设自动报警装置。系统宜采用自动控制方式，但必须设有手动控制装置。设置泡沫喷淋系统是为了能及时、有效地扑救或控制初期火灾，避免火灾蔓延扩大。但是，自动控制并非完全随人们的意愿，也有失灵的时候，这就需要设有手动辅助控制装置。

现在已经有泡沫与水喷淋融合在一起的综合喷淋系统（图 6-14）。

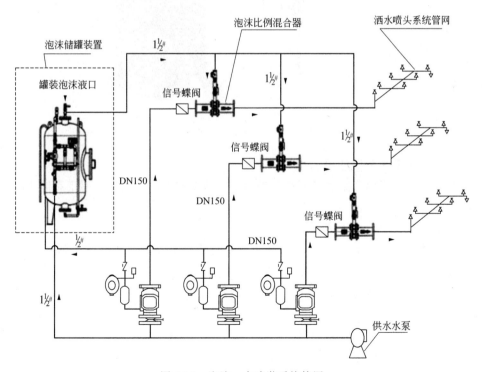

图 6-14　泡沫、水喷淋系统简图

三、水喷淋系统

水喷淋系统由高压消防水源、供水设备、管道、雨淋阀组、过滤器和喷头等组成。它作为冷却水保护系统，喷射喷淋水给设备提供冷却保护。

（一）水喷淋系统的适用范围

水喷淋系统，主要用于可燃气体，以及甲、乙、丙类液体的生产、储存装置或者装卸设施的防护冷却，如图6-15和图6-16所示。水喷淋系统，不可用于扑救遇水能发生化学反应，出现燃烧、爆炸的物质的火灾；不可用于扑救喷淋水会对保护对象造成严重破坏的火灾。

图 6-15　立式储罐区水喷淋系统

（二）水喷淋系统的设置场所

在石油化工厂内，水喷淋系统，作为固定冷却水系统，主要是用于对储罐的防护冷却。

以下情况，应设置水喷淋保护系统。

（1）罐壁高于17m的可燃液体地上立式储罐，但是其中的润滑油罐可采用移动式冷却水系统。

（2）容量大于或等于10000m³的可燃液体地上立式储罐，但是润滑油罐可采用移动式冷却水系统。

（3）在工艺装置内，用固定消防水炮不能有效保护的特殊危险设备及场所。

（4）容积大于100m³的液化烃储罐（也可用固定式消防水炮，加上移动式消防冷却供水系统代替）。

图 6-16　球形储罐水喷淋系统

（5）特别地，全冷冻式液化烃储罐，罐顶冷却宜设置水喷淋保护系统，罐顶冷却宜设置固定消防水炮冷却。

（三）水喷淋系统冷却水供水强度及供水时间

（1）可燃液体地上立式固定顶罐，喷淋保护范围是罐壁表面，供水强度要求不小于 $2.5L/(min \cdot m^2)$。

（2）可燃液体地上立式浮顶罐、内浮顶罐，喷淋保护范围是罐壁表面，供水强度要求不小于 $2.0L/(min \cdot m^2)$。但是，其中的浮盖用易熔材料制作的内浮顶罐，以及浅盘式内浮顶罐，供水强度要求不小于 $2.5L/(min \cdot m^2)$。

（3）被冷却保护可燃液体地上立式储罐的邻近储罐，喷淋保护范围，根据具体情况确定，但是不得小于罐壁表面积的一半，供水强度要求不小于 $2L/(min \cdot m^2)$。

当着火罐为可燃液体地上立式储罐时，距离着火罐罐壁 1.5 倍着火罐直径范围内的相邻罐应进行冷却。

（4）液化烃储罐。着火罐的供水强度要求不小于 $9L/(min \cdot m^2)$，距离着火罐罐壁 1.5 倍着火罐直径范围内的相邻罐，供水强度要求不小于 $4.5L/(min \cdot m^2)$。喷淋保护范围，即着火罐、相邻罐的保护面积，都是按其表面积计算。

（5）特别地，全冷冻式液化烃储罐，着火罐、相邻罐罐顶的供水强度要求不小于 $4L/(min \cdot m^2)$，冷却面积为罐顶全面积；着火罐、相邻罐罐壁的供水强度要求不小于 $2L/(min \cdot m^2)$，着火罐冷却面积为罐顶全面积，相邻罐按半个罐顶面积计算。

（6）可燃液体地上立式储罐的消防冷却用水，要求能延续供水时间为：直径大于20m的固定顶罐，应为6小时；浮盖用易熔材料制作的浮舱式内浮顶罐，应为6小时；其他可为4小时。

（7）液化烃储罐的消防冷却用水，要求能延续供水时间，应按火灾时储罐安全放空所需时间计算，当安全放空时间超过6小时，按6小时计算。

（8）在工艺装置内，喷淋保护的供水强度、延续供水时间应根据保护对象的性质等具体情况确定。

（四）水喷淋系统喷头的设置要求

（1）用于防护冷却的喷淋水喷头的工作压力，不应小于0.2MPa。

（2）用于液化气的生产、储存装置或装卸设施防护冷却的水喷雾系统的响应时间（响应时间是指从火灾自动报警系统发出火警信号算起，至系统中最不利点水雾喷头喷出水雾为止的一段时间），不应大于60秒；用于其他设施防护冷却的水喷淋系统的响应时间，不应大于300秒。

（3）喷头喷出的喷淋水，应能直接喷射到保护对象，并且能够均匀地覆盖住保护对象，否则应调整喷头的安装位置、缩短喷头至保护对象的距离或者增加喷头的数量。

（4）喷头与保护对象之间的距离，不得大于喷头的有效射程（喷头的有效射程，是指喷头水平喷射时，喷淋水达到的最高点与喷射口之间的距离）。

（5）当保护对象为可燃气体或甲、乙、丙类液体储罐时，应符合下列要求。

① 喷头与储罐外壁之间的距离，不应大于0.7m；

② 喷头喷出的防护冷却水，能够均匀地在储罐外壁表面流淌，储罐不存在没有流淌防护冷却水的外壁表面；

③ 喷头相互之间的距离，应保证其喷射水雾锥相交，以保证储罐外壁表面防护冷却水均匀达到，不留空隙；

④ 喷头应安装在储罐上部，安装高度，即喷头至立罐顶板的垂直距离，应保证其喷射的喷淋水不能到达罐顶表面（但又不能过低安装，要保证整个罐壁受到防护冷却水的保护），避免水流受到罐顶板不规则物阻挡，改均匀流淌为集中流淌，导致储罐外壁表面的防护冷却水不均匀。

（6）当保护对象为球罐时，应符合下列要求。

① 喷头的喷射口，应面向球心；

② 水雾锥沿纬线方向应相交，沿经线方向应相接；

③ 当球罐的容积等于或大于1000m³时，水雾锥沿纬线方向应相交，沿经线方向宜相接。但赤道以上环管之间的距离，不应大于3.6m；

④ 没有防护层的球罐钢支柱和罐体液位计、阀门等部位应设水雾喷头保护。

（五）水喷淋系统管道及其组件的设置要求

1. 管道的设置要求

（1）在雨淋阀前的管道上，应设置带旁通的过滤器，滤网要采用耐腐蚀材料，滤网孔径应为 4.0～4.7 目/cm²。

（2）在过滤器后的管道，应采用双面镀锌钢管。

（3）在雨淋阀后的管道上，不应设置其他用水设施，不应接有做其他用途的管线。

（4）雨淋阀前、后都应安装有切断阀。

（5）在水平管道的低点，应安装有导淋阀；在沿罐壁设置竖直管道的下端，应设置可拆卸的盲头法兰，作为排渣口。导淋阀、排渣口作为清洗、排空管线用。

（6）液化烃储罐喷淋水的控制阀，应设置在防火堤处，且距离罐壁不宜小于15m，阀门控制可采用手动或遥控方式。

（7）喷淋水用的水源，应是从全厂稳高压消防水管线上接入的，管线为稳压状态时，水压应为 0.7～0.8MPa，管线为高压状态时，水压应为 1.2～1.3MPa。在灭火情况下，或者在试验启动全厂高压消防泵情况下，即为稳高压消防水管线高压状态。

（8）最少应有 2 个互相独立的水源接入喷淋水管道，其中任何一个水源都能满足喷淋用水的要求，以保证在一个水源系统有故障，不能正常供水的情况下，另一个水源供水也可提供充足用水，使双水源构成了双保险。

（9）在寒冷地区，喷淋供水管道、组件、水源系统应采取防冻措施，用完后要排尽管内积水，防止冰冻。

（10）喷淋水管道，应全部涂刷为绿色，采用绿色标志。

2. 雨淋阀组的设置要求

雨淋阀组由雨淋阀、压力开关、电磁阀、水力警铃、压力表以及配套的通用阀门组成。

（1）雨淋阀组应能顺利实现以下功能：接通、关断水喷淋系统的供水；接收电控信号可电动开启雨淋阀，接收传动管信号可液动、气动开启雨淋阀；手动应急操作；显示雨淋阀启、闭状态；驱动水力警铃；监测供水压力。

（2）雨淋阀组的工作状态，应能够在控制室火警控制盘上显示出来。

（3）雨淋阀组靠近被保护对象设置时，宜有防火设施保护。

（4）雨淋阀组应设置在环境温度不低于 4℃，且有排水设施的室内。

（5）雨淋阀的压力等级，应选用 1.6MPa。

（六）水喷淋系统的维护管理

（1）水喷淋系统应由专业队伍负责保运管理，做好定期的检查维护工作。

（2）每季度一次，采用模拟信号，试验雨淋阀的自动开启功能。

（3）储罐用的水喷淋系统，每个月进行一次喷头喷水试验，检查系统功能，对发现有堵塞不能正常喷水的喷头，要进行清堵。

（4）至少每年一次拆开排渣口，检查、清理排渣口。

（5）根据水质状况，定期拆卸检查、清理过滤器。

（6）检查雨淋阀的前、后切断阀，确保其处于常开状态。

（7）检查雨淋阀、切断阀等阀门，如出现有内漏、外漏情况，要及时维修或更换。

（8）雨淋阀采用电动控制，要检查是否已接通电源。

（9）系统试验，应由保运及消防专业人员进行，生产车间人员配合，同时要检验设置在控制室的火灾报警控制盘的显示、报警、控制功能。

第七章
石油与化工产品运输安全

Chapter 07

第一节　石油与化工产品公路运输安全

一、石油与化工产品道路运输车辆要求

石油与化工产品大多为危险品，危险品具有燃烧、爆炸、毒害、腐蚀及放射性等危险性质。这些性质的存在，就决定了运输危险品车辆的结构、技术性能和装备必须符合一些相应的特殊要求。因此，道路危险品运输车辆和设备，除了对一般货物运输的要求外，还有一些特殊的要求。正确认识和掌握道路危险品运输车辆和设备的特殊要求，并切实加强管理，对道路危险品运输安全，提高运输效率和经济效益，具有重要意义。

（一）对道路危险品运输车辆及设备的基本要求

（1）安全技术状况应符合 GB 7258—2017《机动车运行安全技术条件》的要求。

（2）技术状况应符合 JT/T 198—2016《道路运输车辆技术等级划分和评定要求》规定的一级车况标准。

（3）车辆应配置符合 GB 13392—2005《道路运输危险货物车辆标志》的标志，并按规定使用。

（4）车辆应配置运行状态记录装置（如行驶记录仪）和必要的通信工具。

（5）运输易燃易爆危险品的车辆的排气管，应安装隔热和熄灭火星装置，并配装符合 JT 230—1995《汽车导静电橡胶拖地带》规定的导静电橡胶拖地带装置。

（6）车辆应有切断总电源和隔离电火花的装置，切断总电源的装置应安装在驾驶室内。

（7）车辆车厢底板应平整完好，周围栏板应牢固。在装运易燃易爆危险品时，应使用木质底板等防护衬垫。

（8）装卸机械及工具，应有可靠的安全系数；装卸易燃易爆危险品的机械及工具，应有消除产生火星的措施。

（9）根据装运危险品的性质和包装形式的需要，配备相应的捆扎、防水和防散

失等用具。

（10）运输危险品的车辆应配备消防器材并定期检查、保养，发现问题应立即更换或修理。

（二）对道路危险品运输车辆的技术要求

为强化道路危险品运输安全管理，确保道路危险品运输安全、有序，交通运输部明文规定，要求危险品运输车辆车况达不到一级标准的车不得从事化学危险品运输。凡不符合运输安全技术条件和标准的营运车辆，要立即停运或予以更新。

一级完好车的标准是：新车行驶到第一次定额大修间隔里程的三分之二和第二次定额大修间隔里程的三分之二以前，车辆主要总成的基础件和主要零部件坚固可靠，技术性能良好，发动机运转稳定，无异响，动力性能良好，燃料、润料消耗不超过定额指标，废气排放、噪声均应符合国家标准；各项装备齐全完好，运行中无任何保留条件。

值得注意的是，新车不等于一级完好车。从事道路危险品运输的车辆应到当地市级运政管理部门进行车辆等级鉴定。即从事危险品运输的车辆要达到 3 个条件。

（1）车辆技术性能良好，各项主要技术指标符合定额要求；

（2）车辆行驶里程必须是在相应定额大修间隔里程的三分之二以内；

（3）车辆状况完好，能随时行驶参加危险品运输生产。

不符合上述条件的车辆，不准运输危险品。

（三）对各类车辆的具体要求

1. 栏板货车

（1）栏板货车（图7-1）车厢底板必须平整完好，周围栏板必须牢固。没有周围栏板的车辆，不得装运危险品。在装运易燃、易爆危险品时，应使用木质底板车厢，如是铁质底板，应采取衬垫措施，如铺垫木板、胶合板、橡胶板等，但不能使用谷草、草片等松软易燃材料。

（2）机动车辆排气管应装置在车辆前保险杠下方，远离危险品，并装置有效的熄灭火星的装置。易燃易爆运输车辆，还应装置导静电橡胶拖地带。

（3）电路系统应有切断电源的总开关，且应安装在驾驶室内，便于开、关。有的车辆的总电源开关在驾驶室外右后部，并裸露在车架外边，容易被搬动，影响安全。

（4）根据所装危险品的性质配备相应的消防器材，其消防材质、数量应能满足应急需要。

（5）装运大型气瓶或集装瓶架、集装箱、集装罐柜等的车辆，必须配备有效的紧固装置。装运集装箱危险品的车辆，其锁紧装置必须牢固、安全、有效。

（6）装运大型气瓶的车辆必须配置活络插桩、三角垫木、紧绳器等工具，以保证车辆装载平衡，防止气瓶在行驶中滚动，以保证安全。

（7）对装运放射性同位素的专用车辆、设备、搬运工具、防护用品等，应定期进行放射性污染程度的检查，超量时不得继续使用。

图 7-1　栏板货车

（8）根据所装危险品的性质和包装形式的需要，车辆还必须配备相应的捆扎用的大绳、防散失用的网罩、防水用的苫布等物品。装运小包装件危险品或轻货物（如软包装的硝化纤维素），装车后货物超出栏板部分必须使用网罩（或苫布）覆盖后再用大绳捆扎，防止途中丢失。此外，如果装运怕潮危险品，或易飞扬的散装固体危险品（如硫磺块、硫磺粉等），必须使用苫布覆盖严密。

（9）危险品运输车辆，应根据所装运的危险品性质，采取相应的遮阳、控温、防爆、防火、防震、防水、防冻、防粉尘飞扬、防撒漏等措施。

（10）车辆不准私自改装、加大装载量而超载，应符合汽车产品目录的规定。

2. 专用罐车

专用罐车的生产单位和经批准公布的车型、牌号，应按当年公安部、机械部颁布的《全国汽车、摩托车产品目录》执行。任何罐车生产单位不得生产与《全国汽车、摩托车产品目录》不符的罐车。假冒品牌、假冒标准罐体型号、低劣材质、结构不合理、粗制滥造、随意改装、扩大容量等现象，使现行的消防手段难以应付，给危险品运输带来了巨大隐患。专用罐车按其罐体壳承受工作压力大小，分为常压专用罐车和压力容器专用罐车。专用罐车按照车身与罐体是否可以分离分为拖挂罐式货车（罐体固定在挂车底盘上，牵引车与挂车可分离）和固定罐式货车（罐体与车辆不可分离，如图 7-2 所示）。

（1）常压专用罐车。常压专用罐车的罐体必须符合《汽车运输液体危险品常压容器（罐体）通用技术条件》的要求。常压罐体最高工作压力不大于 72kPa，罐体

图 7-2　固定罐式货车

材质可为金属或非金属。金属罐体工作温度不高于 50℃，非金属罐体工作温度不高于 40℃。常压罐体也必须经质检部门检验，检验合格的由质检部门核发检验合格证，在检验合格证有效期限内使用。在用常压专用罐车的罐体必须进行定期检验，每年一次。常压专用罐车适用于运输液体危险品，如烧碱、硫酸、盐酸、硝酸、甲醇、甲苯和轻质燃油等。常压罐体可用玻璃纤维增强塑料、耐酸不锈钢、碳素钢、铝或铝合金板材制作。

① 根据所装介质，确定罐体材质。罐体材质不能与装运介质的性能相抵触，也不能让介质把罐体腐蚀、穿孔而导致泄漏，因此罐体材质的选择非常关键。如装运硝酸的罐体应用铝板制作，装运硫酸的罐体应用碳钢板制作，装运盐酸的罐体则应用非金属的玻璃钢制作，装运乙醇等危险品的罐体可用碳钢板材质制作等，即罐体材质应与装运介质相符合。

② 根据所装介质，确定罐体结构。根据各种危险品的化学特性和物理特性确定其罐体结构和需要配备的相应设备、设施。

a. 钢质罐车。罐体采用厚度均匀的碳钢或不锈钢板制造。

b. 铝质罐车。罐体采用厚度均匀的优质铝板制造，厚度不应小于 6mm，内置防波隔板，隔板之间容积不应大于 3m³。铝制罐车适宜装运甲醛、硝酸、冰醋酸等危险品。

c. 玻璃纤维增强塑料（玻璃钢）罐车。这种罐车由合成树脂和玻璃纤维经复合工艺制作而成。由于树脂、玻璃纤维材质容易老化、脱落，应定期加强检查，及时修复或更换。

③ 轻质燃油罐车的安全要求。轻质燃油罐车为常压罐车，因其所装货物就是单一的燃料油，其质地较轻、闪点低、极为易燃，所以专门为其设计了一种罐体固定安装在汽车底盘上，罐体与车形成一体，减少了不固定就不易产生摩擦、火花导

致燃油燃烧、爆炸。燃油罐车又分为运油车和加油车两种（以下简称油罐车）。

a. 油罐车应能在环境温度－40℃条件下正常工作，罐体总成应能承受 36kPa 空气压力，不得有渗漏和永久变形。

b. 油罐车应具有防止和消除静电起火的安全装置。发动机排气管应位于驾驶室左前方，与油罐及泵油系统距离不得小于 1.5m。油罐两侧要有明显的"严禁烟火"字样。

c. 油罐车系国家批准定点厂生产，出厂有产品合格证。凭合格证办理危险品道路运输证。常压容器的油罐车，每年应检测一次。

d. 油罐的设计、制造应与车辆相匹配，自行改装、扩大罐体容积的，不予办理危险品道路运输证。已取得道路运输证后，改装扩大罐体容积的，应收缴证件。

（2）压力容器专用罐车。压力容器专用罐车（图 7-3）又称为液化气体罐车，其罐体所装货物为设计温度不高于 50℃的液化气体，且为钢制罐体的汽车罐车。根据不同气体的物理性质（临界温度和临界压力），罐体可分为裸式、有保温层、有绝热层等形式。

图 7-3　压力容器专用罐车

① 气体罐车是属压力容器的特种汽车，液化气体罐车的使用单位，必须携带有关资料到省级技术质量监督管理部门办理使用手续。车辆经省指定的检验单位进行检验，经检验合格领取液化气体汽车罐车使用证。在用罐车实行定期检验，每年一次；全面检验每 6 年进行一次。罐体发生重大事故或停用时间超过 1 年的，重新使用前应进行全面检验。由于液化气体罐车在运输、装卸过程中的特殊要求，驾驶员、押运员还需由省级劳动部门指定的单位进行岗前培训，经培训考核合格，由省

级劳动部门颁发气体罐车准驾证和气体罐车押运员证。

②液化气体罐车适用于运输液化石油气、丙烯、丙烷、液氨及低温的液氧、液氮等。其包括罐体固定在汽车底盘上的单车式汽车和半拖式汽车，也包括罐体靠附加紧固装置安装放在车厢内的活动式汽车。

③液压气体罐车罐体外表面应按国家标准喷涂颜色色带和标志。易燃易爆罐体两侧中央部位应用红色喷写"严禁烟火"字样，字高不小于200mm。

④液化气体罐车必须有安全阀（泄压阀）、紧急切断装置、液面计（液位计）、压力表、温度计等安全装置。其排气管熄灭火星装置、电源总开关和导除静电装置与栏板货车相同。

⑤液化气体罐车必须加强日常的检查和维护。发生故障应及时排除，保持车辆性能经常处于最佳状态。

⑥液化气体罐车在充装前，发现下列情况之一者，必须妥善处理，否则严禁充装。

a. 罐车超期未作检查者；

b. 罐车的漆色、铭牌和标志与规定不符，或与所装介质不符，或脱落不易识别者；

c. 安全防火、灭火装置及附件不全、损坏、失灵或不符合规定者；

d. 未判明装过何种介质，或罐内没有余压者（新罐车及检修后罐车除外）；

e. 罐体外观检查有缺陷、不能保证安全使用，或附件有跑冒滴漏者；

f. 驾驶员或押运员无有效证件者；

g. 车辆无公安车辆管理部门或交通监理部门核发的有效检验证明和行驶证明者；

h. 罐体号码与车辆号码不符者；

i. 罐体与车辆之间的固定装置不牢靠或已损坏者。

3. 厢式货车

（1）普通厢式货车。普通厢式货车分为两种：一种是驾驶室与车厢分离，各成一室的厢式货车，如图7-4所示；另一种是驾驶室与车厢同为一室的客货两用的厢式车。后一种不得装运危险品，因为一旦危险品发生泄漏，车厢内充满有害气体，会使驾驶员失去驾驶能力，造成车辆无人驾驶，任其在道路横冲直撞，车上危险品不能得到控制，后果将不堪设想。因此，客货两用厢式车不得运输危险品。

厢式货车的厢体，大多数是木质、钢板或钢木结合的厢体，可以固定在栏板货车的底板上。其紧固装置必须牢固，不能使厢体滑落。厢式货车装运的危险品大多数是单一品种的货物，不得装入性质相抵触的危险品。厢式货车适宜运输爆炸物品、遇湿易燃物品、氧化剂及毒害品等危险品，在运输中能防止危险品货损、货差和丢失，能起到防雨、防雷等保护作用。

（2）控温厢式货车。控温厢式货车的车厢内应有制冷或加温装置以及保温措施，驾驶室应有温度监控系统。根据所装危险品的特殊要求，车辆还要有防震、防

图 7-4　厢式货车

爆、隔热、防止产生火花、排除静电等装置，且厢体密封性能要好，不能因厢体不严密造成温度升高或下降，要确保危险品在恒温或冷藏条件下完成运输。其恒温或制冷装置在一个厢体内，除正常工作使用外，还应有一套或一套以上备用控温装置，一旦正在工作的装置发生故障，备用控温装置能及时正常工作，保证运送任务的完成。这类厢式车多数从事疫苗、菌苗、有机过氧化物的运输。

4. 集装箱运输车

集装箱运输是一种集零为整的成组运输。集装箱临时固定在拖挂车上，经过运行到达目的地把集装箱卸下去，一次运输任务即告完成。

集装箱装运危险品时，在同一箱体内不得装入性质相抵触的危险品。更要注意危险品的配载规定，如果小箱体达不到隔离间距时，不应强行配装，避免发生不应有的事故。

罐式集装箱由箱体框架和罐体两部分组成，有单罐式和多罐式 2 种。罐式集装箱运输车主要运输液体化工品、压缩气体和液化气体等危险品。

（四）道路危险品运输车辆选择

（1）运输爆炸品的车辆，应符合国家爆破器材运输车辆安全技术条件规定的有关要求。

（2）运输爆炸品、固体剧毒品、遇湿易燃物品、感染性物品和有机过氧化物时，应使用厢式货车运输，运输时应保证车门锁牢。对于运输瓶装气体的车辆，应保证车厢内空气流通。

（3）运输液化气体、易燃液体和剧毒液体时，应使用不可移动罐体车、拖挂罐体车或罐式集装箱。罐式集装箱应符合 GB/T 16563—1996《系列 1：液体、气体及加压干散货罐式集装箱技术要求和试验方法》的规定。

（4）运输放射性物品，应使用核定载质量在 1t 及以下的厢式或者封闭货车。

（5）运输危险品的常压罐体，应符合 GB 18564—2006 规定的要求。

（6）运输危险品的压力罐体，应符合 GB 150—2011《压力容器》规定的要求。

（7）运输放射性物品的车辆，应符合 GB 11806—2004《放射性物质安全运输规程》规定的要求。

（8）运输需控温危险品的车辆，应有有效的温控装置。

（9）运输危险品的罐式集装箱，应使用集装箱专用车辆。

（五）《道路危险货物运输管理规定》对专用车辆、设备管理的要求

（1）道路危险品运输企业或者单位应当按照《道路货物运输及站场管理规定》中有关车辆管理的规定，维护、检测、使用和管理专用车辆，确保专用车辆技术状况良好。

（2）设区的市级道路运输管理机构应当定期对专用车辆进行审验，每年审验一次。审验按照《道路货物运输及站场管理规定》进行，并增加以下审验项目。

① 专用车辆投保危险品承运人责任险情况；

② 必需的应急处理器材、安全防护设施设备和专用车辆标志的配备情况；

③ 具有行驶记录功能的卫星定位装置的配备情况。

（3）禁止使用报废的、擅自改装的、检测不合格的、车辆技术等级达不到一级的和其他不符合国家规定的车辆从事道路危险品运输。

除铰接列车、具有特殊装置的大型物件运输专用车辆外，严禁使用货车列车从事危险品运输。倾卸式车辆只能运输散装硫磺、萘饼、粗蒽、煤焦沥青等危险品。

禁止使用移动罐体（罐式集装箱除外）从事危险品运输。

（4）运输剧毒化学品、爆炸品专用车辆及罐式专用车辆（含罐式挂车）应当到具备道路危险品运输车辆维修资质的企业进行维修。

牵引车以及其他专用车辆由企业自行消除危险品的危害后，可到具备一般车辆维修资质的企业进行维修。

（5）用于装卸危险品的机械及工具的技术状况应当符合行业标准《汽车运输危险货物规则》（JT 617—2004）规定的技术要求。

（6）罐式专用车辆的常压罐体应当符合《道路运输液体危险货物罐式车辆第 1 部分：金属常压罐体技术要求》（GB 18564.1—2006）、《道路运输液体危险货物罐式车辆第 2 部分：非金属常压罐体技术要求》（GB 18564.2—2006）等有关技术要求。

使用压力容器运输危险品的，应当符合国家特种设备安全监督管理部门制定并公布的《移动式压力容器安全技术监察规程》（TSG R0005—2011）等有关技术要求。

压力容器和罐式专用车辆应当在质量检验部门出具的压力容器或者罐体检验合格的有效期内承运危险品。

（7）道路危险品运输企业或者单位对重复使用的危险品包装物、容器，在重复使用前应当进行检查；发现存在安全隐患的，应当维修或者更换。

道路危险品运输企业或者单位应当对检查情况作出记录，记录的保存期限不得少于 2 年。

（8）道路危险品运输企业或者单位应当到具有污染物处理能力的机构对常压罐体进行清洗（置换）作业，将废气、污水等污染物集中收集，消除污染，不得随意排放，污染环境。

（9）不得使用罐式专用车辆或者运输有毒、感染性、腐蚀性危险品的专用车辆运输普通货物。

其他专用车辆可以从事食品、生活用品、药品、医疗器具以外的普通货物运输，但应当由运输企业对专用车辆进行消除危害处理，确保不对普通货物造成污染、损害。

不得将危险品与普通货物混装运输。

（10）专用车辆应当按照国家标准《道路运输危险货物车辆标志》（GB 13392—2005）的要求悬挂标志。

（11）专用车辆应当配备符合有关国家标准以及与所载运的危险品相适应的应急处理器材和安全防护设备。

（12）道路危险品运输企业或者单位使用罐式专用车辆运输货物时，罐体载货后的总质量应当和专用车辆核定载质量相匹配；使用牵引车运输货物时，挂车载货后的总质量应当与牵引车的准牵引总质量相匹配。

二、石油与化工产品道路运输及装卸要求

（一）爆炸品运输、装卸要求

1. 出车前

（1）运输爆炸品应使用厢式货车。

（2）厢式货车的车厢内不得有酸、碱、氧化剂等残留物。

（3）不具备有效的避雷电、防潮湿条件时，雷雨天气应停止对爆炸品的运输、装卸作业。

2. 运输

（1）应按公安部门核发的道路通行证所指定的时间、路线等行驶。

（2）运输过程中发生火灾时，应尽可能将爆炸品转移到危害最小的区域或进行有效隔离。不能转移、隔离时，应组织人员疏散。

（3）施救人员应戴防毒面具。扑救时禁止用沙土等物压盖，不得使用酸碱灭火剂。

3. 装卸

（1）严禁接触明火和高温，严禁使用会产生火花的工具、机具。

（2）车厢装货总高度不得超过 1.5m。无外包装的金属桶只能单层摆放，以免压力过大或撞击摩擦引起爆炸。

（3）任何情况下，爆炸品不得配装。装运雷管和炸药的两车不得同时在同一场

地进行装卸。

（二）压缩气体和液化气体运输、装卸要求

1. 出车前

（1）车厢内不得有与所装货物性质相抵触的残留物。

（2）夏季运输应检查并保证瓶体遮阳、瓶体冷水喷淋降温设施等安全有效。

2. 运输

（1）运输中，低温液化气体的瓶体及设备受损、真空度遭破坏时，驾驶人员、押运人员应站在上风处操作，打开放空阀泄压，同时应注意防止灼伤。一旦出现紧急情况，驾驶员应将车辆转移到距火源较远的地方。

（2）压缩气体遇燃烧、爆炸等险情时，应向气瓶大量浇水使其冷却，并及时将气瓶移出危险区域。

（3）从火场上救出的气瓶，应及时通知有关技术部门另做处理，不可擅自继续运输。

（4）发现气瓶泄漏时，应确认拧紧阀门，并根据气体性质做好相应的人身防护。

① 施救人员应戴上防毒面具，站在上风处抢救；

② 易燃、助燃气体气瓶泄漏时，严禁靠近火种；

③ 有毒气体气瓶泄漏时，应迅速将所装载车辆转移到空旷安全处。

（5）除另有限运规定外，当运输过程中瓶内气体的温度高于 40℃时，应对瓶体实施遮阳、冷却喷淋降温等措施。

3. 装卸

（1）装卸人员应根据所装气体的性质穿戴好防护用品，必要时戴好防毒面具。用起重机装卸大型气瓶或气瓶集装架（格）时，应戴好安全帽。

（2）装车时要拧紧瓶帽，注意保护气瓶阀门，防止撞坏。车下人员必须待车上人员将气瓶放置妥当后，才能继续往车上装瓶。在同一车厢内不准有两个人以上同时单独往车上装瓶。

（3）气瓶应尽量采用直立运输，直立气瓶高出栏板部分不得超过气瓶高度的 1/4。不允许纵向水平装载气瓶。水平放置的气瓶均应横向平放，瓶口朝向应统一。水平放置最上层气瓶不得超过车厢栏板高度。

（4）妥善固定瓶体，防止气瓶窜动、滚动，保证装载平衡。

（5）卸车时，要在气瓶落地点铺上铅垫或橡皮垫。应逐个卸车，严禁溜放。

（6）装卸作业时，不要把阀门对准人，注意防止气瓶安全帽脱落，气瓶应直立转动，不准脱手滚瓶或传接，气瓶直立放置时应稳妥牢靠。

（7）装运大型气瓶（盛装净重 0.5t 以上的）或气瓶集装架（格）时，气瓶与气瓶、集装架与集装架之间需填牢填充物，在车厢栏板与气瓶空隙处应有固定支撑物，并用紧绳器紧固，严防气瓶滚动，重瓶不准多层装载。

（8）装卸有毒气体时，应预先采取相应的防毒措施。

（9）装货时，漏气气瓶、严重损坏瓶（报废瓶）、异形瓶不准装车。收回漏气气瓶时,漏气气瓶应装在车厢的后部,不得靠近驾驶室。

(10) 装卸氧气瓶时,工作服、手套和装卸工具、机具上不得沾有油脂。装卸氧气瓶的机具应采用氧溶性润滑剂,并应装有防止产生火花的防护装置。不得使用电磁起重机搬运。库内搬运氧气瓶应采用带有橡胶车轮的专用小车,小车上固定氧气瓶的槽、架也要注意不产生静电。

(11) 配装时应做到以下要求。

① 易燃气体中除非助燃性的不燃气体、易燃液体、易燃固体、碱性腐蚀品、其他腐蚀品外,不得与其他危险品配装;

② 助燃气体(如空气、氧气及具有氧化性的有毒气体)不得与易燃易爆物品及酸性腐蚀品配装;

③ 不燃气体不得与爆炸品、酸性腐蚀品配装;

④ 有毒气体不得与易燃易爆物品、氧化剂和有机过氧化物、酸性腐蚀物品配装;

⑤ 有毒气体液氯与液氨不得配装。

(三)易燃液体运输、装卸要求

1. 出车前

根据所装货物和包装情况(如化学试剂、油漆等小包装),随车携带好遮盖、捆扎等防散失工具,并检查随车灭火器是否完好,车辆货厢内不得有与易燃液体性质相抵触的残留物。

2. 运输

装运易燃液体的车辆不得靠近明火、高温场所。

3. 装卸

(1) 装卸作业现场应远离火种、热源。操作时货物不准撞击、摩擦、拖拉。装车堆码时桶口、箱盖一律向上,不得倒置。集装货物,堆码整齐。装卸完毕,应罩好网罩,捆扎牢固。

(2) 钢桶盛装的易燃液体,不得从高处翻滚溜放卸车。装卸时应采取措施防止产生火花,周围需有人员接应,严防钢桶撞击致损。

(3) 钢制包装件多层堆码时,层间应采取合适衬垫,并应捆扎牢固。

(4) 对低沸点或易聚合的易燃气体,若发现其包装容器内装物有膨胀(鼓桶)现象时,不得装车。

(四)易燃固体、易于自燃的物质、遇水放出易燃气体的物质运输、装卸要求

1. 出车前

(1) 运输危险品车辆的货厢,随车工、属具不得沾有水、酸类和氧化剂。

(2) 运输遇湿易燃物品,应采取有效的放水、防潮措施。

2. 运输

(1) 运输过程中,应避开热辐射,通风良好,防止受潮。

(2) 雨雪天气运输遇湿易燃物品,应保证防雨雪、防潮湿措施切实有效。

3．装卸

（1）装卸场所及装卸用工、属具应清洁干燥，不得沾有酸类和氧化剂。

（2）搬运时应轻装轻卸，不得摩擦、撞击、震动、摔碰。

（3）装卸自燃物品时，应避免与空气、氧化剂、酸类等接触。对需用水（如黄磷）、煤油、石蜡（如金属钠、钾）、惰性气体（如三乙基铝等）或其他稳定剂进行防护的包装件，应防止容器受撞击、震动、摔碰、倒置等造成容器破损，避免自燃物品与空气接触发生自燃。

（4）遇湿易燃物品不宜在潮湿的环境下装卸。若不具备防雨雪、防潮湿的条件，不准进行装卸作业。

（5）装卸容易升华、挥发出易燃、有害或刺激性气体的货物时，现场应通风良好，防止中毒。作业时应防止摩擦、撞击，以免引起燃烧、爆炸。

（6）装卸钢桶包装的碳化钙（电石）时，应确认包装内有无填充保护气体（氮气）。如未填充的，在装卸前应侧身轻轻地拧开桶上的通气孔放气，防止爆炸、冲击伤人。电石桶不得倒置。

（7）装卸对撞击敏感，遇高热、酸易分解、爆炸的自反应物质和有关物质时，应控制温度，且不得与酸性腐蚀品及有毒或易燃脂类危险品配装。

（8）配装时还应做到以下要求。

① 易燃固体不得与明火、水接触，不得与酸类和氧化剂配装；

② 遇湿易燃物品不得与酸类、氧化剂及含水的液体货物配装。

（五）氧化剂和有机过氧化物运输、装卸要求

1．出车前

（1）有机过氧化物应选用控温厢式货车运输，若车厢为铁质底板，需铺有防护衬垫。车厢应隔热、防雨、通风，保持干燥。

（2）运输货物的车厢与随车工具不得沾有酸类、煤炭、砂糖、面粉、淀粉、金属粉、油脂、磷、硫、洗涤剂、润滑剂或其他松软、粉状可燃物质。

（3）性质不稳定或由于聚合、分解在运输中能引起剧烈反应的危险品，应加入稳定剂。有些常温下会加速分解的货物，应控制温度。

（4）运输需要控温的危险品应做到以下要示。

① 装车前检查运输车辆、容器及制冷设备；

② 配备备用制冷系统或备用部件；

③ 驾驶人员和押运人员应具备熟练操作制冷系统的能力。

2．运输

（1）有机过氧化物应加入稳定剂后方可运输。

（2）有机过氧化物的混合物按所含最高危险有机过氧化物的规定条件运输，并确认自行加速分解温度（SADT），必要时应采取有效控温措施。

（3）运输应控制温度的有机过氧化物时，要定时检查运输组件内的环境温度并记录，及时关注温度变化，必要时采取有效控温措施。

（4）运输过程中，环境温度超过控制温度时，应采取相应补救措施。环境温度超过应急温度，应启动有关应急程序。其中，控制温度低于应急温度，应急温度低于自行加速分解温度。

3. 装卸

（1）对加入稳定剂或需控温运输的氧化剂和有机氧化物，作业时应认真检查包装，密切注意包装有无渗漏及膨胀（鼓桶）情况，发现异常应拒绝装运。

（2）装卸时，禁止摩擦、震动、摔碰、拖拉、翻滚、冲击，防止包装及容器损坏。

（3）装卸时发现包装破损，不能自行将破损件改换包装，不得将撒漏物装入原包装内，而应另行处理。操作时，不得踩踏、碾压撒漏物，禁止使用金属和可燃物（如纸木等）处理撒漏物。

（4）外包装为金属容器的货物，应单层摆放。需要堆码时，包装物之间应有性质与所运货物相容的不燃材料衬垫并加固。

（5）有机过氧化物装卸时严禁混有杂质，特别是酸类、重金属氧化物、胺类等物质。

（6）配装时还应做到以下要求。

① 氧化剂不能和易燃物质配装运输，尤其不能与酸、碱、硫磺、粉尘类（炭粉、糖粉、面粉、洗涤剂、润滑剂、淀粉）及油脂类货物配装；

② 漂白粉及无机氧化物中的亚硝酸盐、亚氯酸盐、次亚氯酸盐不得与其他氧化剂配装。

（六）毒性物质和感染性物质运输、装卸要求

1. 出车前

除有特殊包装要求的剧毒品采用化工物品专业罐车运输外，毒性物质应采用厢式货车速输。

2. 运输

运输毒性物质过程中，押运人员要严密监视，防止货物丢失、撒漏。行车时要避开高温、明火场所。

3. 装卸

（1）装卸作业前，对刚开启的仓库、集装箱、封闭式车厢要先通风排气，驱除积聚的有毒气体。当装卸场所的各种毒性物质浓度低于最高容许浓度时方可作业。

（2）作业人员应根据不同货物的危险特性，穿戴好相应的防护服装、手套、防毒口罩、防毒面具和护目镜等。

（3）认真检查毒性物质的包装，应特别注意剧毒毒性物质、粉状的毒性物质的包装，外包装表面应无残留物。若发现包装破损、渗漏等现象，则拒绝装运。

（4）装卸作业时，作业人员尽量站在上风处，不能停留在低洼处。

（5）避免易碎包件、纸质包件的包装损坏，防止毒性物质撒漏。

（6）货物不得倒置。堆码要靠紧堆齐，桶口、箱口向上，袋口朝里。

（7）对刺激性较强的和散发异臭的毒性物质，装卸人员应采取轮班作业。

（8）在夏季高温期，尽量安排在早晚气温较低时作业。晚间作业应采用防爆式或封闭式安全照明。积雪、冰封时作业，应有防滑措施。

（9）忌水的毒性物质（如磷化铝、磷化锌等），应防止受潮。装运毒害品之后的车辆及工、属具要严格清洗消毒，未经安全管理人员检验批准，不得装运食用、药用的危险品。

（10）配装时应做到以下要求。

① 无机毒性物质不得与酸性腐蚀品、易感染性物品配装；

② 有机毒性物质不得与爆炸品、助燃气体、氧化剂、有机过氧化物及酸性腐蚀物品配装；

③ 毒性物质严禁与食用、药用的危险品同车配装。

（七）腐蚀物品运输、装卸要求

1. 出车前

根据危险品性质配备相应的防护用品和应急处理器具。

2. 运输

（1）运输过程中发现货物撒漏时，要立即用干沙、干土覆盖吸收。货物大量溢出时，应立即向当地公安、环保等部门报告，并采取一切可能的警示和消除危害措施。

（2）运输过程中发现货物着火时，不得用水直接喷射，以防腐蚀品飞溅，应用水柱向高空喷射形成雾状覆盖火区。对遇水发生剧烈反应，能燃烧、爆炸或放出有毒气体的货物，不得用水扑救。着火货物是强酸时，应尽可能抢出货物，以防止高温爆炸、酸液飞溅。无法抢出货物时，可用大量的水降低容器温度。

（3）扑救易散发腐蚀性蒸气或有毒气体的货物时，应穿戴防毒面具和相应的防护用品。扑救人员应站在上风处施救。如果被腐蚀物品灼伤，应立即用流动自来水或清水冲洗创面 15～30 分钟，之后送医院救治。

3. 装卸

（1）装卸作业前应穿戴具有防腐蚀功能的防护用品，并穿戴带有面罩的安全帽。对易散发有毒蒸气或烟雾的，应配备防毒面具。认真检查包装、封口是否完好，要严防渗漏，特别要防止内包装破损。

（2）装卸作业时，应轻装、轻卸，防止容器受损。液体腐蚀品不得肩扛、背负，忌震动、摩擦。易碎容器包装的货物，不得拖拉、翻滚、撞击。外包装没有封盖的组合包装件不得堆码装运。

（3）具有氧化性的腐蚀品不得接触可燃物和还原剂。

（4）有机腐蚀品严禁接触明火、高温或氧化剂。

（5）配装时应做到以下要求。

① 特别注意腐蚀品不得与普通货物配装；

② 酸性腐蚀品不得与碱性腐蚀品配装；

③ 有机酸性腐蚀品不得与有氧化性的无机酸性腐蚀品配装；

④ 浓硫酸不得与任何其他物质配装。

三、石油与化工产品集装箱运输及装卸要求

（一）装箱作业前

（1）应检查集装箱，确认集装箱技术状态良好并清扫干净，去除无关标志和标牌。

（2）应检查集装箱内有无与待装危险品性质相抵触的残留物。发现问题，应及时通知发货人进行处理。

（3）应检查待装的包装件。破损、撒漏、水湿及沾污其他污染物的包装件不得装箱，对撒漏破损件及清扫的撒漏物交由发货人处理。

（二）装箱

（1）不准将性质相抵触、灭火方法不同或易污染的危险品装在同一个集装箱内。如符合配装规定而与其他货物配装时，危险品应装在箱门附近。包装件在集装箱内应有足够的支撑和固定。

（2）装箱作业时，应根据装载要求装箱，防止集重和偏重。

（三）装箱完毕

（1）装箱完毕，关闭、封锁箱门，并按要求粘贴好与箱内危险品性质相一致的危险品标志、标牌。

（2）熏蒸中的集装箱，应标贴有熏蒸警告符号。当固体二氧化碳（干冰）用作冷却目的时，集装箱外部门端明显处应贴有指示标记或标志，并标明"内有危险的二氧化碳（干冰），进入之前务必彻底通风！"字样。

（四）卸箱

（1）集装箱内装有易产生毒害气体或易燃气体的货物时，卸货时应先打开箱门，进行足够的通风后方可进行装卸作业。

（2）对卸空危险品的集装箱要进行安全处理。有污染的集装箱，要在指定地点按规定要求进行清扫或清洗。

（3）装过毒害品、感染性物品、放射性物品的集装箱在清扫或清洗前，应开箱通风。进行清扫或清洗的工作人员应穿戴适用的防护用品。洗箱污水在未作处理之前，禁止排放。经处理过的污水，应符合 GB 8978—2002《污水综合排放标准》的排放标准。

第二节　石油与化工产品铁路运输安全

一、铁路危险品运输条件

（一）铁路运输企业应具备的条件

（1）运输危险品应当符合法律、行政法规和标准规定，在具备相应品名办理条

件的车站、专用铁路、铁路专用线间发到。

（2）铁路运输企业应当将办理危险品的车站名称、作业地点（货场、专用铁路、铁路专用线名称）、办理品名及编号、装运方式等信息及时向社会公布。发生变化的，应当重新公布。

（3）危险品装卸、储存场所和设施应当符合下列要求。

① 装卸、储存专用场地和安全设施设备封闭管理并设立明显的安全警示标志。设施设备布局、作业区域划分、安全防护距离等符合规定。

② 设置有与办理货物危险特性相适应，并经相关部门验收合格的仓库、雨棚、场地等设施，配置相应的计量、检测、监控、通信、报警、通风、防火、灭火、防爆、防雷、防静电、防腐蚀、防泄漏以及防中毒等安全设施设备，并进行经常性维护、保养，保证设施设备的正常使用。

③ 装卸设备符合安全要求，易燃、易爆的危险品装卸设备应当采取防爆措施，罐车装运危险品应当使用栈桥、鹤管等专用装卸设施，危险品集装箱装卸作业应当使用集装箱专用装卸机械。

④ 法律、行政法规、标准和安全技术规范规定的其他条件。

（4）铁路运输单位应当按照国家有关规定，对本单位危险品装卸、储存作业场所和设施等安全生产条件进行安全评价。

① 法律、行政法规规定需要委托相关机构进行安全评价的，运输单位应当委托具备国家规定资质条件且业务范围涵盖铁路运输、危险化学品等相关领域的机构进行。

② 新建、改建危险品装卸、储存作业场所和设施，在既有作业场所增加办理危险品品类，以及危险品新品名、新包装和首次使用铁路罐车、集装箱、专用车辆装载危险品的，应当进行安全评价。

（5）装载和运输危险品的铁路车辆、集装箱和其他容器应当符合下列条件。

① 制造、维修、检测、检验和使用、管理符合标准和有关规定；

② 牢固、清晰地标明危险品包装标志和警示标志；

③ 铁路罐车、罐式集装箱以及其他容器应当封口严密，安全附件设置准确、起闭灵活、状态完好，能够防止运输过程中因温度、湿度或者压力的变化发生渗漏、洒漏；

④ 压力容器应当符合国家特种设备安全监督管理部门制定并公布的《移动式压力容器安全技术监察规程》（TSG R0005—2011）、《气瓶安全技术监察规程》（TSG R0006—2014）等有关安全技术规范要求，并在经核准的检验机构出具的压力容器安全检验合格有效期内；

⑤ 法律、行政法规、安全技术规范和标准规定的其他条件。

（二）运输限制

《铁路危险货物运输管理规则》（TG/H Y105—2017）明确规定如下。

（1）危险品仅办理整车和10t及以上集装箱运输。

（2）国内运输危险品禁止代理。

（3）严禁运输国家禁止生产的危险物品。

（4）禁止运输本规则未确定运输条件的过度敏感或能自发反应而引起危险的物品，如叠氮铵、无水雷汞、高氯酸（＞72％）、高锰酸铵、4-亚硝基苯酚等。

（5）对易发生爆炸性分解反应或需控温运输等危险性大的货物，必须由铁道部确定运输条件，如乙酰过氧化磺酰环己烷、过氧重碳酸二仲丁酯等。

（6）凡性质不稳定或由于聚合、分解作用在运输中能引起剧烈反应的危险品，托运人应采用加入稳定剂或抑制剂等方法，保证运输安全，如乙烯基甲醚、乙酰乙烯酮、丙烯醛、丙烯酸、醋酸乙烯、甲基丙烯酸甲酯等。

（7）高速铁路、城际铁路等客运专线及旅客列车禁止运输危险品。

二、铁路危险品运输押运管理

（一）危险品运输押运的意义

铁路运输企业应对所接收的货物负责照看和防护，以保证货物完整、及时运送到目的地，这是铁路运输企业履行货运合同的一项主要义务。由于有些货物的性质特殊，为了能保证货物运输安全，需要在运输过程中加以特殊防护和照料，需托运人派对货物性质及防护熟悉的押运人押运。

《铁路危险货物运输管理规则》规定，运输爆炸品（烟花爆竹除外）、硝酸铵实行全程随货押运，剧毒品、罐车装运气体类（含空车）危险品实行全程随车押运，装运剧毒品的罐车和罐式箱不需押运，其他危险品需要押运时按有关规定办理。

（二）危险品运输押运管理规定

（1）押运员必须取得培训合格证。运输气体类危险品时，押运员还必须取得押运员证。

（2）运输时发现押运员身份与携带证件不符或押运员缺乘、漏乘时应及时甩车，做好记录，并通知发站或到站联系托运人、收货人立即补齐押运员后方可继运。

（3）发站要对押运工具、备品、防护用品以及押运间清洁状态等进行严格检查，不符合要求的禁止运输。

（4）押运间仅限押运员乘坐，不允许闲杂人员随乘，执行押运任务期间，严禁吸烟、饮酒及做其他与押运工作无关的事情。

（5）车辆在临修、辅修、段修、厂修时，要严格按有关规程加强对押运间的检查、修理，在接到押运员的故障报告后要及时修理。气体危险品罐车检修完毕出厂前，罐车产权单位应主动到检修单位，按规程标准对押运间检修质量进行交接签认，并做好记录，确保气体危险品罐车押运间状态良好。

（6）押运管理工作实行区段签认负责制。货检人员必须与押运员在所押运的车辆前签认，要对押运备品及押运间状态进行检查，不符合要求的要甩车处理。签认内容见全程押运签认登记表。托运人再次办理运输时（含必须押运的气体类罐车返空）必须出具此登记表，并由车站保留 3 个月。对未做到全程押运的，再次办理货物托运时车站不予受理。

（7）同一托运人、同一到站押运方式、车辆及人数规定。

① 气体类 6 辆重（空）罐车（含带押运间车辆）以内编为 1 组。1～6 车押运员不得少于 2 人，7～12 车押运员不得少于 4 人，13～18 车押运员不得少于 6 人。每列编挂不得超过 3 组。每组间的隔离车不得少于 10 辆（原则上需要用普通货物车辆隔离）。装运爆炸品（含烟花爆竹）、硝酸铵、气体类车辆与牵引机车隔离不少于 4 辆。

② 剧毒品 4 辆（含带押运间车辆）以内编为 1 组，每组 2 人押运；2 组以上押运人数由铁路局确定。

③ 硝酸铵 4 辆以内编为 1 组，每组 2 人押运；2 组以上押运人数由铁路局确定。

④ 爆炸品（烟花爆竹除外）每车 2 人押运。

上述车辆编组隔离除符合本条规定外，还必须符合《铁路车辆编组隔离表》的规定。

（8）新造出厂的和洗罐站洗刷后送检修地点的及检修后首次返空的气体类危险品罐车不需押运，但必须在运单、货票注明"新造车出厂""洗刷后送检修"或"检修后返空"字样。

（三）押运员的职责

（1）押运员在押运过程中必须遵守铁路运输的各项安全规定，并对所押运货物的安全负责。

（2）押运员应了解所押运货物的特性，押运时应携带所需安全防护、消防、通信、检测、维护等工具以及生活必需品，应按规定穿着印有红色"押运"字样的黄色马甲，不符合规定的不得押运。

（3）气体危险品押运员应对押运间进行日常维护保养，破损严重的要及时向所在车站报告，由车站通知所在地货车车辆段按规定予以扣修。对门窗玻璃损坏等能自行修复的，必须及时修复。

（4）押运间内必须保持清洁，严禁存放易燃易爆物品及其他与押运无关的物品。对未乘坐押运员的押运间应使用明锁锁闭，车辆在沿途作业站停留时，押运员必须对不用的押运间进行巡检，发现问题，及时处理。

（5）押运员在途中要严格执行全程押运制度，认真按照全程押运签认登记表要求进行签认，严禁擅自离岗、脱岗。严禁押运员在区间或站内向押运间外投掷杂物。运行时，押运间的门不得开启。对押运期间产生的垃圾要收集装袋，到沿途有关站后，可放置车站垃圾存放点集中处理。

（6）托运人应针对运输的危险品特性，建立危险品运输事故应急预案及施救措施。押运员应熟悉应急预案及施救措施，在运输途中发现异常现象时，应及时采取应急措施并向铁路部门报告。

（7）在押运途中做好记录工作。

① 押运员应在全程押运签认登记表中如实记录发车站及运输途中各编组站站名、挂运列车车次和到发站时间、罐车到站和运到专用线的时日。

② 押运员在押运途中，对罐体压力表、安全阀、气相阀、液相阀、液位计等安全附件的检查情况和检车员对走行装置的底架、转向架、车钩缓冲装置和制动装置检查情况，分别记入液化气体铁路罐车运行记录。中途发生事故时，应详细记录事故的原因、责任、措施及后果。

③ 押运员必须认真填写液化气体铁路罐车运行记录，不得弄虚作假。每次完成押运任务后，应将运行记录送交所在单位主管部门存档。

④ 在沿途各技术站检查罐体安全附件情况及了解车辆检车员对罐车走行装置的检查情况，分别做好记录。

三、铁路危险品自备货车运输

（一）危险品自备货车的运输条件

1. 危险品自备货车运输的审核

危险品自备货车运输时，必须由车辆产权单位向过轨站段提出申请，站段初审后报所属铁路局审核，符合规定的，由所属铁路局签发危货车安全合格证。危货车安全合格证实行一车一证，车证相符，按规定品名装运，不得租借和混装使用。铁路局应建立危货车安全合格证档案，每年进行一次复核。

2. 办理危货车安全合格证应出具的技术文件

（1）装运气体类危险品罐车

① 申请报告（含企业生产经营规模、运量、产品理化特性和危险性分析）；

② 自备罐车审查表；

③ 压力容器使用登记证；

④ 铁路货车制造合格证明；

⑤ 铁路货车检修合格证明；

⑥ 车辆验收记录；

⑦ 押运员的押运员证和培训合格证；

⑧ 企业自备车经国家铁路过轨运输许可证；

⑨ 其他有关资料。

（2）装运非气体类液体危险品罐车

① 申请报告（含企业生产经营规模、运量、产品理化特性和危险性分析）；

② 自备罐车审查表；

③ 铁路罐车容积检定证书；

④ 车辆验收记录；

⑤ 铁路货车制造合格证明；

⑥ 铁路货车检修合格证明；

⑦ 押运员的培训合格证（规定必须押运的货物）；

⑧ 企业自备车经国家铁路过轨运输许可证；

⑨ 其他有关资料。

（3）非罐车装运危险品

① 申请报告（含企业生产经营规模、运量、产品理化特性和危险性分析）；

② 自备货车审查表；

③ 车辆验收记录；

④ 铁路货车制造合格证明；

⑤ 铁路货车检修合格证明；

⑥ 押运员的培训合格证（规定必须押运的货物）；

⑦ 企业自备车经国家铁路过轨运输许可证。

（二）相关规定

《铁路危险货物运输管理规则》对危险品自备货车运输有严格规定。

（1）自备罐车装运危险品，品名范围及车种要求应符合《铁路危险货物品名表》中的特殊规定。

（2）危险品罐车装卸作业必须在专用线（专用铁路）办理。

（3）装运危险品的罐车罐体本底色应为银灰色，罐体两侧纵向中部应涂刷一条宽 300mm 表示货物主要特性的水平环形色带：红色表示易燃性，绿色表示氧化性，黄色表示毒性，黑色表示腐蚀性。

（4）装运酸、碱类的罐体为全黄色，罐体两侧纵向中部应涂刷一条宽 300mm 的黑色水平环形色带；装运煤焦油、焦油的罐体为全黑色，罐体两侧纵向中部应涂刷一条宽 300mm 的红色水平环形色带。

装运黄磷的罐体为银灰色，罐体中部不用涂打环形色带。需在罐体两端右侧中部喷涂 9.13 号危险品标志图。

环带上层 200mm 宽涂蓝色，下层 100mm 宽涂红色或黄色分别表示易燃气体或毒性气体。环带 300mm 为全蓝色时表示非易燃无毒气体。

罐体两侧环形色带中部（有扶梯时在扶梯右侧）以分子、分母形式喷涂货物名称及其危险性，如苯。对遇水会剧烈反应，事故处理严禁用水的货物，还应在分母内喷涂"禁水"二字，如硫酸。并按规定在罐体两端头两侧环形色带下方喷涂相应标志，规格为 400mm×400mm。

（5）承运危险品自备货车时，应审核以下内容。

① 气体类危险品

a. 罐车产权单位为托运人的，托运人资质证书的单位名称必须与危货车安全合格证、押运员证、培训合格证的单位名称相统一；

b. 罐车产权单位为收货人的，罐车产权单位名称必须与危货车安全合格证、押运员证、培训合格证的单位名称相统一；

c. 货物品名、托运人、收货人、发到站、专用线（专用铁路）等必须与《铁路危险货物运输办理站（专用线、专用铁路）办理规定》中公布的相统一；

d. 货物品名必须与危货车安全合格证中的品名及罐体标记品名相统一；

e. 提供铁路液化气体罐车充装记录一式两份，一份由发站留存，一份随运单至到站交收货人；

f. 虽符合上述 a、b 项条件，但证件过期、定检过期、车况不良、罐体密封不严、罐体标记文字不清等有碍安全运输的不予办理运输。

② 非气体类液体危险品。非气体类液体危险品运输时比照本条第 1 项规定办理，不审核押运员证，有押运规定的，必须审核《培训合格证》。

③ 其他类危险品运输比照上述相应规定办理。

（6）气体类危险品在充装前必须对空车进行检衡。充装后，需用轨道衡再对重车进行计量，严禁超装。

（7）充装非气体类液体危险品时，应根据液体货物的密度、罐车标记载重量、标记容积确定充装量。充装量不得大于罐车标记载重量，同时要留有膨胀余量，充装量上限不得大于罐体标记容积的 95％，下限不得小于罐体标记容积的 83％。充装量低于 83％时，罐体内未加防波板不得办理运输。

（8）装运危险品的罐车重车重心限制高度不得超过 2200mm。

（9）装车前，托运人应确认罐车是否良好，罐体外表应保持清洁，标记、文字应能清晰易辨。罐体有漏裂，阀、盖、垫及仪表等附件、配件不齐全或作用不良的罐车禁止使用。

（10）气体类危险品充装前必须有专人检查罐车，按规定对罐体外表面、罐体密封性能、罐体余压等进行检查，不具备充装条件的罐车严禁充装。罐车充装完毕后，充装单位应会同押运员复检充装量，检查各密封件和封车压力状况，认真详细填记充装记录，符合规定时，方可申请办理托运手续。

危险品罐车装、卸车作业后，必须及时关严罐车阀件，盖好人孔盖，拧紧螺栓，严禁混入杂质。气体类危险品罐车卸后罐体内必须留有不低于 0.05MPa 的余压。

（11）气体类危险品罐车运输不允许办理运输变更或重新托运，如遇特殊情况需要变更或重新托运时，需经铁路局批准。危险品运输变更或重新托运必须符合本规则有关要求。

四、铁路危险品集装箱运输

（一）开展危险品集装箱运输的条件

（1）铁路危险品集装箱（以下简称危货箱）办理站（专用线、专用铁路）应设置专用场地，并按货物性质和类项划分区域；场地必须具备消防、报警和避雷等必要的安全设施；配备装卸设备设施及防爆机具和检测仪器。危货箱的堆码存放应符合《铁路危险货物配放表》中的有关规定。

（2）自备危货箱运输时，必须由产权单位向过轨站段提出申请，站段初审后报所属铁路局审核，符合规定的，由所属铁路局签发危货箱安全合格证。危货箱安全合格证实行一箱一证。铁路局应建立危货箱安全合格证档案，每年进行一次复核。

办理危货箱安全合格证必须出具下列技术文件。

① 罐式箱

a. 罐式箱申请报告（含企业生产经营规模、运量、产品理化特性和危险性分析）；

b. 铁路罐式集装箱容积测试证书；

c. 自备危险品集装箱定期检修合格证；

d. 罐式箱审查表；

e. 其他有关资料。

② 危货箱

a. 危货箱申请报告（含企业生产经营规模、运量、产品理化特性和危险性分析）；

b. 危货箱检修证；

c. 自备箱审查表；

d. 其他有关资料。

(3) 办理罐式箱运输时，托运人、收货人、发到站、专用线（专用铁路）、货物品名等必须与《办理规定》相符。限使用集装箱专用平车（含两用平车）运输。

(4) 危货箱仅办理《铁路危险货物品名表中》下列品类。

① 铁路通用箱

a. 二级易燃固体（41501～41559）；

b. 二级氧化性物质（51501A～51530）；

c. 腐蚀性物质。包括以下 3 种。

• 二级酸性腐蚀性物质（81501～81535，81601 A～81647）；

• 二级碱性腐蚀性物质（82501～82524）；

• 二级其他腐蚀性物质（83501～83514）。

② 自备危货箱

a. 上述铁路通用箱规定的品名；

b. 毒性物质（61501～61940）。

③ 集装箱装运上述所列以外的危险品，以及改变包装的需经铁道部门批准。

(二) 危险品集装箱运输相关规定

(1) 铁路危险品集装箱（以下简称危货箱）限装同一品名、同一铁危编号的危险品，包装必须与《铁路危险品运输管理规则》规定一致。装箱必须采取安全防护措施，防止货物在运输中倒塌、窜动和撒漏。运输时只允许办理一站直达并符合《办理规定》要求。

(2) 车站办理危货箱时，应对品名、包装、标志、标记等进行核查，防止匿报、谎报危险品或在危货箱中夹带违禁物品。

（3）严禁在站内办理危货箱的装箱、掏箱作业。

（4）托运人应根据危险品类别在箱体上拴挂相应危险品包装标志。拴挂位置：箱门把手处各 1 枚，箱角吊装孔各 1 枚，共计 6 枚，需拴挂牢固，不得脱落。标志采用塑料双面彩色印刷，规格为 100mm×100mm。

（5）危货箱装卸车作业前，货运员必须向装卸工组说明货物性质及作业安全事项，作业时应做到轻起轻放，不得冲撞、拖拉、刮碰。

（6）收货人应负责危货箱的洗刷除污，并负责撤除危险品标志。无洗刷能力时，可委托铁路部门洗刷，费用由收货人负担。洗刷除污不符合规定要求的不得再次使用。

（7）收货人应负责危货箱的洗刷除污，并负责撤除危险品标志。无洗刷能力时，可委托铁路部门洗刷，费用由收货人负担。洗刷除污不符合规定要求的不得再次使用。

（8）罐式箱检修分临时检修和中修、大修。

① 临时检修：对罐式箱使用状况的日常检修。包括对丢失、损坏及人孔盖、垫等配件进行补齐和更换，对缺少、污损的标志进行补齐和更换。

② 中修：对罐体进行清洗置换和气密检查。包括更换安全阀附属配件并进行气密试验，对罐式箱框架强度进行安全可靠性检测。中修修程为 1 年。

③ 大修：除进行中修内容外，进行罐体腐蚀裕度测定、矫正变形、修补破损、除锈喷漆、焊缝探伤等。还需进行水压试验。大修修程为 5 年。

罐式箱临时检修、中修和大修由箱主委托原铁道部认定的具有检验资格的单位完成。检修后，应在箱体上标明检修单位、日期和下次检修时间，并填写危货箱检修证。凡检修过期的不得办理运输。罐式箱使用期限不得超过 15 年。

五、剧毒品运输

（一）剧毒品的定义

毒害品指进入人（动物）的肌体后，累积达到一定的量能与体液和组织发生生物化学作用或生物物理作用，扰乱或破坏肌体的正常生理功能，引起暂时或持久性的病理改变，甚至危及生命的物品。如各种氰化物、砷化物、化学农药等等。剧毒品均实行铁路运输跟踪管理，运输时必须全程押运。

剧毒品运输采用剧毒品黄色专用运单，并在运单上印有骷髅图案。未列入剧毒品跟踪管理范围的剧毒品不采用剧毒品黄色专用运单，不实行全程押运，但仍按剧毒品分类管理。

（二）剧毒品运输的相关规定

（1）同一车辆只允许装运同一品名、铁危编号的剧毒品。装车前，货运员要认真核对剧毒品到站、品名是否符合《办理规定》，要检查品名填写是否正确，包装方式、包装材质、规格尺寸、车种车型、包装标志等是否符合规定。

（2）各铁路局要根据专用线办理剧毒品运输的情况，配齐专用线货运员。装卸作业时，货运员要会同托运人确认品名、清点件数（罐车除外），监督托运人进行施封，并检查施封是否有效。必须在车辆上门扣用加固锁加固并安装防盗报警装置。

（3）剧毒品运输过程必须进行签认。在发站要签认铁路剧毒品发送作业签认单，途中作业时要签认铁路剧毒品途中作业签认单，在到站要签认铁路剧毒品到达作业签认单。

（4）剧毒品运输安全要作为重点纳入车站日班计划、阶段计划。车站编制日班计划、阶段计划时要重点掌握，优先安排改编和挂运。车站要根据作业情况建立剧毒品车辆登记、检查、报告和交接制度，值班站长要按技术作业过程对剧毒品车辆进行跟踪监控。

（5）各级调度部门要及时组织挂运，成组运输的不得拆解，无特殊情况不得保留，必须保留时，要通知公安等有关方面采取监护措施。各级调度部门要掌握每天6时和18时装车、接入、交出、到达的剧毒品运输情况。

（6）各级货运、运输等部门，要把剧毒品日常运输纳入每日交班内容，严格掌握发运、途中和交付的情况。

（7）车站货检人员对剧毒品车辆应作重点检查，用数码相机两侧拍照（如车号、施封、门窗状况），并存档保管至少3个月；运输过程中发现装有剧毒品的车辆或集装箱无封、封印无效以及有异状时，必须立即甩车，并通知公安部门共同清点，按规定进行处理。如发生丢失、被盗等问题，立即报告铁路局和铁道部调度、货运、公安管理部门。

（三）剧毒品运输实行三级计算机跟踪管理

铁路剧毒品运输计算机跟踪管理是指以危险品办理站为基础，在铁道部、铁路局和车站，根据不同层次管理要求建立的信息管理系统。

（1）跟踪管理工作由原铁道部负责方案规划和监督指导，铁路局负责方案实施和日常管理，铁路信息技术部门负责软件维护、更新、完善等技术支持，保证系统正常运转。

（2）办理剧毒品运输的车站必须与剧毒品计算机跟踪管理系统联网运行。需具备原始信息及时发送和接收能力，要求配备相应的传输、通信、打印等信息跟踪管理设备。

（3）挂有剧毒品车辆的列车，应在"运统1"记事栏中注明D字样，并将剧毒品车辆的车种车号、发到站、货物品名、挂运日期、挂运车次等信息及时报告给铁路局行车确报系统和剧毒品运输跟踪管理系统。

（4）装车站要将剧毒品货票所载信息，及时生成剧毒品运输管理信息登记表，实时报告剧毒品运输跟踪管理系统。内容包括剧毒品车的车号（集装箱箱型、箱号及所装车号）、发到站、托运人资质证书编号、品名及编号、件数、重量和承运、装车日期等。

（5）中途站发现装有剧毒品的车辆或集装箱无封、封印无效以及有异状时，应立即甩车，报告所属铁路局，并通知公安部门共同清点。同时按规定及时以电报形式，向发到站及所属铁路局和铁道部报告有关情况。

（6）剧毒品到站后和卸车交付完毕后，立即将车种车号（集装箱箱型、箱号及所装车号）、发到站、托运人资质证书编号、托运人、收货人、品名及编号、件数、重量、到达日期、到达车次、交付日期等信息上网报告剧毒品运输跟踪管理系统，并在2h内通知发站。

（四）剧毒品运输作业要求

1. 列车出发作业要求

（1）车号员要认真编制列车编组顺序表（运统1），并在剧毒品车辆记事栏内标记D符号。发车前认真核对现车，确保出发列车编组、货运票据和列车编组顺序表内容一致。发车后，要及时发出列车确报。

（2）车站调度员（车站值班员）于列车出发后，将剧毒品车辆的挂运车次、编挂位置等及时报告铁路局调度，并将信息登录到剧毒品运输信息跟踪系统。

2. 列车改编作业要求

（1）车站调度员（调车区长）要准确掌握剧毒品车辆信息，及时安排解编作业，正确编制调车作业计划，并在调车作业通知单上注明标记。严格执行剧毒品车辆限速连挂和禁止溜放规定。

（2）调车指挥人员要按调车作业计划，将剧毒品车辆的作业方法、注意事项直接向司机和调车作业人员传达清楚，严格按要求进行调车作业。作业完毕，及时将剧毒品车辆有关信息向调车领导人报告。

3. 列车到达作业要求

（1）车号员严格执行核对现车制度，发现列车编组、货运票据和列车编组顺序表（运统1）内容不一致时，及时记录并向调车领导人汇报。对剧毒品车辆要进行标记。

（2）货检人员对剧毒品车辆要重点进行检查。要认真检查剧毒品车辆状态，没有押运员的必须及时通知发站派人处理，同时通知公安部门采取监护措施。

（3）做好信息上网报告剧毒品运输跟踪管理系统工作。

（五）剧毒品进出口运输规定

（1）出口剧毒品，办理站除按规定要求填写联运运单外，还需填写国内剧毒品专用运单两份（专用运单仅作为添附文件，连同联运运单装入封套内，并在封套外加盖剧毒品专用戳记），一份发站留存，另一份随联运运单到口岸站存查。

（2）出口剧毒品到达口岸站后，需撤出专用运单并将运单所载信息和口岸站作业信息输入剧毒品运输跟踪管理系统。

（3）进口剧毒品由口岸站填写剧毒品专用运单两份：一份口岸站留存；另一份随联运运单到站存查，并将剧毒品专用运单所载信息和作业信息输入剧毒品运输跟踪管理系统。

（4）剧毒品专用运单由办理站保存1年。

第三节　石油与化工产品水路运输安全

一、水路危险品运输安全规定

（一）水路危险品运输的许可

（1）从事水路危险品运输的承运人、港口经营人，应当按照有关规定取得相应的经营资质。未取得经营资质的，不得从事水路危险品运输相关业务。

（2）水路危险品托运人、承运人、港口经营人以及危险品运输技术服务机构等从业人员的培训和资格管理，按照交通运输部《危险货物水路运输从业人员考核和从业资格管理规定》执行。

（3）通过内河运输的危险品新品种，应当进行内河适运性评估。经评估通过并满足有关运输条件和安全保障措施的方可运输。危险品内河适运性评估工作由服务机构负责组织实施。

（4）船舶运输或港口作业危险品品种种类发生变化，凡是增加同类或同项品种且危险性没有变化，应按原品种进行管理。

（5）内河封闭水域禁止运输剧毒化学品以及国家规定禁止通过内河运输的其他危险化学品；内河非封闭水域禁止运输交通运输部和其他相关部委联合发布的《内河禁运危险化学品目录（2015版）》规定的危险化学品。

（二）载运危险品的船舶管理

（1）载运危险品的船舶，其船体、构造、设备、性能和布置等方面应当符合国家船舶检验的法律、行政法规、规章和技术规范的规定，国际航行船舶还应当符合有关国际公约的规定，具备相应的适航、适装条件，经海事管理部门认可的船舶检验机构检验合格，取得相应的检验证书和文书，并保持良好状态。

载运危险品的船用集装箱、船用刚性中型散装容器和船用可移动罐柜，应当经海事管理部门认可的船舶检验机构检验合格后，方可在船上使用。

（2）船舶载运危险品，应当符合有关危险品积载、隔离和运输的安全技术规范，并只能承运船舶检验机构签发的适装证书中所载明的货种。国际航行船舶应当按照《国际海运危险货物规则》，国内航行船舶应当按照《水路危险货物运输规则》，对承载的危险品进行正确分类和积载，保障危险品在船上装载期间的安全。对不符合国际、国内有关危险品包装和安全积载规定的，船舶应当拒绝受载、承运。

（3）曾装运过危险品的未清洁的船用载货空容器，应当作为盛装有危险品的容器处理，但已经采取足够措施消除了危险性的除外。

（4）应当根据国家水上交通安全和防治船舶污染环境的管理规定，建立和实施船舶安全营运和防污染管理体系。

（5）载运危险品的船舶应当制定保证水上人命、财产安全和防治船舶污染环境的措施，编制应对水上交通事故、危险品泄漏事故的应急预案以及船舶溢油应急计划，配备相应的应急救护、消防和人员防护等设备及器材，并保证落实和有效实施。

（6）载运危险品的船舶应当按照国家有关船舶安全、防污染的强制保险规定，参加相应的保险，并取得规定的保险文书或者财务担保证明。载运危险品的国际航行船舶，按照有关国际公约的规定，凭相应的保险文书或者财务担保证明，由海事管理机构出具表明其业已办理符合国际公约规定的船舶保险的证明文件。

（7）船舶进行洗（清）舱、驱气或者置换，应当选择安全水域，远离通航密集区、船舶定线制区、禁航区、航道、渡口、客轮码头、危险品码头、军用码头、船闸、大型桥梁、水下通道以及重要的沿岸保护目标，并在作业之前报海事管理机构核准，核准程序和手续按《船舶载运危险货物安全监督管理规定》中关于单航次海上危险品过驳作业的规定执行。要特别注意的是，在进行洗（清）舱等作业活动期间，不得检修和使用雷达、无线电发报机、卫星船站，不得进行明火、拷铲及其他易产生火花的作业，不得使用供应船、车进行加油、加水作业。

二、水路危险品运输安全管理

（一）托运

（1）危险品的托运人或作业委托人应按照国家有关危险品运输的规定，分别同承运人或港口经营人签订运输、作业合同。

（2）托运人不得在托运的普通货物中夹带危险品，不得将危险品匿报或者谎报为普通货物托运。

（3）托运危险品时，应持有服务机构出具的危险品包装检验证明书。盛装危险品的压力容器应持有有资质的压力容器检测机构出具的检验合格证书，放射性物品的包件应持有有资质的辐射监测机构出具的放射性物品包装件辐射水平检查证明书。

（二）承运

船载危险品的运输企业应严格按照相关法律法规要求，落实主要负责人的安全管理责任，建立安全生产规章制度，健全安全管理机构，配备符合规定要求的海务、机务专职管理人员。加大安全投入，按照《企业安全生产费用提取和使用管理办法》提取安全生产费并专款专用。严格按照核定的水路运输经营资质、船舶种类合法经营，严禁非法挂靠。

危险品运输船舶应按规定持有船舶检验机构核发的船舶检验证书和危险品适装证书，严格按照国家有关危化品运输规定和安全技术规范进行配载和运输。

（三）港口作业

1. 作业场所要求

（1）危险品作业现场应按消防和应急等规定要求配备相应的消防、防污染等应急设备和器材。

（2）危险品作业场所防爆、防雷、防静电接地及照明条件应符合相应国家标准或行业规范要求。

2. 作业规定

（1）从事危险品港口作业的码头、泊位和堆场（包括相关仓储设施），应按有关规定向港口行政管理部门办理申报手续。

（2）船舶在危险品货物作业前，船方应对照危险品船舶装卸船/岸安全检查项目表进行安全检查，并与港口经营人共同确认。

（3）港口经营人应为船舶提供安全的靠泊作业环境。船方应配合港口经营人落实安全作业措施。船岸双方应对危险品的装卸作业信息进行交流检查，各自确认作业的安全状况和应急措施。

（4）危险品港口作业应在装卸管理人员指导下进行。作业前应详细了解危险品的性质、危险程度、应急处置和医疗急救等措施，并严格按照安全操作规程作业。

（5）危险品作业时，应根据货物性质选用合适的装卸机具。作业前应对装卸机械进行检查。爆炸品、有机过氧化物、一级毒性物质和放射性物质作业时，装卸机具应按额定负荷降低 25％使用，确保安全。注意作业顺序，一级危险品作业顺序为最后装最先卸。

（6）装卸易燃、易爆危险品期间，作业船舶不得进行加油、船舶油污水排放以及易产生火花等影响安全的相关作业，禁止使用非防爆通信设备。不得使用或检修雷达、无线电通信设备。所使用的通信设备应符合消防等规定。

（7）装卸易燃、易爆危险品，距装卸地点 40m 范围内为禁火区。内河码头、泊位装卸上述货物应按消防规定要求并结合实际情况划定合适的禁火区。

（8）爆炸品、气体和放射性物质原则上以直装直取方式作业。特殊情况，需经港口行政管理部门批准，采取妥善的安全防护措施并在批准的时间内装船或提离港口。

（9）危险品船舶靠泊作业期间，其他船舶或设施不得靠近作业船舶或进入船舶安全作业范围。

3. 过驳作业要求

（1）载运危险品的船舶从事水上过驳作业，应当符合国家水上交通安全和防止船舶污染环境的管理规定和技术规范，选择缓流、避风、水深、底质等条件较好的水域，尽量远离人口密集区、船舶通航密集区、航道、重要的民用目标或者设施、军用水域，制定安全和防治污染的措施和应急计划并保证有效实施。

（2）载运危险品的船舶在港口水域内从事危险品过驳作业，应当根据交通部有关规定向港口行政管理部门提出申请。港口行政管理部门在审批时，应当就船舶过驳作业的水域征得海事管理机构的同意。

（3）载运散装液体危险性货物的船舶在港口水域外从事海上危险品过驳作业，应当由船舶或者其所有人、经营人或者管理人依法向海事管理机构申请批准。

（4）船舶从事水上危险品过驳作业的水域，由海事管理机构发布航行警告或者航行通告予以公布。

（5）申请从事港口水域外海上危险品单航次过驳作业的，申请人应当提前 24h 向海事管理机构提出申请；申请在港口水域外特定海域从事多航次危险品过驳作业的，申请人应当提前 7 日向海事管理机构提出书面申请。

船舶提交上述申请，应当申明船舶的名称、国籍、吨位，船舶所有人或者其经营人或者管理人、船员名单，危险品的名称、编号、数量，过驳的时间、地点等，并附表明其业已符合规定的相应材料。

（6）海事管理机构收到齐备、合格的申请材料后，对单航次作业的船舶，应当在 24 小时内做出批准或者不批准的决定，对在特定水域多航次作业的船舶，应当在 7 日内做出批准或者不批准的决定。海事管理机构经审核，对申请材料显示船舶及其设备、船员、作业活动及安全和环保措施、作业水域等符合国家水上交通安全和防治船舶污染环境的管理规定和技术规范的，应当予以批准并及时通知申请人。对未予批准的，应当说明理由。

（四）船舶运输

（1）载运危险品时，承运人应选用符合相应技术规范的适载船舶。禁止客船载运危险品。载运危险品的船舶不得搭乘旅客和无关人员。

（2）内河船舶运输散装危险品时，应符合《内河散装运输危险化学品船舶法定检验技术规则》的要求。

（3）单船运输危险品时，承运人应按照主管机关确认的名称、数量及配积载要求运输。

（4）客滚船载运危险品必须经主管部门批准，并在当地交通运输管理部门、港口行政管理部门和海事管理机构等相关部门监督下，实行专船专运。

（5）船舶载运危险品前，承运人应当检查核对托运人提交的有关单证。

（6）载运危险品的船舶，应当严格遵守避碰规则，内河航行装卸或者停泊时，应当悬挂专用的警示标志，按照规定显示专用信号。

（7）船舶载运危险品进出港口，应当将危险品的名称、理化性质、包装和进出港口的时间等事项，在预计到、离港 24 小时前向海事管理机构报告。但对于定船舶、定航线、定货种的船舶可以按照有关规定向海事管理机构定期申报。海事管理机构接到上述报告后应当及时将上述信息通报港口所在地港口行政管理部门。

（8）载运危险品的船舶通过过船建筑物时，应当提前向过船建筑物管理部门申报，并接受其管理。载运爆炸品、一级易燃液体和有机过氧化物的船、驳，不得与其他船、驳混合编队、拖带或进入同一船闸闸室。如必须混合编队、拖带时，船舶所有人或经营人要制定切实可行的安全措施，经船闸管理部门批准后执行。

（9）装载易燃、易爆危险品的船舶，不得动火作业。如有特殊情况，应采取相应的安全措施。

（10）滚装船载运"只限舱面"积载的危险品，不得装载在全封闭的车辆甲板上。

（11）危险品装船后，应编制危险品清单和货物积载图，在货物积载图上应标明所装危险品名称、编号、分类、数量和积载位置。

（12）发生危险品落水、包装破损或溢漏等事故时，船舶应立即采取有效措施并向就近的海事管理机构报告并做好记录。

（13）承运人应按规定做好船舶的预、确报工作，并向港口经营人提供卸货所需的有关资料。

（14）对于装有爆炸品的船舶，在中途港挂靠时不应加载其他货物。确需加载时，应经海事管理机构批准并按爆炸品的有关规定作业。

（15）在航行过程中，船舶应根据所装载危险品的特性和航行区域特点制定货舱巡查计划，并将巡查情况记入航海日志。

（16）船舶应当根据所载运危险品的特性，制定操作规程、监测和检测要求以及应急预案，建立定期演练制度，完善各项处置措施。

（17）散装液体船舶载运液体危险品以及舱室清洗及清洗污水排放等应当符合国家相关规定。

（18）载运危险品船舶抵港前，承运人或其代理人应至少提前 2 小时通知收货人做好接运准备，并发出提货通知。交付时按货物运单（提单）所列危险品名称、编号、数量、标记核对后交付。对残损和撒漏的地脚货应由收货人提货时一并提离港口。

三、水路危险品集装箱运输安全管理

（一）装箱作业

1. 危险品集装箱装箱单位资质条件

（1）拥有固定的装箱检查场所，储存的危险品种类或品种符合公安消防的安全规定。

（2）经工商管理部门注册批准，具有装箱作业相关经营项目。

（3）具有 2 名稳定的装箱检查员。

（4）配备相应的装箱设备、标志牌和危险性标志，有关装箱设备及用具等应符合相应货物的防火、防爆要求。

（5）配备有效的应急通信联络设备，具备相应的应急报告、联络、处置能力。

（6）建立有效的危险品装箱安全管理制度，配备有效的《国际海运危险货物规则》或《水路危险货物运输规则》等技术资料手册，切实保障相应危险品规则的执行和装箱安全措施的落实。装箱安全管理制度应包括如下内容。

① 装箱检查管理制度；

② 装箱现场检查员岗位职责；

③ 装箱单证（申报单证、装箱声明单、装箱证明书、月报表）查验、签发、报送制度；

④ 装箱查验工作通知、操作制度；

⑤ 装箱档案（装箱记录表、装箱声明单发放登记）记录、登记、存档制度；

⑥ 危险品安全应急报告、联络制度。

（7）公共性装箱单位应经地方管理部门审核同意。

（8）从事爆炸品类危险品装箱的装箱单位，还必须具备下述条件。

① 具备符合国家有关爆炸品安全规定的包件储存条件；

② 具有国家规定在港口从事水路货运、装箱业务的资质；

③ 当地政府管理部门安全审核意见；

④ 经主管机关对相关装箱检查事项审核批准。

2. 装箱作业要求

（1）资质要求

① 凡从事港口出口危险品集装箱装箱的装箱单位，应具备相应符合资质条件的装箱现场检查人员，满足相应的装箱资质条件，经主管机关登记认可后，办妥水路运输危险品集装箱装箱单位登记证明，方可按相应范围和危险品种类装箱并签发相关的集装箱装箱证明书。

② 持有水运危险品集装箱装箱单位登记证明的装箱单位，必须按申办程序规定向主管机关申请办理换证或年审手续，经审核通过后，方可继续签发集装箱装箱证明书。

（2）装箱前检查

① 箱体状况：危险品装箱前，装箱单位应对集装箱和待运危险品进行认真检查。拟装危险品的集装箱必须符合国际海事组织《1972年国际集装箱安全公约》的要求，并经有关检验部门检验合格。不得使用有明显的实质性损坏的集装箱装运危险品。

② 包件检查：危险品的包装必须经有关部门检验合格。对于有任何损坏、撒漏、渗漏的货物或有过多的外来物黏附的包件，均不得装入集装箱。

③ 标志检查：装入集装箱内的危险品以及集装箱外表，应按规定张贴经主管机关统一监制的与货物危险特性相符的标记、标志。集装箱外表不得残留其他无关的危险品标志。

（3）装箱作业

① 对于经主管机关核定查验的危险品集装箱，装箱单位必须按规定于装箱前通知主管机关，在相关监督员到达装箱现场后，方可进行装箱作业。

② 危险性质不相容的货物不得同箱装运。

③ 集装箱内货物的装载应做到堆装紧密牢固、有足够的支撑和加固，适应海上航行。

④ 包件的装箱应做到在运输中尽量减少对集装箱装置损坏的可能性，用于包件上的相关装置应得到充分的保护。

⑤ 装箱单位应如实按相应要求将装箱情况记入装箱记录表，做好危险品集装

箱装箱情况的档案保存工作。并于每月 5 日前将上月装箱检查情况报表送交主管机关核备。

（4）签发单证

① 装箱单位应落实集装箱安全运输的装箱要求，认真审核危险品集装箱的相关单证，在已经登记且符合安全作业条件的场所，经装箱现场检查员现场检查合格后，签发符合规定要求的集装箱装箱证明书，并加盖装箱单位危险品集装箱装箱专用章。装箱检查员必须在装箱证明书上签字。装箱单位应按规定时限将装箱证明书送交主管机关查验。

② 遇有特殊情况，不能在办理危险品申报时提交装箱证明书的，装箱单位在采取相应安全措施的前提下，向托运人出具相应的装箱声明单，作为其办理申报手续的凭证，装箱完毕后，装箱单位应及时将有关的装箱证明书送交主管机关核销。

（5）查验

① 主管机关对装箱单位互换性装危险品集装箱、箱内装载情况以及装箱检查记录档案实施抽查监督制度。

② 主管机关认为必要时，将对拟装船的集装箱进行抽样开箱监督检查。

（二）装卸船作业

（1）当装卸危险品箱时，码头交接员要通知安全生产指导员，安全生产指导员应在现场监督，并严格按危险品箱作业规程进行装卸作业。

（2）在码头前沿作业时，危险品集装箱在装船或卸船前，作业方应会同船方对集装箱外观进行检查，重点检查集装箱结构是否有损坏、有无撒漏或渗漏现象，确认箱体是否贴有危险品标志。

（3）进舱内作业前，工作人员要先开舱通风，确保无误后，由装卸作业指挥人员佩戴明显标志，根据危险品的性质、配装要求及船方确认的配载图进行装载。其中，装卸易燃易爆危险品集装箱期间，一定不能进行加油、加水（岸上管道加水除外）等作业。

（三）堆存作业

（1）危险品集装箱运送到堆场后，要在专门区域内存放。其中硝酸铵类物质的危险品集装箱，应实行直装直取。

（2）熏蒸作业也不能在危险品堆场进行。

（3）危货集装箱堆码限制。在堆存过程中，易燃易爆危险品集装箱，最高只许堆码 2 层，其他危险品集装箱不超过 3 层，并根据危险品的不同性质，做好有效隔离。对于装有遇潮湿易产生易燃气体的货物集装箱和需敞门运输的易产生易燃气体的集装箱，宜在最上层堆码。液化天然气罐式集装箱不能相互叠放，如果一定要与其他非易燃易爆危险品集装箱叠放，应放置在最上层。对于装有毒性物质中包装类别的危险品集装箱要箱门对箱门，集中堆放。

（四）拆箱作业

（1）在进行拆箱作业时，作业人员要穿戴好必需的防护用品，禁止穿带铁掌、铁钉鞋和易产生静电的工作服。拆箱作业时，要事先检查施封是否完好，先开启一扇箱门通风并确认无危险后，进行拆箱作业。

（2）轻拿轻放。在拆、装箱时，工作人员要使用防爆型电气设备和不会摩擦产生火花的工具，并有专人负责现场监护。对于装有爆炸品、有机过氧化物、毒害气体等的集装箱拆、装箱时所有机具应按额定负荷降低25％使用。

（3）在有遮蔽、通风良好的环境下进行拆箱，保证货物不在阳光直射处存放。如果遇到闪电、雷雨或附近发生火灾时，要立即停止作业并关闭箱门，妥善处理箱外货物。如果遇到雨雪天、大雾天，禁止露天拆、装遇水放出易燃气体物质的集装箱。

第八章
主要石油与化工产品
安全及应急救援

Chapter 08

第一节　原油的安全要求与事故应急措施

一、原油的危害性

（1）原油，又称石油，易燃，遇明火或热源有燃烧爆炸危险。

（2）健康危害：石油对健康的危害取决于石油的组成成分，对健康危害最典型的是苯及其衍生物，含苯的新鲜石油对人体危害的急性反应症状有味觉反应迟钝、昏迷、反应迟缓、头痛、眼睛流泪等，长期接触可引起白血病发病率的增加。

二、安全要求

（一）一般要求

（1）生产、储存区域应设置安全警示标志。

（2）操作人员必须经过专门培训，严格遵守操作规程，熟练掌握操作技能，具备应急处置知识。

（3）严加密闭，防止泄漏，工作场所提供充分的局部排风和全面通风，远离火种、热源，工作现场严禁吸烟。

（4）在可能泄漏原油的场所内，应该设置可燃气体报警仪，使用防爆型的通风系统和设备，配备2套以上重型防护服。戴安全防护眼镜。穿相应的防护服。戴防护手套。高浓度环境中，应该佩戴防毒口罩。必要时应佩戴自给式呼吸器。储罐等压力设备应设置液位计、温度计，并应带有远传记录和报警功能的安全装置。

（5）避免与强氧化剂接触。

（6）搬运时要轻装轻卸，防止包装及容器损坏。

（7）配备相应品种和数量的消防器材及泄漏应急处理设备。

（8）倒空的容器可能存在残留有害物时应及时处理。

（二）特殊要求

1. 操作安全要求

（1）往油罐或油罐汽车装油时，输油管要插入油面以下或接近罐的底部，以减少油料的冲击和与空气的摩擦。

（2）当进行灌装原油时，邻近的汽车、拖拉机的排气管要戴上防火帽后才能发动，存原油地点附近严禁检修车辆。

（3）注意仓库及操作场所的通风，使油蒸气容易逸散。

2. 储存安全要求

（1）储存于阴凉、通风的仓库内。远离火种、热源。库房内温度不宜超过30℃。

（2）保持容器密闭。应与氧化剂、酸类物质分开存放。储存间采用防爆型照明、通风等设施。

（3）禁止使用产生火花的机械设备和工具。

（4）储存区应备有泄漏应急处理设备。

（5）灌装时，注意流速不要超过3m/s，且有接地装置，防止静电积聚。

（6）注意防雷、防静电，厂（车间）内的储罐应按《建筑物防雷设计规范》（GB 50057—2016）的规定设置防雷、防静电设施。

三、事故应急措施

1. 急救措施

（1）吸入：将中毒者移到空气新鲜处，观察呼吸。如果出现咳嗽或呼吸困难，有可能引发呼吸道刺激、支气管炎或局部性肺炎。必要时给吸氧，帮助通气。

（2）食入：禁止催吐。可给予1~2杯水稀释，并尽快就医。

（3）皮肤接触：脱去污染的衣物，用大量水冲洗皮肤或淋浴。

（4）眼睛接触：用大量清水冲洗至少15分钟，并尽快就医。冲洗之前应先摘除隐形眼镜。

2. 泄漏应急处置

（1）根据液体流动和蒸气扩散的影响区域划定警戒区，无关人员从侧风、上风向撤离至安全区。

（2）消除所有点火源（泄漏区附近禁止吸烟，消除所有明火、火花或火焰）。作业时所有设备应接地。

（3）禁止接触或跨越泄漏物。

（4）在保证安全的情况下堵漏。防止泄漏物进入水体、下水道、地下室或密闭空间。用泡沫覆盖抑制蒸气产生。用干土、沙或其他不燃性材料吸收或覆盖并收集于容器中。用洁净非火花工具收集吸收材料。

（5）大量泄漏时，在液体泄漏物前方筑堤堵截以备处理。雾状水能抑制蒸气的产生，但在密闭空间中的蒸气仍能被引燃。

（6）作为一项紧急预防措施，泄漏隔离距离至少为50m。如果为大量泄漏，下风向的初始疏散距离应至少为300m。

3. 灭火方法

消防人员必须佩戴防毒面具、穿全身消防服，在上风向灭火。尽可能将容器从火场移至空旷处。喷水使火场容器冷却，直至灭火结束。处在火场中的容器若已变色或从安全泄压装置中产生声音，必须马上撤离。

> 原油火灾可以采用泡沫、干粉、二氧化碳、沙土灭火。

第二节　液化石油气的安全要求与事故应急措施

一、液化石油气的危害性

（1）极易燃，与空气混合能形成爆炸性混合物，遇热源或明火有燃烧爆炸的危险。比空气重，能在较低处扩散到相当远的地方，遇点火源会着火回燃。与氟、氯等接触会发生剧烈的化学反应。

（2）健康危害：主要侵犯中枢神经系统。急性液化气轻度中毒主要表现为头昏、头痛、咳嗽、食欲减退、乏力、失眠等；重者失去知觉、小便失禁、呼吸变浅变慢。

二、安全要求

（一）一般要求

（1）生产、储存区域应设置安全警示标志。

（2）操作人员必须经过专门培训，严格遵守操作规程，熟练掌握操作技能，具备应急处置知识。

（3）密闭操作，避免泄漏，工作场所提供良好的自然通风条件。远离火种、热源，工作场所严禁吸烟。

（4）生产、储存、使用液化石油气的车间及场所应设置泄漏检测报警仪，使用防爆型的通风系统和设备，配备2套以上重型防护服。穿防静电工作服，工作场所浓度超标时，建议操作人员应该佩戴过滤式防毒面具。

（5）可能接触液体时，应防止冻伤。

（6）储罐等压力容器和设备应设置安全阀、压力表、液位计、温度计，并应装有带压力、液位、温度远传记录和报警功能的安全装置，设置整流装置与压力机、动力电源、管线压力、通风设施或相应的吸收装置的连锁装置。储罐等设置紧急切断装置。

（7）避免与氧化剂、卤素接触。

（8）在传送过程中，钢瓶和容器必须接地和跨接，防止产生静电。搬运时轻装轻卸，防止钢瓶及附件破损。

（9）禁止使用电磁起重机和用链绳捆扎或将瓶阀作为吊运着力点。配备相应品种和数量的消防器材及泄漏应急处理设备。

（二）特殊要求

1. 操作安全要求

（1）充装液化石油气钢瓶，必须在充装站内按工艺流程进行。禁止槽车、储灌或大瓶向小瓶直接充装液化气。禁止漏气、超重等不合格的钢瓶运出充装站。

（2）用户使用装有液化石油气钢瓶时：不准擅自更改钢瓶的颜色和标记；不准把钢瓶放在曝日下、卧室和办公室内及靠近热源的地方；不准用明火、蒸气、热水等热源对钢瓶加热或用明火检漏；不准倒卧或横卧使用钢瓶；不准摔碰、滚动液化气钢瓶；不准钢瓶之间互充液化气；不准自行处理液化气残液。

（3）液化石油气的储罐在首次投入使用前，要求罐内含氧量小于3%。首次灌装液化石油气时，应先开启气相阀门待两罐压力平衡后，进行缓慢灌装。

（4）液化石油气槽车装卸作业时，凡有以下情况之一时，槽车应立即停止装卸作业，并妥善处理。

① 附近发生火灾；

② 检测出液化气体泄漏；

③ 液压异常；

④ 存在其他不安全因素。

（5）充装时，使用万向节管道充装系统，严防超装。

2. 储存安全要求

（1）储存于阴凉、通风的易燃气体专用库房。远离火种、热源。库房温度不宜超过30℃。

（2）应与氧化剂、卤素分开存放，切忌混储。照明线路、开关及灯具应符合防爆规范，地面应采用不产生火花的材料或防静电胶垫，管道法兰之间应用导电跨接。压力表必须有技术监督部门有效的检定合格证。

（3）储罐站必须加强安全管理。站内严禁烟火。进站人员不得穿易产生静电的服装和穿带钉鞋。人站机动车辆排气管出口应有消火装置，车速不得超过5km/h。

（4）液化石油气供应单位和供气站点应设有符合消防安全要求的专用钢瓶库；建立液化石油气实瓶入库验收制度，不合格的钢瓶不得入库；空瓶和实瓶应分开放置，并应设置明显标志。储存区应备有泄漏应急处理设备。

（5）液化石油气储罐、槽车和钢瓶应定期检验。

（6）注意防雷、防静电，厂（车间）内的液化石油气储罐应按《建筑物防雷设计规范》（GB 50057—2016）的规定设置防雷、防静电设施。

三、事故应急措施

1. 急救措施

（1）吸入：迅速脱离现场至空气新鲜处。保持呼吸道通畅。如呼吸困难，立即输氧。如呼吸停止，立即进行人工呼吸并就医。

（2）皮肤接触：如果发生冻伤，将患部浸泡于保持在38～42℃的温水中复温。不要涂擦。不要使用热水或辐射热。使用清洁、干燥的敷料包扎。如有不适感，应即刻就医。

2. 泄漏应急处置

（1）消除所有点火源。根据气体的影响区域划定警戒区，无关人员从侧风、上风向撤离至安全区。

（2）静风泄漏时，液化石油气沉在底部并向低洼处流动，无关人员应向高处撤离。建议应急处理人员戴正压自给式空气呼吸器，穿防静电、防寒服。作业时使用的所有设备应接地。

（3）禁止接触或跨越泄漏物。尽可能切断泄漏源。

（4）若可能翻转容器，使之逸出气体而非液体。喷雾状水抑制蒸气或改变蒸气云流向，避免水流接触泄漏物。禁止用水直接冲击泄漏物或泄漏源。防止气体通过下水道、通风系统和密闭性空间扩散。隔离泄漏区直至气体散尽。

（5）作为一项紧急预防措施，泄漏隔离距离至少为100m。如果为大量泄漏，下风向的初始疏散距离应至少为800m。

3. 灭火方法

切断气源。若不能切断气源，则不允许熄灭泄漏处的火焰。喷水冷却容器，尽可能将容器从火场移至空旷处。

> 液化石油气火灾可采用的灭火剂有：泡沫、二氧化碳、雾状水。

第三节　汽油的安全要求与事故应急措施

这里的汽油包括含甲醇汽油、乙醇汽油，同时，石脑油的安全要求与事故应急措施与汽油相同，不再单独介绍。

一、汽油的危害性

（1）高度易燃，汽油蒸气与空气能形成爆炸性混合物，遇明火、高热能引起燃烧爆炸。高速冲击、流动、激荡后可因产生静电火花放电引起燃烧爆炸。汽油蒸气比空气重，能在较低处扩散到相当远的地方，遇火源会着火回燃和爆炸。

（2）健康危害：汽油为麻醉性毒物，高浓度吸入出现中毒性脑病，极高浓度吸入引起意识突然丧失、反射性呼吸停止。误将汽油吸入呼吸道可引起吸入性肺炎。

二、安全要求

（一）一般要求

（1）生产、储存区域应设置安全警示标志。

（2）操作人员必须经过专门培训，严格遵守操作规程，熟练掌握操作技能，具备应急处置知识。

（3）密闭操作，防止泄漏，工作场所全面通风。

（4）远离火种、热源，工作场所严禁吸烟。

（5）配备易燃气体泄漏监测报警仪，使用防爆型通风系统和设备，配备两套以上重型防护服。操作人员穿防静电工作服，戴耐油橡胶手套。

（6）储罐等容器和设备应设置液位计、温度计，并应装有带液位、温度远传记录和报警功能的安全装置。

（7）避免与氧化剂接触。

（8）灌装时应控制流速，且有接地装置，防止静电积聚。

（9）搬运时要轻装轻卸，防止包装及容器损坏。

（10）配备相应品种和数量的消防器材及泄漏应急处理设备。

（二）特殊要求

1. 操作安全要求

（1）油罐及储存桶装汽油附近要严禁烟火。

（2）往油罐或油罐汽车装油时，输油管要插入油面以下或接近罐的底部，以减少油料的冲击和与空气的摩擦。

（3）沾油料的布、油棉纱头、油手套等不要放在油库、车库内，以免自燃。

（4）不要用铁制工具敲击汽油桶，特别是空汽油桶。因为桶内充满汽油蒸气与空气的混合气，而且经常处于爆炸极限之内，一遇明火，就能引起爆炸。

（5）当进行灌装汽油时，邻近的汽车、拖拉机的排气管要戴上防火帽后才能发动。

（6）存汽油地点附近严禁检修车辆。

（7）汽油油罐和储存汽油区的上空，不应有电线通过。油罐、库房与电线的距离要为电杆长度的 1.5 倍以上。

（8）注意仓库及操作场所的通风，使汽油蒸气容易逸散。

2. 储存安全要求

（1）储存于阴凉、通风的库房。远离火种、热源。库房温度不宜超过 30℃。炎热季节应采取喷淋、通风等降温措施。

（2）应与氧化剂分开存放，切忌混储。

（3）用储罐、铁桶等容器盛装，不要用塑料桶来存放汽油。盛装时，切不可充满，要留出必要的安全空间。

（4）采用防爆型照明、通风设施。

（5）禁止使用易产生火花的机械设备和工具。

（6）储存区应备有泄漏应急处理设备和合适的收容材料。

（7）罐储时要有防火防爆技术措施。对于1000m³及以上的储罐顶部应有泡沫灭火设施等。

（8）禁止将汽油与其他易燃物放在一起。

三、事故应急措施

1. 急救措施

（1）吸入：迅速脱离现场至空气新鲜处。保持呼吸道通畅。如呼吸困难，给氧。如呼吸停止，立即进行人工呼吸，然后就医。

（2）食入：给饮牛奶或用植物油洗胃和灌肠；就医。

（3）皮肤接触：立即脱去污染的衣着，用肥皂水和清水彻底冲洗皮肤；就医。

（4）眼睛接触：立即提起眼睑，用大量流动清水或生理盐水彻底冲洗至少15min，然后就医。

2. 泄漏应急处置

（1）消除所有点火源。

（2）根据液体流动和蒸气扩散的影响区域划定警戒区，无关人员从侧风、上风向撤离至安全区。

（3）建议应急处理人员戴正压自给式空气呼吸器，穿防毒、防静电服。作业时使用的所有设备应接地。

（4）禁止接触或跨越泄漏物。尽可能切断泄漏源。防止泄漏物进入水体、下水道、地下室或密闭性空间。

（5）小量泄漏时，用沙土或其他不燃材料吸收。使用洁净的无火花工具收集吸收材料。大量泄漏时，构筑围堤或挖坑收容。用泡沫覆盖，减少蒸发。喷水雾能减少蒸发，但不能降低泄漏物在受限制空间内的易燃性。用防爆泵转移至槽车或专用收集器内。

（6）作为一项紧急预防措施，泄漏隔离距离至少为50m。如果为大量泄漏，下风向的初始疏散距离应至少为300m。

3. 灭火方法

喷水冷却容器，尽可能将容器从火场移至空旷处。

> 汽油火灾可以采用的灭火剂有：泡沫、干粉、二氧化碳。
> 注意：用水灭火无效。

第四节　甲烷、天然气的安全要求与事故应急措施

一、甲烷、天然气的危害性

（1）极易燃，与空气混合能形成爆炸性混合物，遇热源和明火有燃烧爆炸危

险。与五氧化溴、氯气、次氯酸、三氟化氮、液氧、二氟化氧及其他强氧化剂剧烈反应。

（2）健康危害：纯甲烷对人基本无毒，只有在极高浓度时成为单纯性窒息剂。皮肤接触液化气体可致冻伤。天然气主要组分为甲烷，其毒性因其他化学组成的不同而异。

二、安全要求

（一）一般要求

（1）生产、储存区域应设置安全警示标志。

（2）操作人员必须经过专门培训，严格遵守操作规程，熟练掌握操作技能，具备应急处置知识。

（3）密闭操作，严防泄漏，工作场所全面通风，远离火种、热源，工作场所严禁吸烟。

（4）在生产、使用、储存场所设置可燃气体监测报警仪，使用防爆型的通风系统和设备，配备两套以上重型防护服。穿防静电工作服，必要时戴防护手套，接触高浓度时应戴化学安全防护眼镜，佩戴供气式呼吸器。

（5）进入罐或其他高浓度区作业，必须有人监护。

（6）储罐等压力容器和设备应设置安全阀、压力表、液位计、温度计，并应装有带压力、液位、温度远传记录和报警功能的安全装置，重点储罐需设置紧急切断装置。

（7）避免与氧化剂接触。

（8）在传送过程中，钢瓶和容器必须接地和跨接，防止产生静电。搬运时轻装轻卸，防止钢瓶及附件破损。

（9）禁止使用电磁起重机和用链绳捆扎，禁止将瓶阀作为吊运着力点。配备相应品种和数量的消防器材及泄漏应急处理设备。

（二）特殊要求

1. 操作安全要求

（1）天然气系统运行时，不准敲击，不准带压修理和紧固，不得超压，严禁负压。

（2）生产区域内，严禁明火和可能产生明火、火花的作业（固定动火区必须距离生产区30m以上）。生产需要或检修期间需动火时，必须办理动火审批手续。配气站严禁烟火，严禁堆放易燃物，站内应有良好的自然通风并应有事故排风装置。

（3）天然气配气站中，不准独立进行操作。非操作人员未经许可，不准进入配气站。

（4）含硫化氢的天然气生产作业现场应安装硫化氢监测系统。进行硫化氢监测，应符合以下要求。

① 含硫化氢作业环境应配备固定式和携带式硫化氢监测仪；

② 重点监测区应设置醒目的标志；

③ 硫化氢监测仪报警值设定：阈限值为 1 级报警值，安全临界浓度为 2 级报警值，危险临界浓度为 3 级报警值；

④ 硫化氢监测仪应定期校验，并进行检定。

（5）充装时，使用万向节管道充装系统，严防超装。

2. 储存安全要求

（1）储存于阴凉、通风的易燃气体专用库房。远离火种、热源。库房温度不宜超过 30℃。

（2）应与氧化剂等分开存放，切忌混储。采用防爆型照明、通风设施。禁止使用易产生火花的机械设备和工具。储存区应备有泄漏应急处理设备。

（3）天然气储气站中：

① 与相邻居民点、工矿企业和其他公用设施安全距离及站场内的平面布置，应符合国家现行标准；

② 天然气储气站内建（构）筑物应配置灭火器，其配置类型和数量应符合建筑灭火器配置的相关规定；

③ 注意防雷、防静电，应按《建筑物防雷设计规范》（GB 50057—2016）的规定设置防雷设施，工艺管网、设备、自动控制仪表系统应按标准安装防雷、防静电接地设施，并定期进行检查和检测。

三、事故应急措施

1. 急救措施

（1）吸入：迅速脱离现场至空气新鲜处，保持呼吸道通畅。如呼吸困难，给氧。如呼吸停止，立即进行人工呼吸，然后就医。

（2）皮肤接触：如果发生冻伤，将患部浸泡于保持在 38～42℃ 的温水中复温。不要涂擦。不要使用热水或辐射热。使用清洁、干燥的敷料包扎。如有不适感，就医。

2. 泄漏应急处置

（1）消除所有点火源。根据气体的影响区域划定警戒区，无关人员从侧风、上风向撤离至安全区。

（2）应急处理人员戴正压自给式空气呼吸器，穿防静电服，作业时使用的所有设备应接地，禁止接触或跨越泄漏物，尽可能切断泄漏源。若可能翻转容器，使之逸出气体而非液体。喷雾状水抑制蒸气或改变蒸气云流向，避免水流接触泄漏物。禁止用水直接冲击泄漏物或泄漏源。防止气体通过下水道、通风系统和密闭性空间扩散。隔离泄漏区直至气体散尽。

（3）作为一项紧急预防措施，泄漏隔离距离至少为 100m。如果为大量泄漏，下风向的初始疏散距离应至少为 800m。

3. 灭火方法

切断气源。若不能切断气源，则不允许熄灭泄漏处的火焰。喷水冷却容器，尽可能将容器从火场移至空旷处。

> 甲烷、天然气火灾可以采用的灭火剂有：雾状水、泡沫、二氧化碳、干粉。

第五节　一氧化碳的安全要求与事故应急措施

一、一氧化碳的危害性

（1）极易燃，与空气混合能形成爆炸性混合物，遇明火、高热能引起燃烧爆炸。

（2）健康危害

① 一氧化碳在血中与血红蛋白结合而造成组织缺氧。

② 急性中毒：轻度中毒者出现剧烈头痛、头晕、耳鸣、心悸、恶心、呕吐、无力，轻度至中度意识障碍但无昏迷，血液碳氧血红蛋白浓度可高于10%；中度中毒者除上述症状外，意识障碍表现为浅至中度昏迷，但经抢救后恢复且无明显并发症，血液碳氧血红蛋白浓度可高于30%；重度患者出现深度昏迷或去大脑强直状态、休克、脑水肿、肺水肿、严重心肌损害、锥体系或锥体外系损害、呼吸衰竭等，血液碳氧血红蛋白可高于50%。部分中毒者意识障碍恢复后，约经2～60天的"假愈期"，又可能出现迟发性脑病，以意识精神障碍、锥体系或锥体外系损害为主。

③ 慢性影响：能否造成慢性中毒，是否对心血管有影响，无定论。

二、安全要求

（一）一般要求

（1）操作人员必须经过专门培训，严格遵守操作规程，熟练掌握操作技能，具备应急处置知识。

（2）密闭隔离，提供充分的局部排风和全面通风。远离火种、热源，工作场所严禁吸烟。

（3）生产、使用及储存场所应设置一氧化碳泄漏检测报警仪，使用防爆型的通风系统和设备。空气中一氧化碳浓度超标时，操作人员必须佩戴自吸过滤式防毒面具（半面罩），穿防静电工作服。紧急事态抢救或撤离时，建议佩戴正压自给式空气呼吸器。

（4）储罐等压力容器和设备应设置安全阀、压力表、温度计，并应装有带压力、温度远传记录和报警功能的安全装置。

（5）生产和生活用气必须分路，防止气体泄漏到工作场所的空气中。

（6）避免与强氧化剂接触。

（7）在可能发生泄漏的场所设置安全警示标志。

（8）配备相应品种和数量的消防器材及泄漏应急处理设备。

（9）患有各种中枢神经或周围神经器质性疾患、明显的心血管疾患者，不宜从事一氧化碳作业。

（二）特殊要求

1. 操作安全要求

（1）配备便携式一氧化碳检测仪。进入密闭受限空间或一氧化碳有可能泄漏的空间之前应先进行检测，并进行强制通风，其浓度达到安全要求后才可进行操作，操作人员佩戴自吸过滤式防毒面具，要求同时有 2 人以上操作，万一发生意外，能及时互救，并派专人监护。

（2）充装容器应符合规范要求，并按期检测。

2. 储存安全要求

（1）储存于阴凉、通风的库房。远离火种、热源，防止阳光直晒。库房内温不宜超过 30℃。

（2）禁止使用易产生火花的机械设备和工具。

（3）储存区应备有泄漏应急处理设备。

（4）搬运储罐时应轻装轻卸，防止钢瓶及附件破损。

（5）注意防雷、防静电，厂（车间）内的储罐应按《建筑物防雷设计规范》（GB 50057—2016）的规定设置防雷设施。

三、事故应急措施

1. 急救措施

迅速脱离现场至空气新鲜处，保持呼吸道通畅。如呼吸困难，给氧。呼吸心跳停止时，立即进行人工呼吸和胸外心脏按压术，然后就医。

2. 泄漏应急处置

（1）消除所有点火源。

（2）根据气体的影响区域划定警戒区，无关人员从侧风、上风向撤离至安全区。

（3）建议应急处理人员戴正压自给式空气呼吸器，穿防静电服。作业时使用的所有设备应接地。尽可能切断泄漏源。喷雾状水抑制蒸气或改变蒸气云流向。防止气体通过下水道、通风系统和密闭性空间扩散。隔离泄漏区直至气体散尽。

（4）隔离与疏散距离应为：小量泄漏时，初始隔离 30m，下风向疏散白天 100m、夜晚 100m；大量泄漏时，初始隔离 150m，下风向疏散白天 700m、夜晚 2700m。

3. 灭火方法

切断气源。若不能切断气源，则不允许熄灭泄漏处的火焰。喷水冷却容器，尽可能将容器从火场移至空旷处。

> 一氧化碳火灾可以采用的灭火剂有：雾状水、泡沫、二氧化碳、干粉。

第六节　二氧化硫的安全要求与事故应急措施

一、二氧化硫的危害性

二氧化硫是有刺激性气味的气体，不燃烧，但对健康危害比较大。二氧化硫对眼及呼吸道黏膜有强烈的刺激作用，大量吸入可引起肺水肿、喉水肿、声带痉挛而致窒息。液体二氧化硫可引起皮肤及眼灼伤，溅入眼内可立即引起角膜浑浊，浅层细胞坏死。严重者角膜形成瘢痕。

二、安全要求

（一）一般要求

（1）生产、储存区域应设置安全警示标志。

（2）操作人员必须经过专门培训，严格遵守操作规程，熟练掌握操作技能，具备应急处置知识。

（3）严加密闭，防止气体泄漏到工作场所的空气中，提供充分的局部排风和全面通风，提供安全淋浴和洗眼设备。

（4）生产、使用及储存场所设置二氧化硫泄漏检测报警仪，配备 2 套以上重型防护服。空气中浓度超标时，操作人员应佩戴自吸过滤式防毒面具（全面罩）。紧急事态抢救或撤离时，建议佩戴正压自给式空气呼吸器。建议操作人员穿聚乙烯防毒服，戴橡胶手套。

（5）储罐等压力容器和设备应设置安全阀、压力表、液位计、温度计，并应装有带压力、液位、温度远传记录和报警功能的安全装置，设置整流装置与压力机、动力电源、管线压力、通风设施或相应的吸收装置的连锁装置。重点储罐、输入输出管线等设置紧急切断装置。

（6）避免与氧化剂、还原剂接触，远离易燃、可燃物。

（7）工作现场禁止吸烟，进食或饮水。

（8）搬运时轻装轻卸，防止钢瓶及附件破损。

（9）禁止使用电磁起重机和用链绳捆扎或将瓶阀作为吊运着力点。

（10）配备相应品种和数量的消防器材及泄漏应急处理设备。

（11）倒空的容器可能存在残留有害物时应及时处理。

（12）支气管哮喘和肺气肿等患者不宜接触二氧化硫。

（二）特殊要求

1. 操作安全要求

（1）在生产企业设置必要紧急排放系统及事故通风设施。设置碱池，进行废气处理。

（2）根据员工人数及巡检需要配置便携式二氧化硫浓度检测报警仪。进入密闭受限空间或二氧化硫有可能泄漏的空间之前应先进行检测，并进行强制通风，其浓度达到安全要求后进行操作，操作人员应佩戴防毒面具，并派专人监护。

2. 储存安全要求

（1）储存于阴凉、通风的库房。远离火种、热源。库房内温不宜超过 30℃。

（2）应与易（可）燃物、氧化剂、还原剂、食用化学品分开存放，切忌混储。

（3）储存区应备有泄漏应急处理设备。

三、事故应急措施

1. 急救措施

（1）吸入：迅速脱离现场至空气新鲜处。保持呼吸道通畅。如呼吸困难，给氧。如呼吸停止，立即进行人工呼吸，然后就医。

（2）皮肤接触：立即脱去污染的衣着，用大量流动清水冲洗，然后就医。

（3）眼睛接触：提起眼睑，用流动清水或生理盐水冲洗，然后就医。

2. 泄漏应急处置

（1）根据气体的影响区域划定警戒区，无关人员从侧风、上风向撤离至安全区。

（2）建议应急处理人员穿内置正压自给式空气呼吸器的全封闭防化服。如果是液化气体泄漏，还应注意防冻伤。

（3）禁止接触或跨越泄漏物。尽可能切断泄漏源。防止气体通过下水道、通风系统和密闭性空间扩散。若可能翻转容器，使之逸出气体而非液体。喷雾状水抑制蒸气或改变蒸气云流向，避免水流接触泄漏物。禁止用水直接冲击泄漏物或泄漏源。隔离泄漏区直至气体散尽。

（4）隔离与疏散距离：小量泄漏，初始隔离 60m，下风向疏散白天 300m、夜晚 1200m；大量泄漏，初始隔离 400m，下风向疏散白天 2100m、夜晚 5700m。

3. 灭火方法

二氧化硫不燃，但周围起火时应切断气源。喷水冷却容器，尽可能将容器从火场移至空旷处。消防人员必须佩戴正压自给式空气呼吸器，穿全身防火防毒服，在上风向灭火。由于火场中可能发生容器爆破的情况，消防人员必须在防爆掩蔽处操作。有二氧化硫泄漏时，使用细水雾驱赶泄漏的气体，使其远离未受波及的区域。

根据周围着火原因选择适当灭火剂灭火。

> 对于二氧化硫着火，可以采用的灭火剂有二氧化碳、水（雾状水）或泡沫。

第七节　硫化氢的安全要求与事故应急措施

一、硫化氢的危害性

（1）极易燃，与空气混合能形成爆炸性混合物，遇明火、高热能引起燃烧爆炸。气体密度比空气重，能在较低处扩散到相当远的地方，遇火源会着火回燃。与浓硝酸、发烟硝酸或其他强氧化剂剧烈反应可发生爆炸。

（2）健康危害：

① 本品是强烈的神经毒物，对呼吸道黏膜有强烈刺激作用。

② 急性中毒：高浓度（$1000mg/m^3$ 以上）吸入可发生闪电型死亡。严重中毒可留有神经、精神后遗症。急性中毒出现眼和呼吸道刺激症状，急性气管-支气管炎或支气管周围炎，支气管肺炎，头痛，头晕，乏力，恶心，意识障碍等。重者意识障碍程度达深昏迷或呈植物状态，出现肺水肿、多脏器衰竭。对眼和呼吸道有刺激作用。

③ 慢性影响：长期接触低浓度的硫化氢，可引起神经衰弱综合征和植物神经功能紊乱等。

二、安全要求

（一）一般要求

（1）生产、储存区域应设置安全警示标志。

（2）操作人员必须经过专门培训，严格遵守操作规程，熟练掌握操作技能，具备应急处置知识。

（3）严加密闭，防止泄漏，工作场所建立独立的局部排风和全面通风，远离火种、热源。工作场所严禁吸烟。

（4）硫化氢作业环境空气中硫化氢浓度要定期测定，并设置硫化氢泄漏检测报警仪，使用防爆型的通风系统和设备，配备 2 套以上重型防护服。戴化学安全防护眼镜，穿防静电工作服，戴防化学品手套，工作场所浓度超标时，操作人员应该佩戴过滤式防毒面具。

（5）储罐等压力设备应设置压力表、液位计、温度计，并应装有带压力、液位、温度远传记录和报警功能的安全装置。设置整流装置与压力机、动力电源、管线压力、通风设施或相应的吸收装置的连锁装置。重点储罐等设置紧急切断设施。

(6) 避免与强氧化剂、碱类接触。

(7) 防止气体泄漏到工作场所空气中。

(8) 搬运时轻装轻卸,防止钢瓶及附件破损。

(9) 配备相应品种和数量的消防器材及泄漏应急处理设备。

(二)特殊要求

1. 操作安全要求

(1) 产生硫化氢的生产设备应尽量密闭。

(2) 对含有硫化氢的废水、废气、废渣,要进行净化处理,达到排放标准后方可排放。

(3) 进入可能存在硫化氢的密闭容器、坑、窑、地沟等工作场所,应首先测定该场所空气中的硫化氢浓度,采取通风排毒措施,确认安全后方可操作。操作时做好个人防护措施,佩戴正压自给式空气呼吸器,使用便携式硫化氢检测报警仪,作业工人腰间缚以救护带或绳。要设监护人员做好互保,发生异常情况立即救出中毒人员。

(4) 脱水作业过程中操作人员不能离开现场,防止脱出大量的酸性气。脱出的酸性气要用氢氧化钙或氢氧化钠溶液中和,并有隔离措施,防止过路行人中毒。

2. 储存安全要求

(1) 储存于阴凉、通风仓库内,库房温度不宜超过30℃。

(2) 储罐远离火种、热源,防止阳光直射,保持容器密封。

(3) 采用防爆型照明、通风设施。

(4) 禁止使用易产生火花的机械设备和工具。

(5) 储存区应备有泄漏应急处理设备。

三、事故应急措施

1. 急救措施

吸入:迅速脱离现场至空气新鲜处。保持呼吸道通畅。如呼吸困难,立即给氧。呼吸心跳停止时,立即进行人工呼吸和胸外心脏按压术,然后就医。

2. 泄漏应急处置

(1) 根据气体扩散的影响区域划定警戒区,无关人员从侧风、上风向撤离至安全区。

(2) 消除所有点火源(泄漏区附近禁止吸烟,消除所有明火、火花或火焰)。

(3) 作业时所有设备应接地。应急处理人员戴正压自给式空气呼吸器,泄漏未着火时应穿全封闭防化服。在保证安全的情况下堵漏。隔离泄漏区直至气体散尽。

(4) 隔离与疏散距离:小量泄漏,初始隔离30m,下风向疏散白天100m、夜晚100m;大量泄漏,初始隔离600m,下风向疏散白天3500m、夜晚8000m。

3. 灭火方法

切断气源。若不能切断气源，则不允许熄灭泄漏处的火焰。喷水冷却容器，尽可能将容器从火场移至空旷处。

> 硫化氢火灾可以采用的灭火剂有雾状水、泡沫、二氧化碳、干粉。

第八节　氯的安全要求与事故应急措施

一、氯的危害性

（一）氯的特性

（1）氯又称为液氯、氯气，被列入《剧毒化学品目录》。氯不燃，但可助燃。一般可燃物大都能在氯气中燃烧，一般易燃气体或蒸气也都能与氯气形成爆炸性混合物。受热后容器或储罐内压增大，泄漏物质可导致中毒。

（2）氯是强氧化剂，与水反应，生成有毒的次氯酸和盐酸。与氢氧化钠、氢氧化钾等碱反应生成次氯酸盐和氯化物，可利用此反应对氯气进行无害化处理。液氯与可燃物、还原剂接触会发生剧烈反应。与汽油等石油产品、烃、氨、醚、松节油、醇、乙炔、二硫化碳、氢气、金属粉末和磷接触能形成爆炸性混合物。接触烃基磷、铝、锑、砷、铋、硼、黄铜、碳、二乙基锌等物质会导致燃烧、爆炸，释放出有毒烟雾。潮湿环境下，严重腐蚀铁、钢、铜和锌。

（二）健康危害

（1）氯是一种强烈的刺激性气体，经呼吸道吸入时，与呼吸道黏膜表面水分接触，产生盐酸、次氯酸，次氯酸再分解为盐酸和新生态氧，产生局部刺激和腐蚀作用。

（2）急性中毒：轻度者有流泪、咳嗽、咳少量痰、胸闷，出现气管-支气管炎或支气管周围炎的表现；中度中毒发生支气管肺炎、局限性肺泡性肺水肿、间质性肺水肿或哮喘样发作，病人除有上述症状的加重外，还会出现呼吸困难、轻度窒息等；重者发生肺泡性水肿、急性呼吸窘迫综合征、严重窒息、昏迷或休克，可出现气胸、纵隔气肿等并发症。吸入极高浓度的氯气，可引起迷走神经反射性心跳骤停或喉头痉挛而发生"电击样"死亡。眼睛接触可引起急性结膜炎，高浓度氯可造成角膜损伤。皮肤接触液氯或高浓度氯，在暴露部位可有灼伤或急性皮炎。

（3）慢性影响：长期低浓度接触，可引起慢性牙龈炎、慢性咽炎、慢性支气管炎、肺气肿、支气管哮喘等。可引起牙齿酸蚀症。

二、安全要求

（一）一般要求

（1）生产、储存区域应设置安全警示标志。

（2）操作人员必须经过专门培训，严格遵守操作规程，熟练掌握操作技能，具备应急处置知识。

（3）严加密闭，提供充分的局部排风和全面通风，工作场所严禁吸烟。提供安全淋浴和洗眼设备。

（4）生产、使用氯气的车间及储氯场所应设置氯气泄漏检测报警仪，配备两套以上重型防护服。戴化学安全防护眼镜，穿防静电工作服，戴防化学品手套。工作场所浓度超标时，操作人员必须佩戴防毒面具，紧急事态抢救或撤离时，应佩戴正压自给式空气呼吸器。

（5）液氯气化器、储罐等压力容器和设备应设置安全阀、压力表、液位计、温度计，并应装有带压力、液位、温度带远传记录和报警功能的安全装置。设置整流装置与氯压机、动力电源、管线压力、通风设施或相应的吸收装置的连锁装置。氯气输入、输出管线应设置紧急切断设施。

（6）避免与易燃或可燃物、醇类、乙醚、氢接触。

（7）搬运时轻装轻卸，防止钢瓶及附件破损。吊装时，应将气瓶放置在符合安全要求的专用筐中进行吊运。

（8）禁止使用电磁起重机和用链绳捆扎或将瓶阀作为吊运着力点。

（9）配备相应品种和数量的消防器材及泄漏应急处理设备。

（10）倒空的容器可能存在残留有害物时应及时处理。

（二）特殊要求

1. 操作安全要求

（1）氯化设备、管道处、阀门的连接垫料应选用石棉板、石棉橡胶板、氟塑料、浸石墨的石棉绳等高强度耐氯垫料，严禁使用橡胶垫。

（2）采用压缩空气充装液氯时，空气含水应≤0.01％。采用液氯气化器充装液氯时，只许用温水加热气化器，不准使用蒸汽直接加热。

（3）液氯气化器、预冷器及热交换器等设备，必须装有排污装置和污物处理设施，并定期分析三氯化氮含量。如果操作人员未按规定及时排污，并且操作不当，易发生三氯化氮爆炸、大量氯气泄漏等危害。

（4）严禁在泄漏的钢瓶上喷水。

（5）充装量为50kg和100kg的气瓶应保留2kg以上的余量，充装量为500kg和1000kg的气瓶应保留5kg以上的余量。充装前要确认气瓶内无异物。

（6）充装时，使用万向节管道充装系统，严防超装。

2. 储存安全要求

（1）储存于阴凉、通风仓库内，库房温度不宜超过30℃，相对湿度不超过

80%，防止阳光直射。

（2）应与易（可）燃物、醇类、食用化学品分开存放，切忌混储。

（3）储罐远离火种、热源。保持容器密封，储存区要建在低于自然地面的围堤内。气瓶储存时，空瓶和实瓶应分开放置，并应设置明显标志。

（4）储存区应备有泄漏应急处理设备。

（5）对于大量使用氯气钢瓶的单位，为及时处理钢瓶漏气，现场应备应急堵漏工具和个体防护用具。

（6）禁止将储罐设备及氯气处理装置设置在学校、医院、居民区等人口稠密区附近，并远离频繁出入处和紧急通道。

（7）应严格执行剧毒化学品"双人收发，双人保管"制度。

三、事故应急措施

1. 急救措施

（1）吸入：迅速脱离现场至空气新鲜处。保持呼吸道通畅。如呼吸困难，给氧，给予2%～4%的碳酸氢钠溶液雾化吸入。呼吸、心跳停止，立即进行心肺复苏术，然后就医。

（2）眼睛接触：立即分开眼睑，用流动清水或生理盐水彻底冲洗，然后就医。

（3）皮肤接触：立即脱去污染的衣着，用流动清水彻底冲洗，然后就医。

2. 泄漏应急处置

（1）根据气体扩散的影响区域划定警戒区，无关人员从侧风、上风向撤离至安全区。

（2）建议应急处理人员穿内置正压自给式空气呼吸器的全封闭防化服，戴橡胶手套。如果是液体泄漏，还应注意防冻伤。

（3）禁止接触或跨越泄漏物。勿使泄漏物与可燃物质（如木材、纸、油等）接触。

（4）尽可能切断泄漏源。喷雾状水抑制蒸气或改变蒸气云流向，避免水流接触泄漏物。禁止用水直接冲击泄漏物或泄漏源。若可能翻转容器，使之逸出气体而非液体。防止气体通过下水道、通风系统和限制性空间扩散。构筑围堤堵截液体泄漏物。喷稀碱液中和、稀释。隔离泄漏区直至气体散尽。泄漏场所保持通风。

（5）不同泄漏情况下的具体措施如下。

① 瓶阀密封填料处泄漏时，应查压紧螺帽是否松动或拧紧压紧螺帽；瓶阀出口泄漏时，应查瓶阀是否关紧或关紧瓶阀，或用铜六角螺帽封闭瓶阀口。

② 瓶体泄漏点为孔洞时，可使用堵漏器材（如竹签、木塞、止漏器等）处理，并注意对堵漏器材紧固，防止脱落。上述处理均无效时，应迅速将泄漏气瓶浸没于备有足够体积的烧碱或石灰水溶液吸收池进行无害化处理，并控制吸收液温度不高于45℃、pH值不小于7，防止吸收液失效分解。

（6）隔离与疏散距离：小量泄漏，初始隔离60m，下风向疏散白天400m、夜晚 1600m；大量泄漏，初始隔离 600m，下风向疏散白天 3500m、夜晚 8000m。

3. 灭火方法

氯虽然不燃，但周围起火时应切断气源。喷水冷却容器，尽可能将容器从火场移至空旷处。消防人员必须佩戴正压自给式空气呼吸器，穿全身防火防毒服，在上风向灭火。由于火场中可能发生容器爆破的情况，消防人员必须在防爆掩蔽处操作。有氯气泄漏时，使用细水雾驱赶泄漏的气体，使其远离未受波及的区域。

根据周围着火原因选择适当灭火剂灭火。

> 氯火灾可以采用的灭火剂有干粉、二氧化碳、水(雾状水)或泡沫。

第九节　氨的安全要求与事故应急措施

一、氨的危害性

(1) 氨又称为液氨、氨气，极易燃，能与空气形成爆炸性混合物，遇明火、高热引起燃烧爆炸。与氟、氯等接触会发生剧烈的化学反应。

(2) 健康危害：对眼、呼吸道黏膜有强烈刺激和腐蚀作用。急性氨中毒引起眼和呼吸道刺激症状，支气管炎或支气管周围炎，肺炎，重度中毒者可发生中毒性肺水肿。高浓度氨可引起反射性呼吸和心搏停止。可致眼和皮肤灼伤。

二、安全要求

(一) 一般要求

(1) 操作人员必须经过专门培训，严格遵守操作规程，熟练掌握操作技能，具备应急处置知识。

(2) 严加密闭，防止泄漏，工作场所提供充分的局部排风和全面通风，远离火种、热源，工作场所严禁吸烟。

(3) 生产、使用氨气的车间及储氨场所应设置氨气泄漏检测报警仪，使用防爆型的通风系统和设备，应至少配备 2 套正压式空气呼吸器、长管式防毒面具、重型防护服等防护器具。戴化学安全防护眼镜，穿防静电工作服，戴橡胶手套。工作场所浓度超标时，操作人员应该佩戴过滤式防毒面具。可能接触液体时，应防止冻伤。

(4) 储罐等压力容器和设备应设置安全阀、压力表、液位计、温度计，并应装有带压力、液位、温度远传记录和报警功能的安全装置，设置整流装置与压力机、动力电源、管线压力、通风设施或相应的吸收装置的连锁装置。重点储罐需设置紧急切断装置。

（5）避免与氧化剂、酸类、卤素接触。

（6）生产、储存区域应设置安全警示标志。在传送过程中，钢瓶和容器必须接地和跨接，防止产生静电。搬运时轻装轻卸，防止钢瓶及附件破损。禁止使用电磁起重机和用链绳捆扎或将瓶阀作为吊运着力点。配备相应品种和数量的消防器材及泄漏应急处理设备。

（二）特殊要求

1. 操作安全要求

（1）严禁利用氨气管道做电焊接地线。严禁用铁器敲击管道与阀体，以免引起火花。

（2）在含氨气环境中作业应采用以下防护措施。

① 根据不同作业环境配备相应的氨气检测仪及防护装置，并落实人员管理，使氨气检测仪及防护装置处于备用状态；

② 作业环境应设立风向标；

③ 供气装置的空气压缩机应置于上风侧；

④ 进行检修和抢修作业时，应携带氨气检测仪和正压式空气呼吸器。

（3）充装时，使用万向节管道充装系统，严防超装。

2. 储存安全要求

（1）储存于阴凉、通风的专用库房。远离火种、热源。库房温度不宜超过30℃。

（2）与氧化剂、酸类、卤素、食用化学品分开存放，切忌混储。储罐远离火种、热源。采用防爆型照明、通风设施。

（3）禁止使用易产生火花的机械设备和工具。

（4）储存区应备有泄漏应急处理设备。

（5）液氨气瓶应放置在距工作场地至少5m以外的地方，并且通风良好。

（6）注意防雷、防静电，厂（车间）内的氨气储罐应按《建筑物防雷设计规范》（GB 50057—2016）的规定设置防雷、防静电设施。

三、事故应急措施

1. 急救措施

（1）吸入：迅速脱离现场至空气新鲜处。保持呼吸道通畅。如呼吸困难，给氧。如呼吸停止，立即进行人工呼吸，然后就医。

（2）皮肤接触：立即脱去污染的衣着，应用2％硼酸液或大量清水彻底冲洗，然后就医。

（3）眼睛接触：立即提起眼睑，用大量流动清水或生理盐水彻底冲洗至少15分钟，然后就医。

2. 泄漏应急处置

（1）消除所有点火源。

（2）根据气体的影响区域划定警戒区，无关人员从侧风、上风向撤离至安全区。

（3）建议应急处理人员穿内置正压自给式空气呼吸器的全封闭防化服。如果是液化气体泄漏，还应注意防冻伤。禁止接触或跨越泄漏物。尽可能切断泄漏源。防止气体通过下水道、通风系统和密闭性空间扩散。若可能翻转容器，使之逸出气体而非液体。构筑围堤或挖坑收容液体泄漏物。用醋酸或其他稀酸中和。也可以喷雾状水稀释、溶解，同时构筑围堤或挖坑收容产生的大量废水。如有可能，将残余气或漏出气用排风机送至水洗塔或与塔相连的通风橱内。如果钢瓶发生泄漏，无法封堵时可浸入水中。储罐区最好设水或稀酸喷洒设施。隔离泄漏区直至气体散尽。漏气容器要妥善处理，修复、检验后再用。

（4）隔离与疏散距离：小量泄漏，初始隔离 30m，下风向疏散白天 100m、夜晚 200m；大量泄漏，初始隔离 150m，下风向疏散白天 800m、夜晚 2300m。

3. 灭火方法

消防人员必须穿全身防火防毒服，在上风向灭火。切断气源。若不能切断气源，则不允许熄灭泄漏处的火焰。喷水冷却容器，尽可能将容器从火场移至空旷处。

> 氨火灾可以采用的灭火剂有雾状水、抗溶性泡沫、二氧化碳、沙土。

第十节　氢的安全要求与事故应急措施

一、氢的危害性

（1）氢又称氢气，极易燃，与空气混合能形成爆炸性混合物，遇热或明火即发生爆炸。氢的密度比空气轻，在室内使用和储存时，漏气上升滞留屋顶不易排出，遇火星会引起爆炸。在空气中燃烧时，火焰呈蓝色，不易被发现。与氟、氯、溴等卤素会剧烈反应。

（2）健康危害：为单纯性窒息性气体，仅在高浓度时，由于空气中氧分压降低才引起缺氧性窒息。在很高的分压下，呈现出麻醉作用。

二、安全要求

（一）一般要求

（1）生产、储存区域应设置安全警示标志。

（2）操作人员必须经过专门培训，严格遵守操作规程，熟练掌握操作技能，具备应急处置知识。

（3）密闭操作，严防泄漏，工作场所加强通风。

（4）远离火种、热源，工作场所严禁吸烟。

（5）生产、使用氢气的车间及储氢场所应设置氢气泄漏检测报警仪，使用防爆型的通风系统和设备。建议操作人员穿防静电工作服。储罐等压力容器和设备应设置安全阀、压力表、温度计，并应装有带压力、温度远传记录和报警功能的安全装置。

（6）避免与氧化剂、卤素接触。

（7）在传送过程中，钢瓶和容器必须接地和跨接，防止产生静电。

（8）搬运时轻装轻卸，防止钢瓶及附件破损。

（9）配备相应品种和数量的消防器材及泄漏应急处理设备。

（二）特殊要求

1. 操作安全要求

（1）氢气系统运行时，不准敲击，不准带压修理和紧固，不得超压，严禁负压。

（2）制氢和充灌人员工作时，不可穿戴易产生静电的服装及带钉的鞋作业，以免产生静电和撞击起火。

（3）当氢气作焊接、切割、燃料和保护气等使用时，每台（组）用氢设备的支管上应设阻火器。

（4）因生产需要，必须在现场（室内）使用氢气瓶时，其数量不得超过 5 瓶，并且氢气瓶与盛有易燃、易爆、可燃物质及氧化性气体的容器或气瓶的间距不应小于 8m，与空调装置、空气压缩机和通风设备等吸风口的间距不应小于 20m。

（5）管道、阀门和水封装置冻结时，只能用热水或蒸汽加热解冻，严禁使用明火烘烤。

（6）不准在室内排放氢气。吹洗置换，应立即切断气源，进行通风，不得进行可能发生火花的一切操作。

（7）使用氢气瓶时注意以下事项。

① 必须使用专用的减压器，开启时，操作者应站在阀口的侧后方，动作要轻缓；

② 气瓶的阀门或减压器泄漏时，不得继续使用。阀门损坏时，严禁在瓶内有压力的情况下更换阀门；

③ 气瓶禁止敲击、碰撞，不得靠近热源，夏季应防止曝晒；

④ 瓶内气体严禁用尽，应留有 0.5MPa 的剩余压力。

2. 储存安全要求

（1）储存于阴凉、通风的易燃气体专用库房。远离火种、热源。库房温度不宜超过 30℃。

（2）应与氧化剂、卤素分开存放，切忌混储。

三、事故应急措施

1. 急救措施

吸入：迅速脱离现场到空气新鲜的地方，保持呼吸道通畅。如呼吸困难，给氧。如呼吸停止，立即进行人工呼吸，然后就医。

2. 泄漏应急处置

（1）清除所有点火源。

（2）根据气体的影响区域制定警戒区，无关人员从侧风、上风向撤离至安全区。

（3）建议应急处理人员戴正压自给式空气呼吸器，穿防静电服。作业时使用的所有设备应接地。尽可能切断泄漏源。喷雾状水抑制蒸气或改变蒸气云流向。防止气体通过下水道、通风系统和密闭性空间扩散。若泄漏发生在室内，宜采用吸风系统或将泄漏的钢瓶移至室外，以避免氢气四处扩散。隔离泄漏区至气体散尽。

（4）作为一项紧急预防措施，泄漏隔离距离至少为100m。如果为大量泄漏，下风向的初始疏散距离至少为800m。

3. 灭火方法

（1）切断气源。若不能切断气源，则不允许熄灭泄漏处的火焰。喷水冷却容器，尽可能将容器从火场移至空旷处。

（2）氢气火焰肉眼不易察觉，消防人员应戴自给式空气呼吸器，穿防静电服进入现场，注意防止外露皮肤烧伤。

> 氢火灾可以采用的灭火剂有雾状水、泡沫、二氧化碳、干粉。

参 考 文 献

［1］ 匡永泰，高维民 . 石油化工安全评价技术 . 北京：中国石化出版社，2005.

［2］ 杨启明，马延霞，王维斌 . 石油化工设备安全管理 . 北京：化学工业出版社，2007.

［3］ 中国石油化工集团公司安全环保局 . 石油化工安全技术 . 北京：中国石化出版社，2004.

［4］ 朱以刚 . 石油化工厂消防管理安全必读 . 北京：中国石化出版社，2009.

［5］ 张斐然，王丰 . 油库消防安全管理 . 北京：中国石化出版社，2009.

［6］ 朱以刚 . 石油化工厂设备运行安全必读 . 北京：中国石化出版社，2005.

［7］ 杨剑，张艳旗 . 企业安全管理实用读本 . 北京：中国纺织出版社，2014.

［8］ 李学斌 . 危险品运输 . 哈尔滨：哈尔滨工程大学出版社，2016.